住房和城乡建设部"十四五"规划教材
高等学校给排水科学与工程专业新形态系列教材

污水生物处理

（导学版）

杨　庆　彭永臻　主编

任南琪　主审

中国建筑工业出版社

图书在版编目（CIP）数据

污水生物处理：导学版/杨庆，彭永臻主编. —北京：中国建筑工业出版社，2023.10
住房和城乡建设部"十四五"规划教材　高等学校给排水科学与工程专业新形态系列教材
ISBN 978-7-112-29307-0

Ⅰ.①污… Ⅱ.①杨… ②彭… Ⅲ.①污水处理—生物处理—高等学校—教材 Ⅳ.①X703.1

中国国家版本馆CIP数据核字（2023）第208050号

本教材将污水生物处理的原理和工艺技术以知识点的形式进行了系统的介绍，包括活性污泥法、生物膜法、厌氧生物处理技术、自然生物处理系统以及污泥的处理、处置与利用。在全面系统地介绍了污水生物处理基本原理的基础上，也一同论述了污水生物处理理论和工艺技术的新进展。

本教材内容翔实，资料丰富，可作为高等院校环境工程、环境科学、给排水等专业本科生相关课程的教学参考书，也可为相关专业的科研人员、工程技术人员以及污水处理厂管理操作人员提供参考。

为了便于教学，作者特别制作了配套课件，任课教师可以通过如下途径申请：
1. 邮箱 jckj@cabp.com.cn，12220278@qq.com
2. 电话：01058337285
3. 建工书院 http://edu.cabplink.com

责任编辑：吕　娜　王美玲
责任校对：王　烨

住房和城乡建设部"十四五"规划教材
高等学校给排水科学与工程专业新形态系列教材
污水生物处理（导学版）
杨　庆　彭永臻　主编
任南琪　主审
*
中国建筑工业出版社出版、发行（北京海淀三里河路9号）
各地新华书店、建筑书店经销
北京科地亚盟排版公司制版
临西县阅读时光印刷有限公司印刷
*
开本：787毫米×1092毫米　1/16　印张：18½　字数：348千字
2024年12月第一版　2024年12月第一次印刷
定价：98.00元（赠教师课件、含数字资源）
ISBN 978-7-112-29307-0
（41977）

版权所有　翻印必究
如有内容及印装质量问题，请与本社读者服务中心联系
电话：（010）58337283　QQ：2885381756
（地址：北京海淀三里河路9号中国建筑工业出版社604室　邮政编码：100037）

出版说明

党和国家高度重视教材建设。2016年，中办国办印发了《关于加强和改进新形势下大中小学教材建设的意见》，提出要健全国家教材制度。2019年12月，教育部牵头制定了《普通高等学校教材管理办法》和《职业院校教材管理办法》，旨在全面加强党的领导，切实提高教材建设的科学化水平，打造精品教材。住房和城乡建设部历来重视土建类学科专业教材建设，从"九五"开始组织部级规划教材立项工作，经过近30年的不断建设，规划教材提升了住房和城乡建设行业教材质量和认可度，出版了一系列精品教材，有效促进了行业部门引导专业教育，推动了行业高质量发展。

为进一步加强高等教育、职业教育住房和城乡建设领域学科专业教材建设工作，提高住房和城乡建设行业人才培养质量，2020年12月，住房和城乡建设部办公厅印发《关于申报高等教育职业教育住房和城乡建设领域学科专业"十四五"规划教材的通知》（建办人函〔2020〕656号），开展了住房和城乡建设部"十四五"规划教材选题的申报工作。经过专家评审和部人事司审核，512项选题列入住房和城乡建设领域学科专业"十四五"规划教材（简称规划教材）。2021年9月，住房和城乡建设部印发了《高等教育职业教育住房和城乡建设领域学科专业"十四五"规划教材选题的通知》（建人函〔2021〕36号）。为做好"十四五"规划教材的编写、审核、出版等工作，《通知》要求：（1）规划教材的编著者应依据《住房和城乡建设领域学科专业"十四五"规划教材申请书》（简称《申请书》）中的立项目标、申报依据、工作安排及进度，按时编写出高质量的教材；（2）规划教材编著者所在单位应履行《申请书》中的学校保证计划实施的主要条件，支持编著者按计划完成书稿编写工作；（3）高等学校土建类专业课程教材与教学资源专家委员会、全国住房和城乡建设职业教育教学指导委员会、住房和城乡建设部中等职业教育专业指导委员会应做好规划教材的指导、协调和审稿等工作，保证编写质量；（4）规划教材出版单位应积极配合，做好编辑、出版、发行等工作；（5）规划教材封面和书脊应标注"住房和城乡建设部'十四五'规划教材"字样和统一标识；（6）规划教材应在"十四五"期间完成出版，逾期不能完成的，不再作为《住房和城乡建设领域学科专业"十四五"规划教材》。

住房和城乡建设领域学科专业"十四五"规划教材的特点，一是重点以修订教育部、住房和城乡建设部"十二五""十三五"规划教材为主；二是严格按照专业标准规范要求编写，体现新发展理念；三是系列教材具有明显特点，满足不同层次和类型的学校专业教学要求；四是配备了数字资源，适应现代化教学的要求。规划教材的出版凝聚了作者、主审及编辑的心血，得到了有关院校、出版单位的大力支持，教材建设管理过程有严格保障。希望广大院校及各专业师生在选用、使用过程中，对规划教材的编写、出版质量进行反馈，以促进规划教材建设质量不断提高。

住房和城乡建设部"十四五"规划教材办公室

2021 年 11 月

前　言

近年来，随着我国人口的增长和工业生产的快速发展，城镇生活污水及工业废水产生量快速上升，由于污水中存在着大量的污染物和致病微生物，会对公众健康造成严重威胁，因此对污水进行治理和对水环境进行修复，是实现水资源可持续利用的必由之路。污水生物处理是利用自然环境中微生物的生物化学作用，通过人工强化的工程技术手段和方法，使得污水中的污染物质降解转化，并最终实现无害化，实现资源再生利用的技术。污水生物处理技术以其去除有机物效率高、消耗少、运行维护费用低、工艺操作管理方便可靠等显著优点而备受青睐，在水环境治理和缓解水资源短缺中起到至关重要的作用。

本教材的编写基础来源于北京工业大学"水质工程学（二）"课程多年的教学经验总结，是《水质工程学（下册）》的辅助教材，内容主要针对活性污泥法、生物膜法、厌氧处理技术、自然生物处理技术及污泥处理处置的原理和应用等方面进行了系统而深入的介绍，旨在使广大读者对污水生物处理原理及相关技术方法有更深入系统的了解。

这是一本以介绍污水处理工艺为主的教材，涉及上百种污水处理工艺技术，虽然有很多工艺已经在实际中应用较少了，但污水处理工艺的演变纪录反映了生物处理技术的发展历史。学习和研究这段历史将为我们今后解决更加复杂的环境问题提供思路。因此本教材从工艺的最基本原理讲起，介绍污水处理技术的雏形及演变、发展过程，这对于我们深入理解污水生物处理过程、掌握生物处理原理具有重要的意义。

以往教材中讲述的内容完整、丰富，但在体现知识的逻辑性和结构性方面仍有很大的提升空间，而这些恰恰是最需要让学生理解和掌握的。知识点之间的逻辑关系，需要我们在深刻理解这些知识点的基础上，站在全局的高度进一步凝练才能形成的。知识的内在逻辑基于其原理具有一定的稳定性，只有深刻理解其内在逻辑，才能适应实际情况，更好地解决复杂实际工程问题。也正是理解了知识点的深层次逻辑关系，才使得掌握这些知识变得容易，使得知识得以系统化，不再是系统的碎片。为此，本教材设计了总体思路主线和各章节的知识主线，以解析各知识点的逻辑关系，并通过图文并茂的方式表现出来，同时配有视频讲解，真正达到"导学"的目的。本教材可作为高等院校环境工程、环境科学、给排水科学与工程等专业本科生"水质工程学"课程或"水污染控制工程"课程的导学参考书，也可为相关专业的科研人员、工程技术人员以及污水处理厂管理操作人员提供参考。

教材共分为5章：第1章活性污泥法，是本教材的重点章节之一。该章节主要分为两大部分，第一部分以"活性污泥"为主体展开，主要包括活性污泥法的理论基础、活性污泥的性能指标及其有关参数、活性污泥反应动力学及其应用3节内容；第二部分以"传统工艺"为基础延伸，主要包括活性污泥法的各种演变及应用、曝气及曝气系统、活性污泥法的脱氮除磷原理及应用、几种常用的活性污泥法工艺技术以及活性污泥法处理系统的过程控制与运行管理5节内容。第2章生物膜法，介绍了生物膜法的基本原理、主要工艺、培养驯化及运行管理等方面的内容，重点介绍了生物滤池、生物转盘、生物接触氧化法、生物流化床等工艺的原理、特点、构造及应用情况。第3章厌氧生物处理，介绍了厌氧生物处理系统的基本理论和工艺应用情况，包括厌氧生物处理技术的发展与分类、厌氧生物处理工艺的特点与原理、厌氧微生物生态学，升流式厌氧污泥床反应器、两相厌氧生物处理工艺等典型厌氧生物处理工艺的基本操作流程、工艺特点及应用情况。第4章自然生物处理系统，主要介绍了稳定塘和土地处理系统的概述、分类、特点及应用情况。第5章污泥处理、处置与利用，介绍了污泥的分类与性质、污泥处理方法、污泥的有效利用与最终处置方法，并重点介绍了污泥浓缩、污泥厌氧消化、污泥热水解、污泥堆肥、污泥干化与脱水、污泥干燥与焚化等。

本书由北京工业大学城镇污水深度处理与资源化利用技术国家工程实验室的杨庆教授和彭永臻教授主编，哈尔滨工业大学任南琪教授主审。其他主要参编人员有：刘秀红、王亚鑫、章世勇、韩伟朋等。各章编写的具体分工为：第1章由杨庆、王亚鑫、刘秀红、章世勇负责编写；第2章由彭永臻和王亚鑫负责编写；第3章由杨庆和韩伟朋负责编写；第4章由彭永臻和韩伟朋负责编写；第5章由杨庆和韩伟朋负责编写。多年来，本实验室的多名博士和硕士研究生先后参加相关的科研工作，发表学术论文和申报专利等，为本教材的出版作出了重要贡献，在此一并表示感谢。

本书的编写得到了许多同行专家的指导、支持与帮助，同时，参考了一些文献和行业应用案例，除所列主要书目外，还有一些期刊论文、新媒体信息，恕不能逐一列出，在此一并致谢。

由于作者水平有限，书中不足和错漏在所难免，敬请各位读者批评指正，不胜感谢！

编　者

2022年12月于北京工业大学

目　录

引言 ··· 001
- 学习《污水生物处理》的目的和作用 ··· 001
- 污水生物处理法的基本思想和应用价值 ··· 002
- 【主线】生物处理部分的总体思路与主要内容 ··· 003

第1章　活性污泥法 ··· 004
- 【主线】活性污泥法的整体思路 ··· 004
- 1.1　活性污泥法的理论基础 ··· 005
  - 1.1.1　活性污泥法的概念和基本流程 ··· 005
  - 1.1.2　活性污泥的形态和组成 ··· 009
  - 1.1.3　活性污泥微生物及其作用 ··· 011
  - 1.1.4　活性污泥微生物的增殖规律 ··· 014
  - 1.1.5　活性污泥净化污水的过程 ··· 020
  - 1.1.6　环境因子对活性污泥微生物的影响 ··· 021
- 1.2　活性污泥的性能指标及其有关参数 ··· 022
  - 1.2.1　活性污泥的性能指标 ··· 022
  - 1.2.2　活性污泥法的设计与运行参数 ··· 028
- 1.3　活性污泥反应动力学及其应用 ··· 034
  - 1.3.1　活性污泥反应动力学概述 ··· 034
  - 1.3.2　活性污泥反应动力学基础 ··· 035
  - 1.3.3　莫诺特方程及其推论 ··· 037
  - 1.3.4　劳伦斯—麦卡蒂模型 ··· 040
  - 1.3.5　IWA活性污泥动力学模型 ··· 044
- 【主线】活性污泥反应动力学公式推导及相关关系 ··· 045
- 1.4　活性污泥法的各种演变及应用 ··· 046
  - 1.4.1　传统活性污泥法 ··· 046

1.4.2 渐减曝气活性污泥法 ·· 047
1.4.3 阶段曝气活性污泥法 ·· 048
1.4.4 完全混合活性污泥法 ·· 049
1.4.5 吸附再生活性污泥法 ·· 050
1.4.6 延时曝气活性污泥法 ·· 051
1.4.7 纯氧曝气活性污泥法 ·· 052
1.4.8 高负荷活性污泥法 ··· 053
1.4.9 生物选择器 ·· 054
1.4.10 活性污泥法各种演变的总结和应用 ··· 055

1.5 曝气及曝气系统 ·· 056
【主线】曝气及曝气系统的整体思路 ·· 056
1.5.1 曝气的主要作用和基本形式 ··· 057
1.5.2 曝气的基本原理 ·· 058
1.5.3 曝气系统和空气扩散装置 ·· 071

1.6 活性污泥法的脱氮除磷原理及应用 ··· 077
【主线】脱氮除磷的整体思路 ··· 077
1.6.1 氮磷污染的危害 ·· 078
1.6.2 氮在水体中的存在形态 ··· 079
1.6.3 氨吹脱 ·· 080
1.6.4 折点加氯 ··· 081
1.6.5 污水处理过程中氮的转化 ·· 082
1.6.6 生物脱氮的原理与工艺 ··· 083
1.6.7 除磷的原理与工艺 ··· 093
1.6.8 同步脱氮除磷工艺 ··· 099
1.6.9 生物脱氮除磷的新理论新工艺 ·· 102
1.6.10 工艺改进优化 ·· 108

1.7 几种常用的活性污泥法工艺技术 ··· 109
【主线】学习工艺的整体思路 ··· 109
1.7.1 序批式活性污泥法（SBR法） ··· 110
1.7.2 吸附-生物降解活性污泥法（AB法） ··· 120
1.7.3 氧化沟（OD） ·· 121
1.7.4 膜生物反应器（MBR） ·· 131

1.8 活性污泥法处理系统的过程控制与运行管理 ·· 134
【主线】活性污泥法处理系统过程控制与运行管理的整体思路 ······················· 134
1.8.1 活性污泥的培养驯化 ·· 135
1.8.2 活性污泥系统的主要控制方法与参数 ·· 137
1.8.3 活性污泥系统运行中的异常状况 ·· 143

第 2 章　生物膜法 ····· 154

【主线】生物膜法的整体思路 ····· 154

2.1　生物膜法的基本概念 ····· 155
2.1.1　生物膜法的基本原理 ····· 155
2.1.2　生物膜法的基本流程 ····· 156
2.1.3　生物膜的构造与原理 ····· 157
2.1.4　生物膜载体的分类与特点 ····· 158
2.1.5　生物膜法的优缺点 ····· 159

2.2　生物滤池 ····· 160
2.2.1　生物滤池的概念 ····· 160
2.2.2　普通生物滤池 ····· 161
2.2.3　高负荷生物滤池 ····· 162
2.2.4　塔式生物滤池 ····· 163
2.2.5　生物滤池的影响因素 ····· 164
2.2.6　生物滤池的滤料 ····· 165
2.2.7　曝气生物滤池 ····· 166
2.2.8　反硝化滤池 ····· 171

2.3　生物转盘 ····· 172
2.3.1　生物转盘的构造 ····· 172
2.3.2　生物转盘的原理 ····· 173
2.3.3　生物转盘的工艺流程 ····· 174

2.4　生物接触氧化法 ····· 175
2.4.1　生物接触氧化法的原理及发展 ····· 175
2.4.2　生物接触氧化池的构造 ····· 176
2.4.3　不同种类的生物接触氧化法填料 ····· 177
2.4.4　生物接触氧化池的形式 ····· 179
2.4.5　生物接触氧化法的特点与适用范围 ····· 180

2.5　生物流化床 ····· 181
2.5.1　生物流化床的构造 ····· 181
2.5.2　生物流化床的分类 ····· 182
2.5.3　生物流化床的特点 ····· 183

2.6　其他新型生物膜反应器 ····· 184
2.6.1　移动床生物膜反应器 ····· 184
2.6.2　序批式生物膜反应器 ····· 185
2.6.3　复合式生物膜反应器 ····· 186
2.6.4　附着与悬浮生长联合处理工艺 ····· 186

2.7 生物膜系统的培养驯化和运行管理 ··· 187
  2.7.1 生物膜系统的培养驯化 ·· 187
  2.7.2 生物膜系统的运行管理 ·· 188

第3章 厌氧生物处理 ·· 189
【主线】厌氧生物处理的整体思路 ··· 189
3.1 概述 ·· 190
3.2 厌氧生物处理的基本原理 ··· 191
  3.2.1 厌氧生物处理原理的二阶段、三阶段理论 ··· 191
  3.2.2 厌氧生物处理原理的四阶段理论 ··· 192
  3.2.3 厌氧处理系统的关键问题 ·· 193
3.3 厌氧微生物生态学 ··· 194
  3.3.1 厌氧处理系统的主要微生物类群 ··· 194
  3.3.2 影响产酸菌的主要生态因子 ·· 195
  3.3.3 影响产甲烷菌的主要生态因子 ·· 196
  3.3.4 影响硫酸盐还原菌的主要生态因子 ··· 198
  3.3.5 厌氧过程优势种群的演变及相互关系 ··· 199
3.4 厌氧生物处理的工艺应用 ··· 200
  3.4.1 厌氧生物处理技术的发展 ·· 200
  3.4.2 厌氧生物处理技术的分类 ·· 201
  3.4.3 厌氧生物处理技术的特点 ·· 202
  3.4.4 升流式厌氧污泥床反应器 ·· 203
  3.4.5 两相厌氧生物处理 ··· 221
  3.4.6 悬浮生长厌氧生物处理法 ·· 223
  3.4.7 固着生长厌氧生物处理法 ·· 225
3.5 厌氧工艺的运行管理 ·· 229

第4章 自然生物处理系统 ·· 230
【主线】自然处理系统的整体思路 ··· 230
4.1 稳定塘 ··· 231
  4.1.1 稳定塘概述 ·· 231
  4.1.2 稳定塘的生态系统 ··· 233
  4.1.3 稳定塘生态系统的净化机理 ·· 234
  4.1.4 稳定塘的影响因素与特点 ·· 235
  4.1.5 稳定塘生态系统的分类与常见形式 ··· 236
4.2 土地处理系统的概述 ·· 245

4.2.1 土地处理系统的概念与特点 ·············· 245
4.2.2 土地处理系统的组成 ·············· 246
4.2.3 土地处理系统的工艺与应用 ·············· 247
4.2.4 不同土地处理系统的比较 ·············· 254

第 5 章 污泥处理、处置与利用 ·············· 255
【主线】 污泥处理、处置与利用的整体思路 ·············· 255
5.1 污泥处理与处置的概述 ·············· 256
5.1.1 污泥处理与处置的概念 ·············· 256
5.1.2 污泥处理与处置的一般原则与基本方法 ·············· 257
5.1.3 污泥处理与处置的流程与现状 ·············· 258
5.2 污泥的分类与性质 ·············· 259
5.2.1 污泥的组成与分类 ·············· 259
5.2.2 污泥的理化性质指标 ·············· 260
5.2.3 污泥的其他性质指标 ·············· 261
5.2.4 污泥中的水分 ·············· 262
5.3 污泥浓缩 ·············· 263
5.3.1 重力浓缩 ·············· 263
5.3.2 气浮浓缩 ·············· 265
5.3.3 离心浓缩 ·············· 266
5.4 污泥的厌氧消化 ·············· 267
5.4.1 厌氧消化概述 ·············· 267
5.4.2 厌氧消化池 ·············· 270
5.5 污泥的其他稳定措施 ·············· 273
5.5.1 污泥热水解（Thermal Hydrolysis Process, THP）·············· 273
5.5.2 污泥堆肥 ·············· 274
5.6 污泥调理 ·············· 276
5.7 污泥干化与脱水 ·············· 277
5.8 污泥干燥与焚化 ·············· 279
5.9 污泥的最终处置 ·············· 280

参考文献 ·············· 281

引 言

学习《污水生物处理》的目的和作用

目的一：掌握各种污水生物处理工艺，根据设计要求选择合适的工艺，并完成设计

能够根据水质以及环境条件等各方面因素，从低碳、绿色、生态、安全的角度，选择合适的单元处理工艺并进行科学的组合，同时进一步进行工艺设计，满足不同的水处理要求。

案例一：某典型城市污水，水量为 50 万 m^3/d，化学需氧量（COD）= 400 mg/L，五日生化需氧量（BOD_5）=200 mg/L，氨氮（NH_4^+-N）为 30 mg/L，总磷（TP）为 4 mg/L，出水水质要求达到如下标准，即：COD≤60 mg/L，BOD_5≤20 mg/L，氨氮≤15 mg/L，总磷≤0.5 mg/L。通过本课程的学习，可根据要求选择合适的处理工艺，并完成设计，绘制如图 1 所示的一系列工艺图纸。

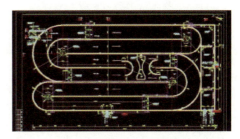

图 1 某城市污水处理厂氧化沟工艺平面图

目的二：掌握处理工艺的原理、影响因素、性能指标，进而优化工艺运行

能够应用不同污水生物处理工艺的原理，理解工艺的环境影响因素与系统性能指标之间的关系，具备研究分析能力，能够通过优化运行参数，从本质上分析并解决污水生物处理工艺运行过程中出现的问题。

案例二：某南方地区污水处理厂（图 2）规模为 10 万 m^3/d，采用多格串联厌氧池和以同心圆硝化反硝化的 A^2/O 工艺，通过本课程的学习，可根据给定的条件及进出水情况，判断该厂的运行情况，并给出优化方案。

图 2 某南方地区城市污水处理厂实景图

指标	BOD_5	COD	SS	NH_4^+-N	TN	TP
进水（mg/L）	90～135	142～206	35～42	20.5～37.8	23.3～47.5	2.85～6.53
出水（mg/L）	5～15	35～49	10～15	1.7～9.45	12.5～19.3	0.32～0.73

污水生物处理法的基本思想和应用价值

污水生物处理法的基本思想

在利用微生物的生理功能（通过新陈代谢氧化分解环境中的有机物并将其转化为稳定的无机物）的基础上，采取相应人工措施，创造有利于微生物生长、繁殖的良好环境，进一步增强微生物新陈代谢功能，从而使污水中有机污染物和植物性营养物（主要是溶解状态和胶体状态）得以降解、去除。

◆ **作用对象**

污水中溶解性和胶体性有机物，不可自然沉淀的胶状固体物，氮、磷等营养物。

◆ **作用主体**（图3、图4）

微生物（细菌、真菌、藻类、原生动物和一些小型的后生动物等）。

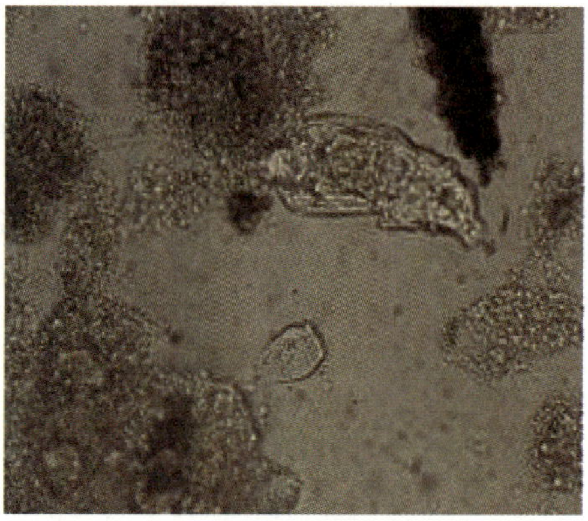

微生物重要的生理特性：

◇ 种类多，分布广。
◇ 代谢类型多样，强度大。
◇ 数量多、易变异、繁殖快。
◇ 生存条件温和，不需高温高压。
◇ 不需催化剂的催化反应，速率较快。
◇ 处理费用低廉，运行管理较方便。

图3 显微镜下的活性污泥微生物

污水生物处理的应用价值：

◆ **经济性**

城市污水中60%以上的有机物用生物处理法去除最经济。

◆ **特效性**

污水中氮的去除一般来说只有依靠生物处理法。

◆ **广泛性**

目前世界上已建成的城市污水处理厂90%以上是使用生物处理法；大多数工业废水处理厂的工艺也是以生物处理法为主体。

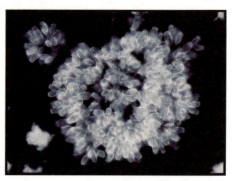

图4 显微镜下的原生动物

【主线】生物处理部分的总体思路与主要内容

第1章 活性污泥法

- ◆ 微生物悬浮生长
- ◆ 基于水体自净原理
- ◆ 完全利用人工强化

内容
- 1.1 活性污泥法的理论基础
- 1.2 活性污泥的性能指标及其有关参数
- 1.3 活性污泥反应动力学及其应用
- 1.4 活性污泥法的各种演变及应用
- 1.5 曝气及曝气系统
- 1.6 活性污泥法的脱氮除磷原理及应用
- 1.7 几种常用的活性污泥法工艺技术
- 1.8 活性污泥法处理系统的过程控制与运行管理

第2章 生物膜法

- ◆ 微生物附着生长
- ◆ 基于土壤自净原理
- ◆ 完全利用人工强化

内容
- 2.1 生物膜法的基本概念
- 2.2 生物滤池
- 2.3 生物转盘
- 2.4 生物接触氧化法
- 2.5 生物流化床
- 2.6 其他新型生物膜反应器
- 2.7 生物膜系统的培养驯化和运行管理

微生物的状态

第3章 厌氧生物处理

- ◆ 微生物在厌氧状态下生长（溶解氧≈0）
- ◆ 完全利用人工强化

内容
- 3.1 概述
- 3.2 厌氧生物处理的基本原理
- 3.3 厌氧微生物生态学
- 3.4 厌氧生物处理的工艺应用
- 3.5 厌氧工艺的运行管理

第4章 自然生物处理系统

- ◆ 微生物和其他动植物共存
- ◆ 利用自然环境，辅助人工强化

内容
- 4.1 稳定塘
- 4.2 土地处理系统的概述

 （水处理系统副产物处理）

第5章 污泥处理、处置与利用

- 5.1 污泥处理与处置的概述
- 5.2 污泥的分类与性质
- 5.3 污泥浓缩
- 5.4 污泥的厌氧消化
- 5.5 污泥的其他稳定措施
- 5.6 污泥调理
- 5.7 污泥干化与脱水
- 5.8 污泥干燥与焚化
- 5.9 污泥的最终处置

污水生物处理理论与技术根据不同处理系统中微生物的状态，分为活性污泥法、生物膜法、厌氧生物处理、自然生物处理系统。污泥是污水处理系统的副产物，其处理过程一般在污水处理厂进行，因此污泥的处理、处置与利用相关知识也在本课程中学习。

生物处理部分的总体思路与主要内容

第 1 章　活性污泥法

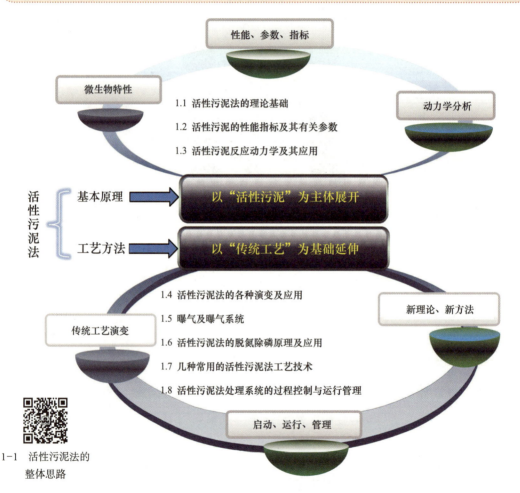

1-1　活性污泥法的整体思路

　　活性污泥法这个章节主要分为两大部分内容，第一部分是活性污泥法的基本原理，以**"活性污泥"** 为主体展开，主要包括活性污泥法的理论基础、活性污泥的性能指标和设计运行参数以及活性污泥反应动力学 3 节内容；第二部分是活性污泥法的工艺方法，以**"传统工艺"** 为基础延伸，主要包括活性污泥法的各种演变及应用、曝气及曝气系统、脱氮除磷原理及应用、几种常用工艺技术以及活性污泥法处理系统的过程控制与运行管理 5 节内容。

1.1　活性污泥法的理论基础

1.1.1　活性污泥法的概念和基本流程

1.1.1.1　活性污泥法的发明　一般知识点

1911 年，美国劳伦斯试验站（图 1-1）的 Clark 研究生活污水对水体生物的影响，发现随着污水投加量的增加，池内出现沉淀物，而将沉淀物排出后水就变得清澈。

图 1-1　美国马萨诸塞州劳伦斯试验站
出处：http://www.keyuan888.com/article/1724.html.

图 1-2　劳伦斯试验站污水处理试验装置

劳伦斯试验站污水处理经验总结（图 1-2）

◆ 无意中的曝气充氧。

◆ 换水与轮转——每天试验结束时把瓶子倒空，第二天重新开始。

◆ 洗不干净效果更好——他们发现当瓶子清洗不干净，瓶壁附着一些棕褐色的絮状体时，处理效果反而好。

1912 年，Clark 和 Gage 转向了污水曝气的研究，他们比较了将藻类接种到污水中并曝气与直接向污水中曝气两种系统的处理效果。Fowler 到访劳伦斯试验站并观看了 Clark 和 Gage 的试验，这让他真正意识到悬浮颗粒的重要性。

◆ 1914 年，Fowler 让自己的学生 Ardern、Lockett 重复在美国看到的实验。

◆ 1914 年 4 月 3 日，在曼彻斯特大饭店的一次会议上（图 1-3），正式提出了活性污泥法。

◆ 经历了百年发展革新，特别是近几十年来，活性污泥法在理论（生物反应和净化机理）以及工艺方面都得到了长足的发展。

图 1-3　曼彻斯特大饭店会议专家合影
出处：http://www.keyuan888.com/article/1724.html.

1.1.1.2 活性污泥的概念和基本流程 —般知识点

◆ 活性污泥

向污水中注入空气进行曝气，持续一段时间以后，污水中即生成一种褐色絮凝体，主要是由大量繁殖的微生物群体所构成，它易于沉淀分离，并使污水得到澄清，这种絮凝体认为是经过活化的污泥（仿照活性炭的命名方式），命名为："活性污泥"（Activated Sludge）。

活性污泥法是利用悬浮生长的好氧微生物处理污水的方法

- 普遍性

国内外95%以上的城市污水处理都采用"活性污泥法"，该方法是生物脱氮除磷的最主要方法。

- 复杂性

活性污泥中有大量复杂的微生物种群，其种群组成和数量决定了污水处理的稳定性和出水质量。

活性污泥法的基本流程（传统活性污泥法，图1-4）

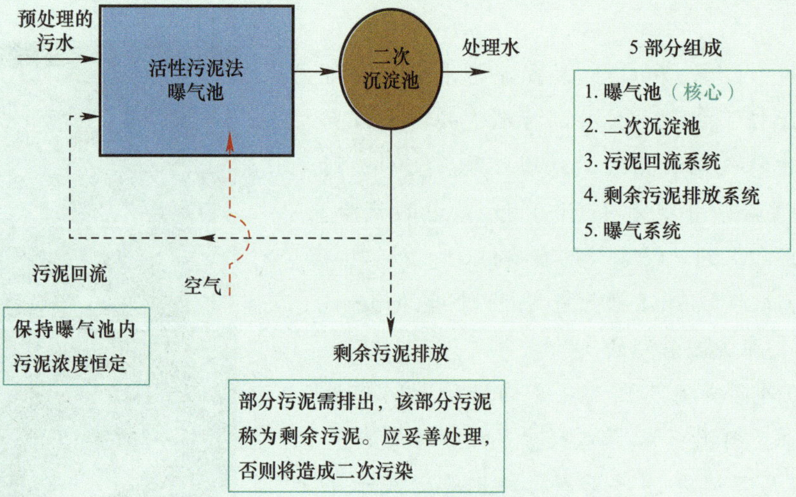

预处理的污水 → 活性污泥法曝气池 → 二次沉淀池 → 处理水

污泥回流（保持曝气池内污泥浓度恒定）

空气

剩余污泥排放（部分污泥需排出，该部分污泥称为剩余污泥。应妥善处理，否则将造成二次污染）

5部分组成
1. 曝气池（核心）
2. 二次沉淀池
3. 污泥回流系统
4. 剩余污泥排放系统
5. 曝气系统

图1-4 活性污泥法的基本流程

1.1.1.3 两种不同形式的活性污泥法曝气池 一般知识点

推流式曝气池（图 1-5）

污水与回流污泥的混合液从池的一端流入，在后继水流的推动下，沿池长方向流动，并从池的另一端流出池外。

◆ 在曝气池首端，活性污泥的生长取决于污水中的有机物浓度和回流污泥的浓度，而曝气池末端活性污泥的生长状态，则取决于曝气时间。

◆ 池首到池尾的底物浓度和微生物量都是不断变化的。

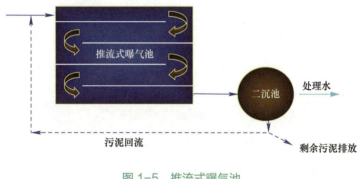

图 1-5　推流式曝气池

完全混合式曝气池（图 1-6）

混合液在池内充分混合循环流动，污水与回流污泥进入曝气池后立即与池内原有混合液充分混合。

池内各点水质比较均匀，微生物群体性质和数量基本相同，池中各处的状态几乎完全一致。

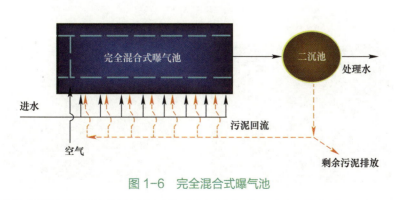

图 1-6　完全混合式曝气池

1.1.1.4 活性污泥系统有效运行的基本条件　一般知识点

基本条件如图 1-7 所示。

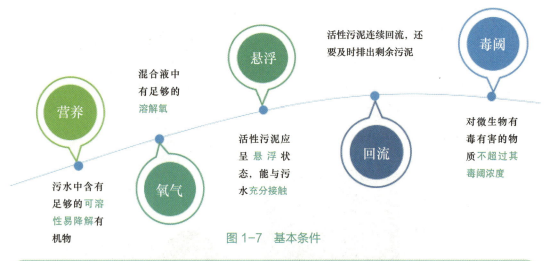

图 1-7　基本条件

活性污泥法的重要性

- **效率高**

具有很强的净化功能，去除 BOD、SS 的效率高，均可达到 95% 以上。

- **范围广**

适于各种有机废水，大中小型污水处理厂，高中低负荷。

- **应用多**

目前国内外 95% 以上的城市污水处理和 50% 左右的工业废水处理都采用活性污泥法。图 1-8 为正在运行的活性污泥法曝气池。

- **费用低**

依靠微生物处理，运行费用较低。

- **功能全**

可实现生物脱氮除磷。

图 1-8　正在运行的活性污泥法曝气池

1.1.2 活性污泥的形态和组成

1.1.2.1 活性污泥的理化性质 一般知识点

◆ 活性污泥作为活性污泥处理系统中的主体，栖息着具有强大生命活力的微生物群体。

◆ 在微生物群体新陈代谢功能的作用下，活性污泥具有将有机污染物转化为稳定无机物质的活力，故此称之为"活性污泥"。其在显微镜下的形态如图1-9所示。

图1-9 显微镜下的活性污泥形态

活性污泥的性质

● 形态

正常的活性污泥外观上呈絮绒颗粒状，又称之为"生物絮凝体"（图1-10）。粒径为200~1000 μm，静置时，活性污泥立即凝聚成较大的绒粒下沉。

● 气味、颜色

略带土壤的气味，其颜色根据污水水质不同而不同，一般为黄色或褐色。供氧不足或出现厌氧状态时污泥呈现黑色；供氧过多或营养不足时污泥呈现灰白色。

● 含水率

活性污泥含水率很高，一般都在99%以上，其相对密度则因含水率不同而异，为1.002~1.006。曝气池混合液的相对密度为1.002~1.003，回流污泥的相对密度为1.004~1.006。

图1-10 曝气池中的活性污泥（生物絮凝体）的形态、特征

1.1.2.2 活性污泥的基本组成 `一般知识点`

活性污泥中的固体物质仅占 1% 以下。这不足 1% 的固体物质由有机成分与无机成分两部分组成，其组成比例则因原污水类型不同而异。如城市污水处理系统中的活性污泥，如图 1-11 所示，其有机成分占 75%～85%，无机成分则占 15%～25%。

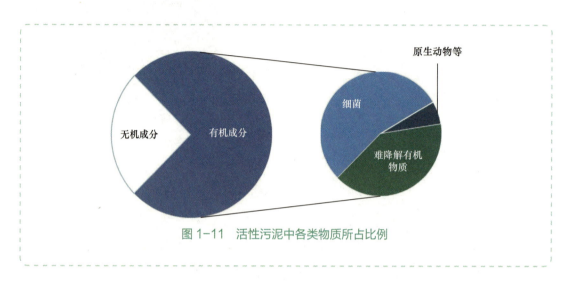

图 1-11 活性污泥中各类物质所占比例

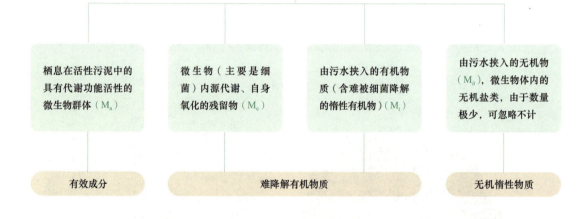

有效成分	难降解有机物质	无机惰性物质
以细菌为主，其数量可占污泥中微生物总量的 90%～95%，在某些处理工业废水的活性污泥中，甚至可以达到 100%	所谓"难降解有机物质"，是指某些惰性的难为细菌摄取、利用的有机物质，微生物菌体经过自身氧化的残留物，如细胞膜、细胞壁等，也属难降解有机物质范畴	污泥中无机惰性物质增多，会产生污泥沉降比优良的假象，导致有效成分的降低。无机惰性物质种类较多，应在物理化学处理单元尽可能去除

栖息在活性污泥中的具有代谢功能活性的微生物群体（M_a）

微生物（主要是细菌）内源代谢、自身氧化的残留物（M_e）

由污水挟入的有机物质（含难被细菌降解的惰性有机物）（M_i）

由污水挟入的无机物（M_{ii}），微生物体内的无机盐类，由于数量极少，可忽略不计

1.1.3 活性污泥微生物及其作用

1.1.3.1 活性污泥的几类重要微生物 一般知识点

● **细菌：活性污泥微生物中的细菌以异养型的原核细菌为主**

◆ 数量

在成熟的正常活性污泥中，细菌数量大致为 $10^7 \sim 10^8$ 个/mL 活性污泥。

◆ 优势菌属

可能在活性污泥上形成优势的细菌主要有：产碱杆菌属（*Alcaligenes*）、芽孢杆菌属（*Bacillus*）、黄杆菌属（*Flavobacterium*）、动胶杆菌属（*Zoogloea*）、假单胞菌属（*Pseudomonas*）和大肠埃希氏杆菌（*Escherichia Coli*）等。

此外，还可能出现的细菌有：无色杆菌属（*Achromobacter*）、微球菌属（*Microbaccus*）、诺卡氏菌属（*Nocardia*）和八叠球菌属（*Sarcina*）等。

◆ 世代时间

各种属的细菌在适宜的环境条件下，都具有较高的增殖速率，世代时间仅为 20～30 min。这些细菌具有较强的分解有机物并将其转化为稳定的无机物的能力。

● **原污水中有机物的性质决定哪些种属的细菌在活性污泥中占优势**

◆ 菌胶团细菌（图 1-12）

菌胶团细菌构成活性污泥絮凝体的主体成分，有很强的吸附、氧化分解有机物的能力。细菌形成菌胶团后可防止被微型动物所吞噬。菌胶团具有很好的沉降性能，使混合液在二沉池中迅速完成泥水分离。

◆ 丝状菌（图 1-13）

丝状菌在活性污泥中可交叉穿织在菌胶团之间，是形成污泥絮凝体的骨架，使污泥具有良好的沉淀性能。丝状菌还可保持高的净化效率、低的出水悬浮物浓度，若大量异常的增殖则会引发污泥膨胀现象。

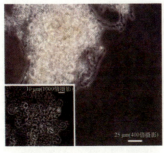

图 1-12 菌胶团细菌

图 1-13 丝状菌

- 原生动物

活性污泥中的原生动物主要有肉足虫、鞭毛虫和纤毛虫三类。原生动物的主要摄食对象是细菌，起到了进一步净化水质的作用。出现在活性污泥中的原生动物，在种属上和数量上是随处理水的水质和细菌的存活状态变化而改变的。

- 后生动物

活性污泥中的后生动物有轮虫、线虫和瓢体虫等。

原生动物和后生动物的出现，其数量和种类在一定程度上还能预示和指示出水水质，因此也常称其"指示性微生物"。

活性污泥微生物群体的食物链（图 1-14）

- 活性污泥中的微生物群体由各种细菌和原生动物组成。
- 活性污泥上还存活着真菌和以轮虫为主的后生动物。
- 原生动物摄取细菌，后生动物摄食细菌和原生动物。
- 活性污泥中的有机物、细菌、原生动物与后生动物组成了一个相对稳定的小型生态系统和食物链。

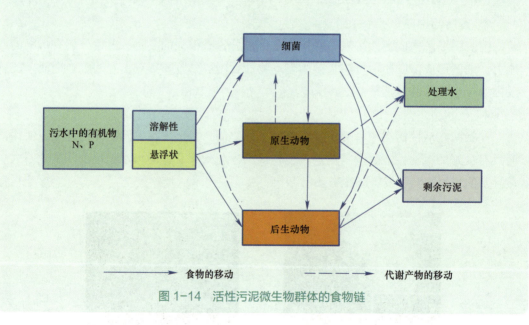

图 1-14 活性污泥微生物群体的食物链

1.1.3.2 活性污泥微生物增长与递变的模式 一般知识点

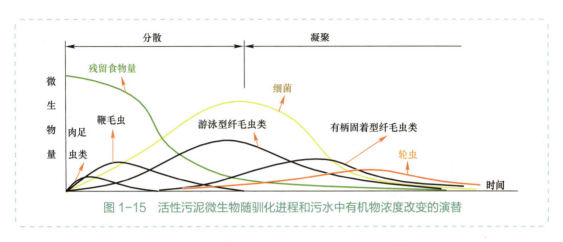

图1-15 活性污泥微生物随驯化进程和污水中有机物浓度改变的演替

从图1-15中的变化曲线可以看出，活性污泥中的原生动物，在种属上和数量上是随处理水的水质和细菌的存活状态变化而改变的。

◆ **启动初期**污泥絮体尚未形成，游离细菌多，处理水质欠佳，此时的原生动物，最初为肉足虫类（如变形虫）占优，继之是游泳型纤毛虫类。

◆ **污泥培育成熟**，絮凝体结构良好，细菌多已"聚居"在活性污泥上，游离细菌少，处理水质良好，此时出现的原生动物以有柄固着型纤毛虫类为主，如钟虫、累枝虫等。

◆ 当活性污泥系统正常运行、有机物含量低、出水水质良好时才出现轮虫。

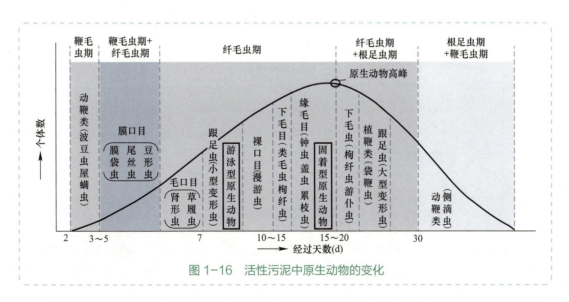

图1-16 活性污泥中原生动物的变化

通过显微镜的镜检，能够观察到出现在活性污泥中的原生动物，并辨别认定其种属，据此能够判断处理水水质的优劣（图1-16）。因此，将原生动物称之为活性污泥系统中的指示性生物。

1.1.4 活性污泥微生物的增殖规律

1.1.4.1 微生物增殖的4个阶段 一般知识点

活性污泥微生物降解污水中有机污染物,同时微生物相应地进行增殖。

纯菌种的增殖规律已有大量的研究结果,并可以用增殖曲线来表示。活性污泥中微生物种类繁多,其增殖规律比较复杂,但仍可用增殖曲线表示规律。

将活性污泥微生物在污水中接种,并在温度适宜、溶解氧(DD)充足的条件下进行培养,按时取样检测,即可得出微生物数量与培养时间之间具有一定规律性的增殖曲线。同时也包括在同样条件下,氧利用速率曲线和有机物的降解曲线。

活性污泥微生物增殖过程可以分为4个阶段——适应期、对数增殖期、减衰增殖期、内源呼吸期,可由生长曲线来表示(图1-17)。

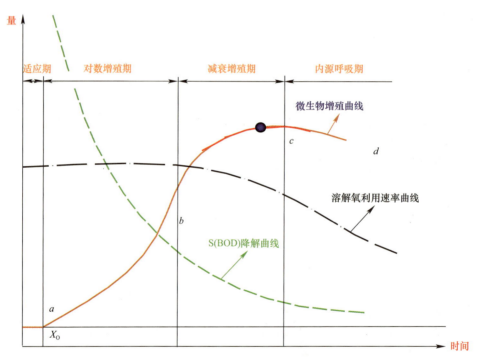

图1-17 活性污泥微生物增殖曲线及其和有机底物降解、氧利用速率的关系
(间歇培养、底物一次性投加)

在温度适宜、溶解氧充足,而且不存在抑制物质的条件下,活性污泥微生物的增殖速率主要取决于有机物量(F)与微生物量(M)的比值(F/M)。它也是有机物降解速率、溶解氧利用速率和活性污泥的凝聚、吸附性能的重要影响因素。

1.1.4.2 微生物的能量含量 重要知识点

> **活性污泥的能量含量 F/M**
> 营养物或有机物量（F）与微生物量（M）的比值（F/M）

活性污泥微生物所处的增殖期，主要由 F/M 所控制。另外，处于不同增殖期的活性污泥，其性能不同，处理水水质也不同。F/M 是有机底物降解速率、氧利用速率、活性污泥的凝聚、吸附性能的重要影响因素，也是活性污泥法处理系统设计和运行中一项非常重要的参数（表 1-1）。

活性污泥微生物的增殖规律　　　　　　　　　　　　表 1-1

阶段	a~b（对数增殖期）	b~c（减衰增殖期）	c~d（内源呼吸期）
营养物 F	丰富，F/M>1.5	多，F/M=0.3~0.6	少，F/M<0.1
细菌量 M	微生物快速增长，增殖非常快（以最高速率合成细菌）	微生物仍在增长，增长速率下降，前期 $v_{增}$ 下降，后期 $v_{增}=0$	增长不及消亡的速率 初期：少量增长 后期：负增长
制约关系	食物不会制约微生物生长，0级反应，与 F 无关，与 M 有关	有一定制约，F/M 下降 一级反应，与 F 成正比	消耗细菌贮存有机物或菌体衰亡进行内源代谢，维持生命呼吸
沉降性能	F 非常充分，能量水平高，活动力强，絮体松散	F 下降，能量水平低，缺乏克服相互间吸力的能量，开始絮凝，沉降性较好	F 和 M 降低至零，能量水平极低，絮体形成率高，沉降性能好
出水水质	絮凝、降解性能差，沉淀差；F 高，出水水质较差，游离细菌多	絮凝、降解、沉淀性能提高，出水水质较好	游离细菌被栖于活性污泥的原生动物捕食，出水水质好

应用：由于底物的多少能影响微生物的生长繁殖；所以控制底物供应，就能在一定程度上控制微生物的生长繁殖及活动。

实际工程中：为了取得比较稳定的有机物处理效果，一般不选用处于对数增殖期的工况条件，而常采用处于减衰增殖期（出水水质较好，污泥沉降性好且仍具有较强活性）或内源呼吸期（出水水质最好，但不太经济）的工况条件。

当对出水水质要求不高，且占地面积不足时，可选用对数增殖期的工况条件，利用该工况条件下，微生物增殖速率快，处理效率高的特点，高效地完成部分有机物降解。

1.1.4.3 适应期与对数增殖期 〔一般知识点〕

【适应期】亦称延迟期或调整期（图1-18）。

微生物培养的最初阶段，是微生物细胞内各种酶系统对新底物环境的适应过程。本阶段细胞微生物特点：分裂迟缓、代谢活跃，一般数量不增加但细胞体积增长较快，易产生诱导酶。

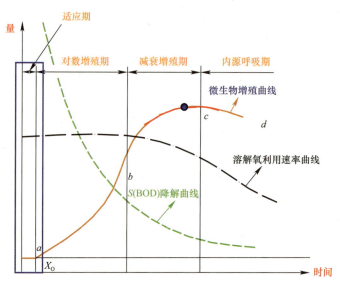

图1-18 活性污泥增殖曲线的适应期

【对数增殖期】又称增殖旺盛期（图1-19）。

【环境条件】F/M很高，有机底物非常充分，营养物质不是微生物增殖的控制因素，微生物以最高速率摄取有机底物，也以最高速率增殖和合成新细胞。

活性污泥的增殖速率与时间呈直线关系，为一常数值，其值即为直线的斜率。

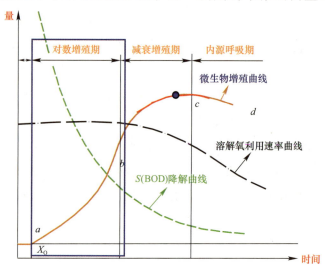

图1-19 活性污泥增殖曲线的对数增殖期

1.1.4.4 减衰增殖期与内源呼吸期　一般知识点

【减衰增殖期】又称稳定期和平衡期（图1-20）。

随着有机底物浓度不断下降，微生物的不断增殖，F/M 继续下降，营养物质逐步成为微生物增殖的控制因素，此时微生物的增殖过渡到减衰增殖期。

微生物增殖和有机物降解速率大为降低，与残存有机物浓度有关，呈一级反应。

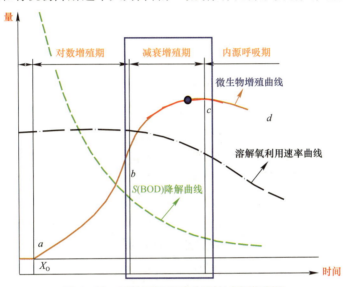

图1-20　活性污泥增殖曲线的减衰增殖期

【内源呼吸期】又称衰亡期，微生物进入内源呼吸期（图1-21）。

微生物得不到充足的营养物质，而开始大量地利用自身体内贮存的物质或衰亡菌体，进行内源代谢以维持生命活动。

污水中有机物持续下降，近乎耗尽，F/M 随之降至很低。

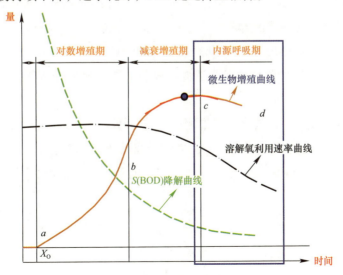

图1-21　活性污泥增殖曲线的内源呼吸期

1.1.4.5 增殖曲线在推流式曝气池的物理意义 **重要知识点**

◆ 推流式曝气池中的底物浓度从进水到出水由高变低,推流式曝气池起端 F/M 较高,微生物代谢速率高,需氧量高。末端 F/M 变小,生长进入内源呼吸期,需氧量减少。通过调整污水中有机物的含量来控制 F/M,从而控制微生物所处的生长期。根据污水水质情况、出水水质要求、污泥情况等不同,F/M 的范围也有所差异,一般取 0.5~0.8。

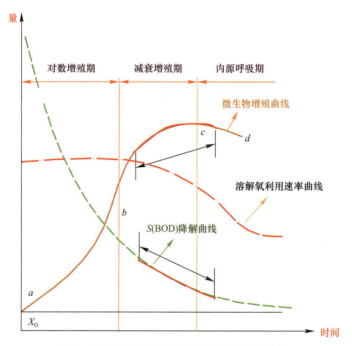

图 1-22 推流式曝气池中活性污泥增殖状态

◆ 推流式曝气池中的微生物增殖规律是图中曲线上的<u>一段</u>(图 1-22),池首到池尾的 F/M 和微生物量都是不断变化的。

◆ 微生物增殖曲线的位置取决于曝气池的污泥负荷。

◆ 微生物增殖曲线的长度取决于返混的程度,越长则说明返混程度越低,越接近于理想推流。

◆ 根据曲线两端相对位置之差可推测污泥增长情况。

◆ 在污水处理厂实际运行过程中,通常会将污泥增殖控制在减衰增殖期和内源呼吸期初期的工况条件,既保证好的处理效果和好的污泥沉降性能,同时保持良好的推流效果。

1.1.4.6 增殖曲线在完全混合式曝气池的物理意义 重要知识点

◆ 在完全混合式曝气池中，混合液在池内充分混合循环流动，污水与回流污泥进入曝气池后立即与池内原有混合液充分混合。

◆ 完全混合式曝气池中的微生物增殖曲线只是图中曲线上的一点（图 1-23）。

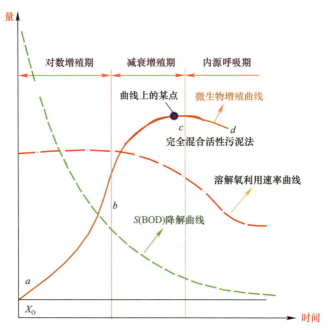

图 1-23　完全混合式曝气池中活性污泥增殖状态

◆ 曲线上点的位置取决于曝气池的负荷。
◆ 该点的斜率为反应器内微生物增长速率。
◆ 在非稳定状态下，该点的位置是动态的。

应用拓展

● 微生物增殖曲线的应用：

由于 F 影响着微生物的生长繁殖；所以控制 F 供应，就控制了微生物的生长繁殖及活动。

● 曝气池负荷实际工程中：

控制 F/M，就可得到不同的微生物生长率、微生物活性、处理效果、沉降性能等。

1.1.5 活性污泥净化污水的过程 `一般知识点`

活性污泥净化污水的三个主要过程：吸附、微生物代谢、凝聚和沉淀（图 1-24）

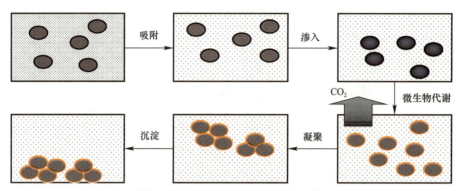

图 1-24 活性污泥净化污水的过程

◆ **实质**

有机污染物作为营养物质被活性污泥微生物摄取、代谢与利用。

◆ **结果**

污水得到净化；微生物获得能量合成新的细胞实现增长（物理、化学与生物反应等过程的综合结果）。

● **初期吸附过程**

污水中呈悬浮和胶体状态的污染物在较短时间（5～10 min）内被活性污泥所凝聚和吸附。BOD 去除率可达 20%～70%。其中物理吸附作用占主导，生物吸附为辅助。

● **微生物代谢**

其过程可以分为氧化分解过程、同化合成过程和内源呼吸过程。

◆ **氧化分解过程**

微生物为了获得合成细胞和维持其生命活动等所需的能量，将吸附的有机物进行分解。

◆ **同化合成过程**

微生物利用氧化所获得的能量，将有机物合成新的细胞物质。

◆ **内源呼吸过程**

当污水中的有机物很少时，微生物就会氧化体内蓄积的有机物和自身细胞物质来获得维持生命活动所需的能量。

● **凝聚和沉淀**

活性污泥系统净化污水的最后程序是泥水分离，泥水分离的好坏，直接影响处理水水质以至整个系统的运行。

1.1.6 环境因子对活性污泥微生物的影响（图 1-25） 重要知识点

◆ 营养物质

主要包括碳源、氮源、磷源和其他营养物质，对于生活污水处理过程，微生物对氮和磷的需求量可按 BOD_5：N：P=100：5：1 考虑；此外还需要微量元素，一般还需要硫、钠、钾、钙、镁、镍、锰、钼、钴、硼、硒等元素。

图 1-25 环境因子对活性污泥微生物的影响

◆ 溶解氧（DO）

对混合液中的游离细菌来说，溶解氧浓度保持在 0.3 mg/L，即可满足要求。但是，活性污泥是微生物群体"聚居"的絮凝体，溶解氧必须扩散到活性污泥絮凝体的内部深处。曝气池混合液的溶解氧浓度也不宜过高，高 DO 既耗能，且易破坏絮体，具体要求见图 1-26。

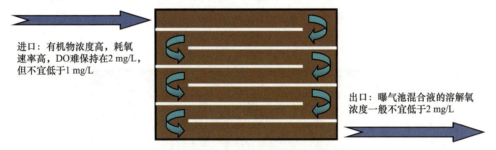

图 1-26 曝气池进出口溶解氧的一般要求

◆ 水温

活性污泥微生物多属嗜温菌，适宜温度 15～30℃。一般水温在 35℃以上，活性污泥受到明显抑制，水温过高的工业废水在进入生物处理系统以前，应考虑降温措施；在寒冷地区，小型的工业污水处理厂应考虑将曝气池建于室内，大中型的城市污水活性污泥法处理系统可在露天建设，但必须考虑采取适当的保温措施。同时，还可考虑采取提高活性污泥浓度、降低 BOD_5 污泥负荷率及延长曝气时间等措施，以缓解由于低温带来的不良影响。

◆ pH

活性污泥微生物最适宜的 pH 是 6.5～8.5。但经驯化后，适应范围可进一步扩大。当污水（特别是工业废水）的 pH 过高或过低时，应考虑设调节池，使污水的 pH 调节到适宜范围后再进入曝气池。

◆ 有毒物质

重金属、氰化物、H_2S 等无机物质；酚、醇、醛、染料等有机化合物对微生物有毒害作用或抑制作用。微生物通过培养和驯化，有可能承受浓度更高的有毒物质；此外，也可通过培养驯化筛选出的以有毒物质作为营养的微生物；利用物质对物种的偏害关系，通过选择作用，可维持系统稳定。

1.2 活性污泥的性能指标及其有关参数

1.2.1 活性污泥的性能指标

混合液中活性污泥微生物量的指标　重要知识点

在混合液中保持一定浓度的活性污泥，是通过活性污泥在曝气池内的增长以及从二沉池适量的回流和排放来实现。

（1）混合液悬浮固体浓度（mixed liquor suspended solids，MLSS）又称混合液污泥浓度，在曝气池单位容积混合液内所含有的活性污泥固体的总量，即 $MLSS = M_a + M_e + M_i + M_{ii}$；

由于测定方法比较简便易行，此项指标应用较为普遍，但其中既包含 M_e、M_i 两项非活性有机物质，也包括 M_{ii} 无机物质（图1-27），因此，这项指标不能精确地表示具有活性的活性污泥量，而表示的是活性污泥的相对值，但它仍是活性污泥法处理系统重要的设计和运行参数。单位 mg/L 混合液或 g/L 混合液，g/m^3，kg/m^3。

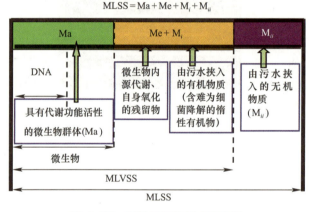

图1-27　活性污泥的组成示意图

（2）混合液挥发性悬浮固体（mixed liquor volatile suspended solids，MLVSS）
本项指标所表示的是混合液中活性污泥有机性固体物质部分的浓度

即：$MLVSS = M_a + M_e + M_i$；在表示活性污泥活性部分数量上，本项指标在精度方面有一定提升，但本项指标中还包含 M_e、M_i 等惰性有机物质。因此，也不能精确地代表活性污泥微生物量，只是活性污泥量的相对值，单位同 MLSS。

MLVSS 与 MLSS 的比值以 f 表示，

$$f = MLVSS/MLSS$$

在一般情况下，f 值比较固定，对生活污水和以生活污水为主体的城市污水，f 值为 0.75 左右。

混合液中污泥浓度（MLSS、MLVSS）的测量步骤（图1-28） 一般知识点

MLSS（烘箱）：MLSS=$(M_{纸+SS}-M_{纸})/0.1$

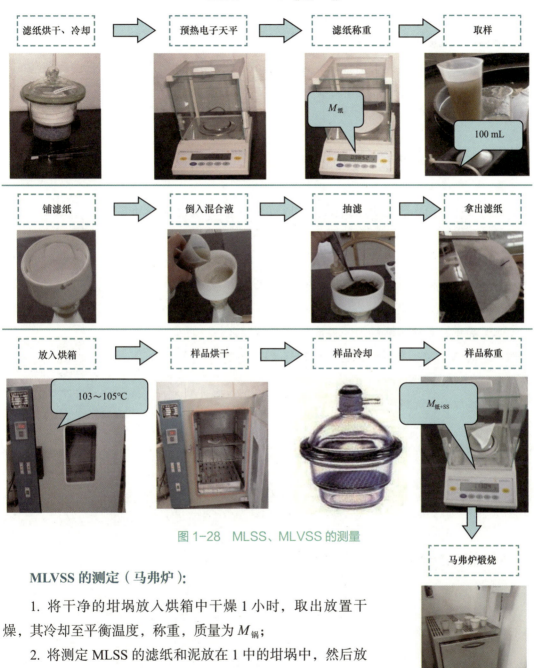

图1-28 MLSS、MLVSS的测量

MLVSS的测定（马弗炉）：

1. 将干净的坩埚放入烘箱中干燥1小时，取出放置干燥，其冷却至平衡温度，称重，质量为$M_{锅}$；

2. 将测定MLSS的滤纸和泥放在1中的坩埚中，然后放入冷的马弗炉中，加热到600℃灼烧60 min，在干燥器中冷却并称重，质量为$M_{锅+灰分}$；

$$MLVSS=[(M_{纸+SS}+M_{锅}-M_{纸})-M_{锅+灰分}]/0.1$$

活性污泥的沉降性能

良好的沉降性能是发育正常的活性污泥所应具有的特性之一。

发育良好，并有一定浓度的活性污泥，在经过絮凝沉淀、成层沉淀和压缩等全部过程后，能够形成浓度极高的浓缩污泥。

发育正常、质地良好的活性污泥在 30 min 内（含 30 min）即可完成絮凝沉淀和成层沉淀两个阶段过程，并进入压缩阶段。压缩（亦称浓缩）的进程比较缓慢，需时较长，达到完全浓缩的程度需时更长。

污泥沉降比（Settling Velocity，SV） 重要知识点

◆ 概念

混合液在量筒内静置 30 min 后所形成沉淀污泥的容积占原混合液容积的百分率，又称 30 min 沉降率。

◆ 单位

以 % 表示，正常 MLSS＝2500～3000 mg/L，SV＝20%～30%。

◆ 应用

测试简单，是评定活性污泥性能的重要指标之一，对某一浓度的活性污泥，SV 越小，沉淀、浓缩性能越好（图 1-29）。

◆ 正常范围

曝气池混合液沉降比正常为 15%～30%。

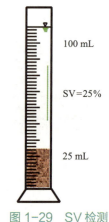

图 1-29　SV 检测

计算公式

$$污泥沉降比(SV) = \frac{混合液沉淀30\ min后的污泥体积}{混合液体积} \times 100\%$$

SV 的实用价值和意义

◆ 作用 1

SV 同污泥絮凝性和沉淀性有关。当污泥絮凝沉淀性差时，污泥不能下沉，上清液浑浊，沉降比将增大。

◆ 作用 2

污泥沉降比在一定条件下能够间接反映曝气池运行过程的活性污泥量，可用以控制、调节剩余污泥的排放量，还能通过它及时地发现污泥膨胀等异常现象的发生。

SV 的实际应用（污泥沉降试验的现象与对策） 重要知识点

沉降效果差，但上清液清澈

使用显微镜观察微生物生物相

丝状菌较多

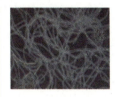

无丝状菌，但胶体松散

（1）检查溶解氧——① 低溶解氧，增加曝气量，使溶解氧上升至 1~2 mg/L；② 溶解氧分布不均，调整空气量分布，使其均匀；

（2）检查氮磷铁——$BOD_5:N:P:Fe=100:5:1:0.5$；

（3）检查 pH——调整 pH 至 7.0 左右；

（4）加氯杀死丝状菌——加氯量控制为 $2\sim3\ kgCl_2/(1000\ kgMLVSS\cdot d)$

（1）检查食微比——若较正常值高，则减少剩余污泥排放；

（2）检查溶解氧——若高于 3 mg/L，则减少曝气量

沉降效果差，上清液浑浊

使用显微镜观察微生物生物相

原生动物老化

无原生动物

胶体松散，原生动物活性强

可能受到毒性物质抑制——停止排放污泥，维持曝气，继续密切观察

（1）食微比太高，有机负荷偏高——减少剩余污泥量和增加回流污泥；

（2）食微比低——若溶解氧低，则增加曝气量；若溶解氧足够，则终止排放污泥，直至絮体絮凝

曝气量过大——则减少曝气量

沉降良好，但二沉池有絮体再卷起现象发生

（1）检查各设备功能是否正常——修缮设备；
（2）检查水力负荷——改善进、出水挡板——降低污泥回流比；
（3）测量二沉池温度分布——改善或增设挡板

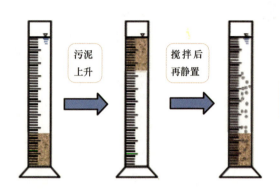

污泥上升 → 搅拌后再静置 → 污泥放出气泡后再沉降

污泥在二沉池发生反硝化作用——增加污泥回流比、增加剩余污泥量

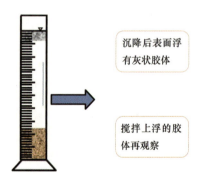

沉降后表面浮有灰状胶体

搅拌上浮的胶体再观察

放出气泡后再次沉降——表示脱氮开始发生——增加回流污泥量或增加剩余污泥；
放出气泡后也不再沉淀——可能表示活性污泥含有过多的油脂，分析 MLVSS 含油量是否高于 15%，改善前处理除油效果

胶体细小或松散而浮于上清液

上浮胶体呈絮状——曝气量过大，搅碎污泥所致，减少曝气量；
上浮胶体轻且膨化——F/M 太大，有机物偏高，减少剩余污泥排放

污泥容积指数（Slude Volume Index，SVI） `重要知识点`

污泥容积指数简称污泥指数（SVI）。本项指标的物理意义是从曝气池出口处取出的混合液，经过 30 min 静沉后，每克干污泥形成的沉淀污泥所占有的容积，以 mL 计。

计算公式

$$SVI = \frac{混合液(1L)30\min 静沉形成的活性污泥容积(mL)}{混合液(1L)中悬浮固体干重(g)} = \frac{SV(mL/L)}{MLSS(g/L)}$$

式中　SVI——污泥指数，mL/g，习惯上只称数字，而把单位略去。

图 1-30　SVI 的测量

◆ 应用

一定污泥量时，SVI 反映了活性污泥的凝聚沉淀性。SVI 的测量如图 1-30 所示。

SVI 较高，表示 SV 值较大，沉淀性较差；SVI 较小，污泥颗粒密实，沉淀性好。但 SVI 过低，污泥矿化程度高，活性及吸附性能都较差。

SVI＜100 时，沉淀性好；SVI=100~200 时，沉淀性一般；SVI＞200 时，沉淀性较差，可能已发生污泥膨胀。

一般控制 SVI 为 70~150。

◆ 污泥浓度对 SVI 的影响和解决方法

❖ 极端例子

如果污泥浓度为 10000 mg/L，30 min 后并未沉淀，其 SVI 值为 100。

❖ 解决方法

对泥样进行稀释，直到 30 min 沉降体积小于等于 250 ml/L 时，再进行标准 SVI 试验。

1.2.2 活性污泥法的设计与运行参数

1.2.2.1 BOD$_5$污泥负荷 重要知识点

在具体工程应用上，F/M比值一般是以BOD$_5$污泥负荷（又称BOD$_5$有机负荷率）（N_s）表示的。

$$N_s = \frac{F}{M} = \frac{QS_0}{VX} \quad [\text{kgBOD}_5/(\text{kgMLSS} \cdot \text{d})]$$

式中　Q——污水流量，m^3/d；
　　　S_0——原污水中有机物的浓度，mg/L 或 kgBOD$_5$/m^3；
　　　V——曝气池有效容积，m^3；
　　　X——曝气池中活性污泥浓度，mg/L 或 kgMLSS/m^3。

BOD$_5$污泥负荷的技术经济意义

◆ 含义

曝气池内单位质量（kg）活性污泥在单位时间（d）内接受的有机物量（kgBOD$_5$）。也可以COD表示有机物量，MLVSS表示活性污泥量。

◆ 高负荷

高BOD$_5$污泥负荷将加快有机物降解速率与活性污泥增长速率，减小曝气池容积，经济上较适宜，但出水水质较差。

◆ 低负荷

有机物降解速率和活性污泥增长速率都将减慢，曝气池容积加大，基建费用增高，但出水水质较好。污泥自身氧化程度较大，会释放出氮、磷。

> **思　考**
>
> BOD$_5$污泥负荷与污水处理过程中的哪些参数相关？

1.2.2.2 去除负荷、容积负荷 重要知识点

污泥去除负荷

◆ 定义

单位质量活性污泥在单位时间内所去除的有机污染物量，常用符号 N_{rs} 表示

单位是 $kgBOD_5/[kgML(V)SS \cdot d]$

$$N_{rs} = \frac{Q(S_0 - S_e)}{VX}$$

污泥负荷与去除负荷的关系：$N_{rs} = \eta N_s$

式中　S_e——出水中有机物的浓度，[质量][体积]$^{-1}$，mg/L 或 $kgBOD_5/m^3$；
　　　η——处理效率。

污泥容积负荷

◆ 定义

污泥容积负荷为单位曝气池容积（m^3），在单位时间（d）内接受的有机物量，常用 N_v 表示

单位是 $kgBOD_5/(m^3 曝气池 \cdot d)$

$$N_v = \frac{QS_0}{V}$$

污泥负荷与容积负荷的关系：$N_v = XN_s$

指标意义

通过容积负荷，计算所需池体容积，最终确定基建情况。

$$V = \frac{QS_0}{N_v} = \frac{Q(S_0 - S_e)}{XN_{rs}}$$

实际工程设计时通常选取 N_v、N_{rs}、N_s、X 等确定构筑物规模，水质较为复杂的工业废水要通过试验来确定。

1.2.2.3 污泥龄 重要知识点

污泥龄 θ_c

指在曝气池内微生物从其生成到排出的平均停留时间，也就是曝气池内的微生物全部更新一次所需要的时间。从工程上来说，在稳定条件下，就是曝气池内活性污泥总量与每日排放的剩余污泥量之比。即：

$$\theta_c = \frac{VX}{\Delta X}$$

式中　θ_c——污泥龄（生物固体平均停留时间），[时间] d；

　　　ΔX——曝气池内每日增长的活性污泥量，即应排出系统外的活性污泥量，[质量][时间]$^{-1}$ kg/d。

$$\theta_c = \frac{VX}{\Delta X} \quad \Delta X = (Q_w \cdot X_w) + (Q - Q_w) \cdot X_e$$

$$\theta_c = \frac{VX}{(Q_w \cdot X_w) + (Q - Q_w)X_e} \xrightarrow{\text{一般情况下} X_e \text{值极低，可忽略不计}} \theta_c \approx \frac{VX}{(Q_w \cdot X_w)}$$

式中　Q_w——剩余污泥排放的污泥量，m³/d；

　　　X_w——回流污泥浓度，kg/m³；

　　　X_e——排放的处理水中悬浮颗粒浓度，kg/m³。

污泥龄的意义

（1）污泥龄是活性污泥法处理系统设计和运行的重要参数，世代时间长于污泥龄的微生物在曝气池内不可能繁衍成优势种属。

（2）污泥龄在选取时要考虑多方面因素，比如工艺类型、工艺目的、反应器容积等。

补　充

● X_w值在一般情况下是活性污泥特性和二次沉淀池沉淀效果的函数，可由下式求定其近似值：

$$X_w = \frac{10^6}{\text{SVI}} \times r$$

SVI——污泥容积指数，mg/L；

r——修正系数，与污泥在二次沉淀池中的停留时间、池深有关，一般取1.2左右。

1.2.2.4 污泥龄的选择及其与 N_{rs} 的关系 重要知识点

选择活性污泥系统污泥龄时应考虑的一些重要因素，见表1-2。

选择活性污泥系统污泥龄时应考虑的一些重要因素　　　　表1-2

泥龄	短（1～5 d）	中间（10～15 d）	长（>20 d）
类型	高速、分段进水 纯氧曝气	与高速活性污泥系统相似但包含硝化有时还有反硝化 BNR 系统	延时曝气 奥贝尔氧化沟 卡鲁塞尔氧化沟 BNR 系统
目的	仅去除 COD	去除 COD、硝化、生物脱氮和（或）生物除磷	去除 COD、生物脱氮、生物除磷
出水水质	COD 低、氨高、磷酸盐高、不稳定	COD 低、氨低、硝酸盐低、相对稳定	COD 低、氨低、硝酸盐低、磷酸盐低、通常稳定
污泥沉降性能	一般较好，但没有低 F/M 丝状菌（像 S.natans, 1701, Thiothrix）	泥龄低且好氧污泥含量高时沉降性能好，但一般由于低 F/M 丝状菌（如 M.parvicella）增长会导致沉降性能差	好氧污泥含量高时性能好，但一般低 F/M 丝状菌（尤其 M.parvicella）生长时性能差
运行	活性污泥系统不稳定运行复杂，需要处理初沉和二沉污泥	脱氮除磷系统运行复杂，且需要处理初沉和二沉污泥	不需要处理初沉和二沉污泥，但脱氮除磷系统运行复杂
优点	投资成本低、厌氧消化能量自我平衡	以相对低的投资成本达到好的脱氮、除磷效果	脱氮（除磷）效果好、没有初沉污泥，二沉污泥不需稳定、污泥处置成本低
缺点	运行成本高 出水水质不稳定	污泥处置复杂，成本昂贵	反应器大，需氧量高，投资成本高

污泥龄（θ_c）与 N_{rs} 的关系

$$\frac{1}{\theta_c} = YN_{rs} - K_d$$

式中　Y——产率系数，即微生物每代谢 1 kgBOD$_5$ 所合成的 MLVSSkg 数；

　　　K_d——衰减系数，是活性污泥微生物自身的氧化率；

　　　Y 和 K_d——都是以实际生产设备运行的数据作为基础，根据公式由图解法得到污泥龄与污泥去除负荷成反比关系。

1.2.2.5 污泥回流比 重要知识点

污泥回流比（R）是指从二沉池返回到曝气池的回流污泥量 Q_R 与污水流量 Q 之比，常用%表示。

$$R = \frac{Q_R}{Q}$$

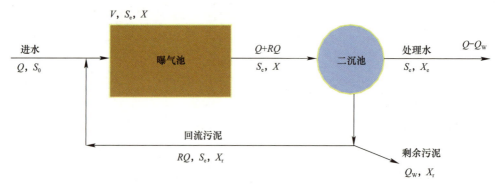

图 1-31 完全混合法活性污泥系统中二沉池的污泥物料平衡

基于二沉池污泥的物料平衡（图 1-31）：回流污泥量+剩余污泥排放量=曝气池污泥量+每日增长量

即：$RQ \cdot X_r + Q_w \cdot X_r = (Q+RQ) \cdot X + Q_w \cdot X_r + (Q-Q_w) \cdot X_e$

曝气池内混合液污泥浓度 X 与污泥回流比 R 和回流污泥浓度 X_r 之间的关系是：

$$R = \frac{X}{X_r - X}$$

如果忽略反应系统进水和出水中生物固体含量（$X_e=0$）

$$X_r = \frac{(1+R)}{R}X$$

污泥回流对污泥性能和浓度的影响

◆ 曝气池中 MLSS 不可能高于回流污泥浓度，回流比越大，二者越接近。回流污泥量过大，会影响二沉池中的污泥浓缩状态；

◆ 回流污泥来自二沉池，二沉池中污泥浓度与活性污泥的沉降浓缩性能和浓缩时间有关。若 SVI 为 100，相应的回流污泥浓度为 10000 mg/L；

◆ 沉降性能略差的活性污泥，其回流污泥浓度 X_r 为 5000~8000 mg/L，若 X_r 为 7000 mg/L，则若要保持曝气池中 MLSS 在 3000 mg/L，污泥回流比 R 必须大于 0.75。

1.2.2.6 水力停留时间 重要知识点

曝气时间 t（或水力停留时间 HRT）

曝气时间（t）是指污水进入曝气池后，在曝气池中的平均停留时间，也称水力停留时间（HRT），常以小时（h）计。

$$t = \frac{V}{Q}$$

式中　V——曝气池的有效容积，m^3；
　　　Q——污水流量，m^3/h。

名义和实际水力停留时间

由于通过曝气池的流量是入流的污水和回流污泥总量，所以上述公式又被称为名义水力停留时间，而称包括回流污泥量得到的时间为实际水力停留时间。但就活性污泥法全系统水量平衡而言，上述公式所得水力停留时间才是真正意义的实际平均停留时间，证明如下。

设名义水力停留时间为 t，流入曝气池原污水的水力停留时间为 t_1，回流污泥中污水的水力停留时间为 t_2，污水平均水力停留时间为 T。

证明方法一

污水的平均水力停留时间 T：

$$T = \frac{Q}{Q+RQ}t_1 + \frac{RQ}{Q+RQ}t_2 = \frac{Q}{Q+RQ} \cdot \frac{V}{Q+RQ} + \frac{RQ}{Q+RQ}\left(\frac{V}{Q+RQ} + \frac{V}{Q}\right)$$

$$= \frac{V}{Q}\left(\frac{1}{(1+R)^2} + \frac{R}{(1+R)^2} + \frac{R}{1+R}\right) = \frac{V}{Q} = t$$

证明方法二

假设污泥回流比 R 小于 100%，并且流入曝气池的污水中，一部分直接排走；另一部分仅随回流污泥被回流一次后，再流出曝气池，其流量是 RQ（那么直接排出流量是 $Q-RQ$），那么：$t_2 = \dfrac{2V}{Q+RQ}$

则污水的平均水力停留时间 T：

$$T = \frac{Q-RQ}{Q}t_1 + \frac{RQ}{Q}t_2 = (1-R) \cdot \frac{V}{Q+RQ} + R\frac{2V}{Q+RQ}$$

$$= \frac{V}{Q}\left(\frac{1-R}{1+R} + \frac{2R}{1+R}\right) = \frac{V}{Q} = t$$

1.3　活性污泥反应动力学及其应用

1.3.1　活性污泥反应动力学概述　一般知识点

活性污泥反应动力学通过数学式定量或半定量地揭示活性污泥系统内有机物降解、污泥增长等与设计运行参数、环境因素之间的关系，对工程设计与优化运行管理有一定的指导意义。

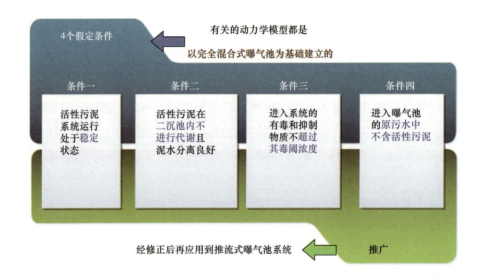

1.3.2 活性污泥反应动力学基础 重要知识点

1.3.2.1 有机物降解与活性污泥微生物增殖

活性污泥微生物的增殖是微生物合成反应和内源代谢两项生理活动的综合结果。因此，单位曝气池容积内，活性污泥的净增殖速率为：

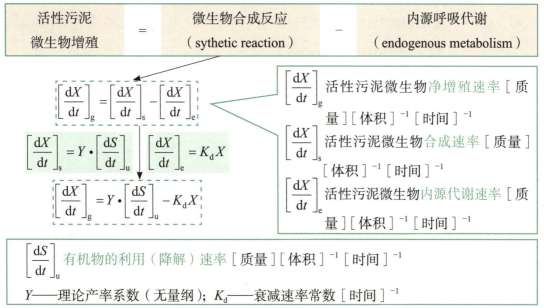

$\left[\dfrac{dS}{dt}\right]_u$ 有机物的利用（降解）速率 ［质量］［体积］$^{-1}$［时间］$^{-1}$

Y——理论产率系数（无量纲）；K_d——衰减速率常数 ［时间］$^{-1}$

要点

◆ Y 的物理意义：微生物每代谢 1 kgBOD$_5$ 所合成的 MLSS kg 数；是被利用的单位底物质量转换成微生物质量的系数（没有将内源代谢造成的微生物减少量计算在内）。

◆ K_d 的物理意义：每天每 kg 活性污泥内源呼吸所消耗的污泥量。

拓展：用 IAWQ 活性污泥模型计算污泥合成产率系数 Y

生物系统活性污泥产量 X_T
= 不可降解固态悬浮物质 X_I + 异养微生物降解有机物 $X_{B,H}$ + 内源呼吸残留物 X_P ①

$X_I = Q \cdot SS \cdot (1 - f_v + f_{NV})$ 　　$X_{B,H} = \dfrac{Q \cdot BOD_5 \cdot Y_H}{(1 + \theta_c \cdot b_H)}$ 　　$X_P = f_p \cdot b_H \cdot \theta_c \cdot X_{B,H}$

注：f_v 是进水中 SS 中挥发分所占比例，我国城市污水典型实测值为 0.5~0.65；f_{NV} 是进水 VSS 中不可好氧生物降解部分所占的比例，典型值为 0.2~0.4；f_p 是微生物体不可生物降解部分所占的比例；Y_H 为异养微生物产率系数，典型取值范围是 0.6~0.75；b_H 为异养微生物内源衰减系数，15℃取值 0.08 d^{-1}；温度系数 1.072。

根据①计算，进水 BOD$_5$ 总量除以 X_T 得到活性污泥产率 Y → $Y = Y_H + \dfrac{SS}{BOD_5}(1 - f_v + f_v \cdot f_{NV}) - \dfrac{(1 - f_v) \cdot b_H \cdot Y_H}{\dfrac{1}{\theta_c} + b_H}$

1.3.2.2 有机物降解与需氧量 `重要知识点`

活性污泥对有机物的氧化分解和其自身氧化都是需氧过程。

系统总体需氧量 = 有机物氧化分解需氧量 + 活性污泥自身氧化需氧量

$$\Delta O_2 = a \cdot Q \cdot S_r + b \cdot VX$$

式中 ΔO_2——系统总体需氧量,量纲为[质量][时间]$^{-1}$,一般用 kgO_2/d 表示不同运行方式的系统总体需氧量,见表 1-3;

a——活性污泥微生物对有机物氧化分解过程的需氧率,即活性污泥微生物每代谢 1 kgBOD$_5$ 所需氧量的 kg 数;

b——每千克活性污泥单位时间进行自身氧化所需的氧的 kg 数,即污泥自身氧化需氧速率,其量纲为[时间]$^{-1}$,一般用 d^{-1} 表示。

生活污水的 a 值为 0.42~0.53,b 值为 0.10~0.20。

不同运行方式的系统总体需氧量(kgO_2/d)　　　　　表 1-3

运行方式	完全混合式	生物吸附法	传统曝气法	延时曝气法
ΔO_2	0.7~1.1	0.7~1.1	0.7~1.1	0.7~1.8

两种变形(表 1-4)

有机物降解与需氧量公式的两种变形　　　　　表 1-4

$\dfrac{\Delta O_2}{VX} = a \cdot \dfrac{QS_r}{VX} + b = a \cdot q + b$	$\dfrac{\Delta O_2}{QS_r} = a + b \cdot \dfrac{VX}{QS_r} = a + b \cdot \dfrac{1}{q}$
$\dfrac{\Delta O_2}{VX}$——单位质量活性污泥的需氧量	$\dfrac{\Delta O_2}{QS_r}$——去除每 kgBOD$_5$ 的需氧量
一般用 $kgO_2/(kgMLVSS \cdot d)$ 表示	一般用 $kgO_2/(kgBOD_5 \cdot d)$ 表示
单位质量活性污泥需氧量与 BOD 比降解速率成正比	去除每 kgBOD$_5$ 的需氧量与 BOD$_5$ 比降解速率成反比
BOD 比降解速率越高,污泥龄越短时,每 kg 活性污泥的需氧量较大,也就是单位容积曝气池的需氧量较大	BOD 比降解速率越高,污泥龄越短时,每降解单位质量(1 kg)BOD$_5$ 的需氧量就较低
【原因】污泥龄短,有机物浓度高,微生物增长速率快,需氧量就较大	【原因】一部分被吸附而未被摄入细胞体内的有机物随剩余污泥排出。此外,在高负荷条件下,活性污泥微生物的自身氧化作用低,因此,需氧量较低

1.3.3 莫诺特方程及其推论

1.3.3.1 莫诺特方程 重要知识点

莫诺特于 1942 年和 1950 年曾两次用纯种的微生物在单一底物的培养基上进行微生物增殖速率与底物浓度之间关系的试验（图 1-32）。

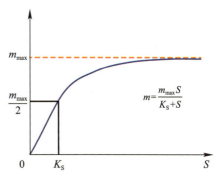

图 1-32 微生物增殖速率与底物浓度的关系

底物降解的基本方程

描述底物浓度与微生物比增殖速率之间的关系：

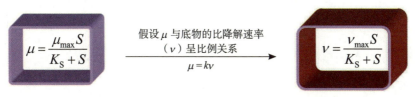

假设 μ 与底物的比降解速率（v）呈比例关系
$\mu = kv$

- μ——微生物比增殖速率（d^{-1}），即单位生物量的增殖速率（kg 生物量 /kg 生物量·d）；
- μ_{max}——在饱和底物浓度中，微生物的最大比增殖速率（d^{-1}）（kg 生物量 /kg 生物量·d），在一定条件下是常数；
- S——反应器中（限制微生物生长的，或微生物周围的）底物浓度（mg/L）；可用 BOD 表示；
- K_S——饱和常数（半反应速率常数），数值上等于 $\mu=\mu_{max}/2$ 时的 S（mg/L），该参数能反映 S 对 μ 的影响程度；
- v——底物的比降解速率，[时间]$^{-1}$，常用 h^{-1} 或 d^{-1} 表示；
- v_{max}——底物的最大比降解速率，[时间]$^{-1}$，常用 h^{-1} 或 d^{-1} 表示。

莫诺特（Monad）方程要点

莫诺特提出的单底物培养纯菌种增殖速率方程后，逐渐扩展应用于描述以混合底物培养的混合菌种的增殖速率。

莫诺特公式与米-门公式之间区别在于，米-门公式表达的是酶促反应速率与底物浓度之间的关系，是一个生化反应速率表达式，而莫诺特公式是纯种微生物群体的集群增殖速率，可以进一步用来表示活性污泥的增殖。

μ_{max}，K_S 可以通过试验，并采用兰维福-布克（Lineweaver-Burk）图解法求得。

1.3.3.2 莫诺特方程推论 重要知识点

高底物浓度条件下，$S \gg K_s$

$$-\frac{dS}{dt} = v_{max}X = K_1X$$

在高底物浓度条件下，底物降解速率与活性污泥浓度理论上呈一级反应关系。

◆ 关系

底物以最大速率降解，与底物浓度无关，呈零级反应关系（图1-33）。

◆ 表征

底物浓度大于 S' 时，进一步提高，比降解速率也不会提高。

◆ 原因

微生物处于对数增殖期，其酶系统活性位置都被底物所饱和。

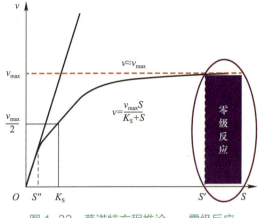

图 1-33 莫诺特方程推论——零级反应

低底物浓度条件下，$S \ll K_s$

$$-\frac{dS}{dt} = K_2XS$$

◆ 关系

底物降解速率与底物浓度呈一级反应（图1-34）。

◆ 表征

底物浓度已成为底物降解利用的限制因素。

◆ 原因

混合液中底物浓度不高，微生物处于减衰增殖期或内源呼吸期，微生物酶系统多未被饱和。

城市污水属低底物浓度污水，COD 值一般在 400 mg/L 以下，BOD_5 值在 200 mg/L 左右，在曝气池中的浓度更低，因此对处理城市污水的完全混合式活性污泥法系统，可以近似地用低底物浓度条件下的莫诺特公式推论来描述有机物的利用速率。

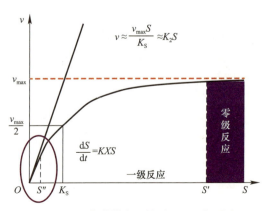

图 1-34 莫诺特方程推论——一级反应

1.3.3.3 莫诺特公式在完全混合曝气池中的应用 　一般知识点

完全混合曝气池内活性污泥一般处在减衰增殖期。池内有机物浓度均一，并与出水浓度（S_e）相同，其值较低，$S_e < S$，采用低底物浓度的推论是适宜的（图1-35）。

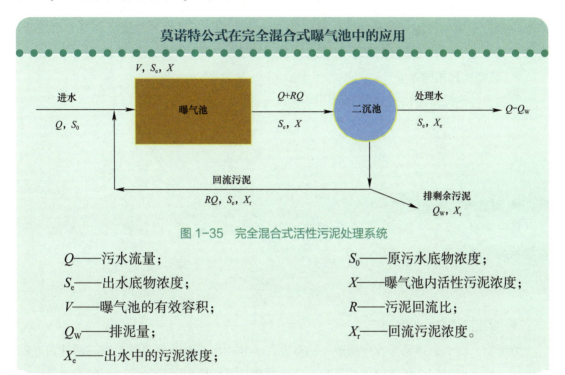

图1-35　完全混合式活性污泥处理系统

Q——污水流量；
S_e——出水底物浓度；
V——曝气池的有效容积；
Q_W——排泥量；
X_e——出水中的污泥浓度；
S_0——原污水底物浓度；
X——曝气池内活性污泥浓度；
R——污泥回流比；
X_r——回流污泥浓度。

1. 稳定条件下对系统内有机物进行物料平衡，根据稳定条件下底物进入量＝曝气池内微生物每小时降解BOD的量

$QS_0 + RQS_e - (Q + RQ)S_e - V \cdot X \cdot v = 0$ ①

2. 对于完全混合式曝气池，底物的比降解速率，按物理意义考虑，下式**成立**：

$$v = \frac{d(S_0 - S_e)}{Xdt} = -\frac{dS}{Xdt} \ ②$$

3. ①和②联立：

$$\frac{Q(S_0 - S_e)}{V} = -\frac{dS}{dt}$$

4. 结合莫诺特公式：

$$-\frac{dS}{dt} = v_{max}\frac{XS}{K_S + S}$$

5. 最终得出：

$$\frac{Q(S_0 - S_e)}{VX} = \frac{(S_0 - S_e)}{Xt} = \frac{v_{max}S_e}{K_S + S_e}$$

◆ 动力学参数 K_2、μ_{max}、v_{max}、K_S、Y、K_d、a 和 b 等各值，在特定条件下，对于特定的污水来说，为一常数值。

◆ 底物一般指有机物，可用BOD、COD或TOC等指标表示；污泥浓度也可用MLSS或MLVSS等表示。

◆ 当采用不同指标时，与其对应的上述动力学参数的数值也有所不同，因为动力学参数的量纲和单位中包含着不同的指标因素。

1.3.4 劳伦斯—麦卡蒂模型

1.3.4.1 劳伦斯—麦卡蒂模型基本论点 重要知识点

1970 年劳伦斯（Lawrence）和麦卡蒂（McCarty）根据莫诺特方程提出的底物利用速率与反应器中微生物浓度及底物浓度之间的动力学关系式，又称为劳伦斯—麦卡蒂模型，方程表明了底物比利用速率与底物浓度之间关系在整个浓度区间上是连续的。

◆ **底物比利用速率 q**

单位活性污泥微生物量的底物利用速率。

$$q = \frac{\left(\dfrac{dS}{dt}\right)_u}{X_a}$$

◆ **微生物比增殖速率**

单位质量微生物（活性污泥）的增殖速率，即比增殖速率，以 μ 表示。以 dX/dt 表示微生物的增殖速率，则 μ 值为：

$$\mu = \frac{1}{X} \times \frac{dX}{dt}$$

◆ **生物固体平均停留时间**

劳伦斯—麦卡蒂强调了"污泥龄"的重要性，并指出污泥龄就是微生物在活性污泥系统中的平均停留时间，并建议将其易名为"生物固体平均停留时间"或"细胞平均停留时间"，以 θ_c 表示。

$$\theta_c = \frac{(X)_T}{\left(\dfrac{\Delta X}{\Delta t}\right)_T}$$

基本概念之间的联系

μ（微生物比增殖速率）与 θ_c（生物固体平均停留时间）的关系。

$$\mu = \frac{1}{\theta_c} \quad \theta_c = \frac{1}{\mu}$$

微生物比增殖速率（μ）与生物固体平均停留时间（θ_c）互为倒数的关系。

1.3.4.2 劳伦斯—麦卡蒂模型基本方程 **重要知识点**

劳伦斯—麦卡蒂模型——以生物固体平均停留时间（θ_c）及单位底物利用速率（q）作为基本参数，并以第一、第二两个基本方程式表达（表1-5）。

劳伦斯—麦卡蒂模型基本方程　　　　　　　　　　　表1-5

第一基本方程式	第二基本方程式	
表示活性污泥微生物净增殖与有机底物被活性污泥微生物利用之间的关系式	基本概念是有机物比降解速率也可表示为微生物对底物的比利用速率	
$\Delta X = Y(S_0 - S_e)Q - K_d VX$	$v = q$	
令 $S_r = S_0 - S_e$， S_r——污水中被利用的有机物浓度，kg/m^3	$q = \dfrac{dS}{Xdt}$	$v = \dfrac{v_{max} S}{K_S + S}$
方程两边同时除以 $XV \rightarrow \dfrac{\Delta X}{XV} = Y\dfrac{QS_r}{XV} - K_d$	q——底物比利用速率，d^{-1}； v——有机底物比降解速率，d^{-1}	
又：$q = \dfrac{Q(S_0 - S_e)}{VX} = \dfrac{QS_r}{VX}$　$\dfrac{\Delta X}{VX} = \dfrac{1}{\theta_c}$	又，劳伦斯—麦卡蒂接受莫诺特模式归纳整理	
$\dfrac{1}{\theta_c} = Yq - K_d$	$\dfrac{dS}{Xdt} = \dfrac{v_{max} S}{K_S + S}$	
第一基本方程所表示的是生物固体平均停留时间（θ_c）与合成产率系数（Y）、有机底物利用率（q）以及微生物衰减系数（K_d）等参数之间的定量关系	第二基本方程所表示的是有机物的比利用率与反应器（曝气池）内微生物浓度及微生物周围有机物浓度之间的关系	

对于第二基本方程式，如果再考虑溶解氧浓度的影响，可得：

$$\dfrac{dS}{Xdt} = \dfrac{v_{max} S}{K_S + S}\left(\dfrac{DO}{K_0 + DO}\right)$$

对于此公式的理解：

1. v_{max}、K_S 在特定底物一定的微生物群体等条件下，为常数（不同底物决定微生物种群）。

2. 该公式将底物比利用率与 S（底物浓度）和溶解氧浓度联系起来（具有正相关关系）。

3. K_0 反映 DO 对底物比降解速率的影响程度，国际水协会取 $K_0 = 0.2\ mg/L$；K_0 值越小，DO 对 v 的影响越小，K_0 值越大，DO 对 v 的影响越大。在工程中常取的最经济 DO 值为 $2\ mg/L$。

1.3.4.3 劳伦斯—麦卡蒂模型推论 <mark>重要知识点</mark>

$$v = \frac{v_{max}S}{K_S + S}$$

$$v = -\frac{1}{X}\frac{dS}{dt}$$

$$-\frac{dS}{dt} = vX = \frac{v_{max}XS}{K_S + S}$$

完全混合式曝气池:
$$-\frac{dS}{dt} = \frac{Q(S_0 - S_e)}{V}$$

$$\Delta X = Y(S_0 - S_e)Q - K_d VX$$

同除 VX: $\dfrac{1}{\theta_c} = \dfrac{Y(S_0 - S_e)Q}{VX} - K_d$

$$\frac{Q(S_0 - S_e)}{VX} = \frac{v_{max}S}{K_S + S}$$

$$\frac{1}{\theta_c} = \frac{Yv_{max}S_e}{K_S + S_e} - K_d$$

$$X = \frac{\theta_c Y(S_0 - S_e)}{t(1 + K_d \theta_c)} \qquad S_e = \frac{K_S\left(\dfrac{1}{\theta_c} + K_d\right)}{Yv_{max} - \left(\dfrac{1}{\theta_c} + K_d\right)}$$

要点

◆ 对某一特定条件来说，K_S、K_d、Y 和 v_{max} 值为常数，那么 <u>S_e 值仅为 θ_c 的单值函数</u>，即 $S_e = f(\theta_c)$。

◆ 反应器内微生物浓度（X）是生物固体平均停留时间（θ_c）、曝气时间、进水底物浓度与出水底物浓度的函数。

拓展

◆ 从图 1-36 可见，θ_c 值提高，处理水 S_e 值下降，有机物去除率 E 值提高。

◆ 当 θ_c 值低于某一最小值 $(\theta_c)_{min}$ 时，S_e 值将急剧升高，E 值则急剧下降。

◆ 实际应用中：$\theta_c = 2 \sim 20(\theta_c)_{min}$

在一般情况下，仅去除有机物过程的 θ_c 小于硝化过程的 θ_c。

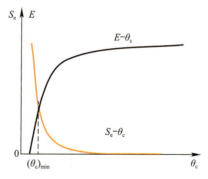

图 1-36 去除率和出水浓度与污泥龄的关系

劳伦斯—麦卡蒂第一基本方程式：

$$\frac{1}{\theta_c} = Y\frac{Q(S_0 - S_e)}{VX} - K_d \quad\Longrightarrow\quad \frac{Q(S_0 - S_e)}{VX} = \frac{\dfrac{1}{\theta_c} + K_d}{Y}$$

◆ 进水 Q 增大或 S_0 增大，而其余值不变时，都会引起方程左端增大，而使右端的 θ_c 降低；反之进水 Q 减小或 S_0 减小，而其余值不变时，θ_c 增大。

1.3.4.4 污泥合成产率系数 Y 与表观产率系数 Y_{obs} 　一般知识点

要点1　合成产率系数与表观产率系数（表1-6）

合成产率系数与表观产率系数　　　　　　　　　　　表1-6

	合成产率系数 Y	表观产率系数 Y_{obs}
定义	产率系数是活性污泥微生物摄取、利用、代谢单位重量有机物 ΔS 使自身增殖的质量 ΔX 的分数，一般用 Y 表示	表观产率系数表示在一定的污泥龄和污泥负荷下运行的污泥法系统，每利用单位有机物所实际产生的污泥量，以 Y_{obs} 表示
区别	① 不包括由于微生物内源呼吸作用而使其本身质量消亡的那一部分污泥量。 ② 是动力学常数。对于生活污水，Y 的取值为 0.4~0.65	① 包括微生物内源呼吸消耗的污泥量，表示每利用单位有机物所实际产生的污泥量。 ② 不是动力学常数，取决于 θ_c，可以通过调整 θ_c 值选定 Y_{obs}

要点2　表观产率系数 Y_{obs} 与 θ_c 值的关系

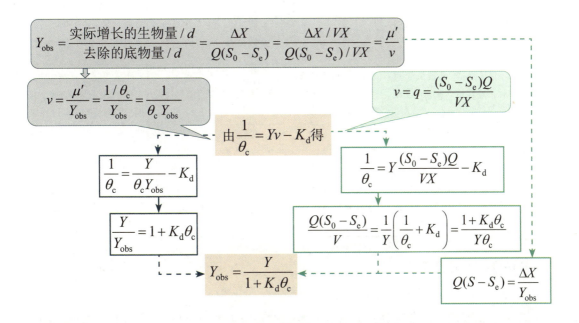

拓展：表观产率系数 Y_{obs} 的影响因素

1. 在确定表观产率系数时，必须考虑原污水中总悬浮固体的含量，否则，计算所得到的剩余污泥量往往偏小。
2. 表观产率系数随温度、泥龄和内源衰减系数的变化而变化。
3. 污泥表观产率系数宜根据试验资料确定，无试验资料时，系统有初沉池时取 0.3~0.5，无初沉池时取 0.6~1.0。

1.3.5 IWA 活性污泥动力学模型 〔一般知识点〕

活性污泥法动态模型

◆ 时间序列模型

又称为辨识模型,但对监测控制系统的要求较高。

◆ 语言模型

主要指专家系统,其研究尚处在初始阶段。

◆ 机理模型

主要包括 Andrews 模型、WRC 模型和 IWA 模型(表 1-7)。

IWA 活性污泥动力学模型　　　　表 1-7

模型	ASM 1	ASM 2	ASM 2D	ASM 3
内容	包含13种组分,8种反应过程,5个化学计量系数和14个动力学参数	包含19种组分,19种反应过程,22个化学计量系数和42个动力学参数	包含19种组分,21种反应过程,22个化学计量系数和45个动力学参数	包含13种组分,12种反应过程,6个化学计量系数和21个动力学参数
优点	不仅描述了碳氧化过程,还包括含氮物质的硝化与反硝化	不仅包括含碳有机物和氮的去除,还包括生物与化学除磷过程	考虑了反硝化除磷过程	引入有机物在微生物体内的贮藏及内源呼吸,强调细胞内部的活动过程
缺点	未包含磷的去除	—		未包含磷的去除
机理		死亡—再生机理		贮存—代谢机理
应用	ASM1 已成功用于模拟污水生物处理过程中的各种脱氮和除碳过程	已成为国际上开展污水处理新技术开发、工艺设计和计算机模拟软件开发的通用平台,得到了广泛的认可		ASM3 的准确性和应用价值还需要通过大量的试验进行验证

IWAQ 模型的发展

◆ 死亡—再生机理(ASM1/2/2D)

微生物衰减代谢残余物经水解后会产生二次基质(缓慢降解不溶底物),这些二次基质可供微生物生长使用。

◆ 贮存—代谢机理(ASM3)

该理论将基质分为溶解性基质和非溶解性基质。在基质去除过程中,微生物首先吸附非溶解性基质及部分溶解性基质,并在微生物体内以 Xsto(胞内贮存物)的形式贮存,然后再被微生物利用。

【主线】活性污泥反应动力学公式推导及相关关系

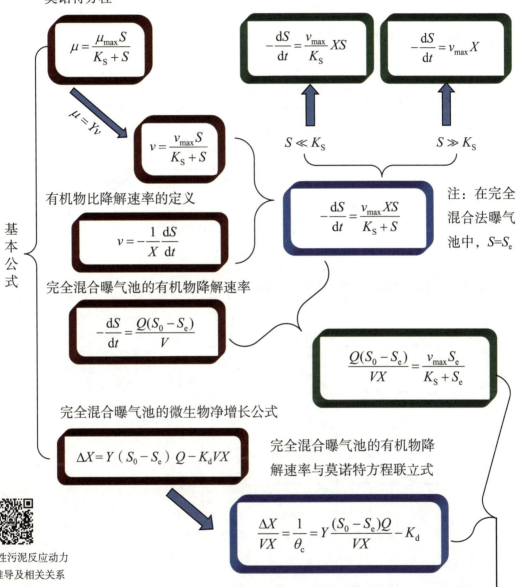

1-2 活性污泥反应动力学公式推导及相关关系

1.4 活性污泥法的各种演变及应用

1.4.1 传统活性污泥法 一般知识点

★ **传统活性污泥法的工艺流程（图1-37）**

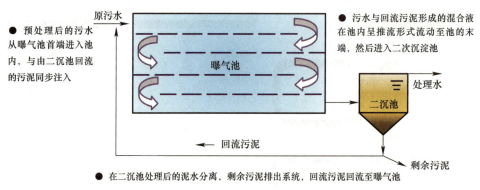

- 预处理后的污水从曝气池首端进入池内，与由二沉池回流的污泥同步注入
- 污水与回流污泥形成的混合液在池内呈推流形式流动至池的末端，然后进入二次沉淀池
- 在二沉池处理后的泥水分离，剩余污泥排出系统，回流污泥回流至曝气池

图1-37 传统活性污泥法工艺流程

传统活性污泥法系统中活性污泥的增殖规律如图1-38所示

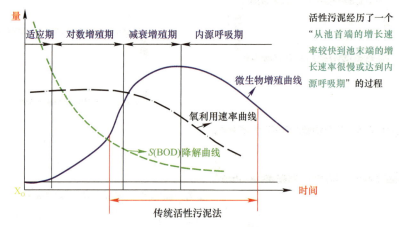

活性污泥经历了一个"从池首端的增长速率较快到池末端的增长速率很慢或达到内源呼吸期"的过程

图1-38 传统活性污泥法系统中活性污泥的增殖规律

◆ **优点**

① 处理效果好，BOD_5 去除率可达 90% 以上，适于处理净化程度和稳定程度要求较高的污水；② 对污水的处理程度比较灵活，根据需要可适当调整。

◆ **缺点**

① 曝气池首端有机物负荷高，耗氧速率也高。因此，为了避免溶解氧不足的问题，进水有机物负荷不宜过高，故曝气池容积大，占用的土地较多，基建费用高；② 耗氧速率沿池长是变化的，而供氧速率难于与其相吻合、适应，池后段又可能出现溶解氧过剩的现象，浪费了能源；③ 对进水水质、水量变化（冲击负荷）的适应性较低。

1.4.2 渐减曝气活性污泥法 一般知识点

渐减曝气活性污泥法（图 1-39、图 1-40）

- 针对传统活性污泥法的问题，将供氧量沿池长逐步递减，使其接近需氧量。
- 目前的传统活性污泥法一般都采用渐减曝气的供氧方式。

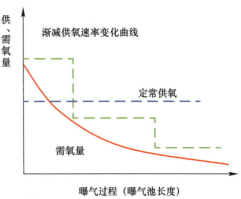

图 1-39 渐减曝气活性污泥法的曝气过程

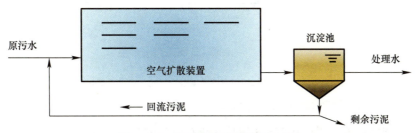

图 1-40 渐减曝气活性污泥法系统

◆ 优点

吸附与氧化同在一个曝气池完成，有机物浓度和需氧量沿池长逐渐降低，对 BOD 和 SS 的去除率可达 85%～95%。

◆ 缺点

① 对冲击负荷的适应性不强；② 体积大，占地面积较大、基建费较高。

渐减曝气活性污泥法系统中活性污泥的增殖规律如图 1-41 所示

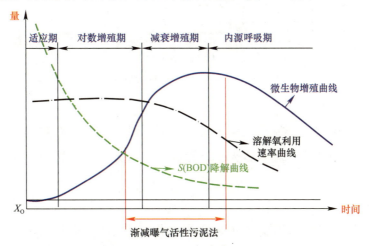

图 1-41 渐减曝气活性污泥法系统中活性污泥的增殖规律

1.4.3 阶段曝气活性污泥法 一般知识点

◆ 基本概念

阶段曝气活性污泥法又称分段进水活性污泥法或多段进水活性污泥法（Step-Feed Activated Sludge，SFAS，图1-42）。

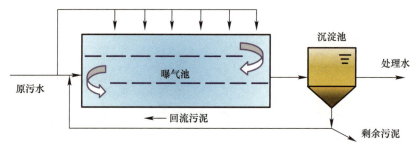

图1-42 阶段曝气活性污泥法系统

- 污水沿池长度分段注入曝气池，有机物负荷及需氧量得到均衡。
- 流态介于推流式和完全混合式之间。

阶段曝气活性污泥法系统中活性污泥的增殖规律如图1-43所示

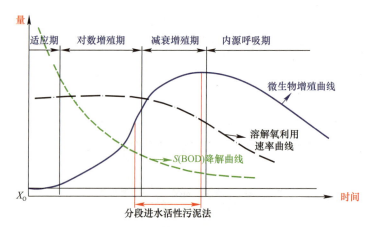

图1-43 阶段曝气活性污泥法系统中活性污泥的增殖规律

◆ 主要优点

① 一定程度地缩小了需氧量与供氧量之间的差距，有助于降低能耗，又能够比较充分地发挥活性污泥微生物的降解功能；② 污水分散均衡注入，提高了曝气池对水质、水量冲击负荷的适应能力。

◆ 主要缺点

① 曝气池平均地分成数间，污水又是等量注入，因而在曝气池最后一间中，污水的曝气时间短，活性污泥混合浓度低，因此净化程度下降；② 出水水质较普通活性污泥法略差。

1.4.4 完全混合活性污泥法 一般知识点

◆ **基本概念**

在阶段曝气法基础上，进一步增加进水点数的同时增加回流污泥的入流点数，即形成如图 1-44 所示的完全混合活性污泥法工艺。

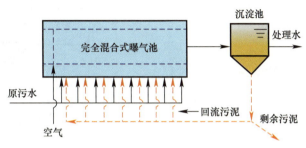

图 1-44　完全混合活性污泥法系统

完全混合活性污泥法系统中活性污泥的增殖规律如图 1-45 所示

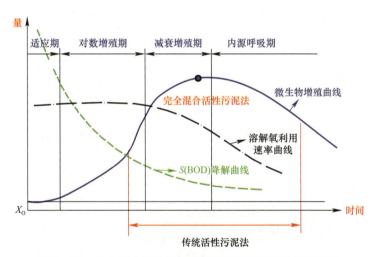

图 1-45　完全混合活性污泥法系统中活性污泥的增殖规律

◆ **优点：耐冲击负荷**

❖ 由于进入曝气池的污水很快即被池内已存在的混合液稀释和均化，原污水在水质、水量方面的变化，对活性污泥产生的影响将降到极小的程度。

❖ 适用于处理<u>工业废水</u>，特别是<u>高浓度</u>的工业废水。

◆ **缺点：易膨胀、推动力低**

❖ 曝气池内各部位的有机物浓度相同，活性污泥微生物质与量相同，微生物对有机物降解的推动力低，易于产生污泥膨胀。

❖ 在相同 F/M 的情况下，其处理水底物浓度大于推流式活性污泥法系统。

1.4.5 吸附再生活性污泥法 一般知识点

◆ **基本概念**

吸附再生法是通过再生池将吸附有机物的活性污泥氧化分解、恢复吸附活性而进行的，它的机理是吸附、分解、转化、合成，其工艺流程如图 1-46 所示。

◆ **主要特点**

将活性污泥对有机物降解的两个过程（吸附与代谢稳定），分别在各自的反应器内进行。

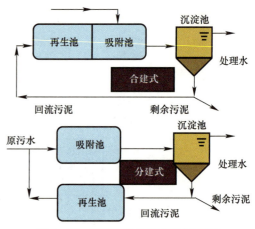

图 1-46 吸附再生活性污泥法系统

吸附再生活性污泥法系统中活性污泥的增殖规律如图 1-47 所示。

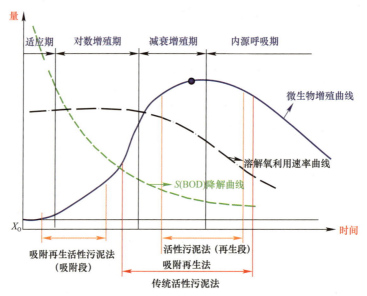

图 1-47 吸附再生活性污泥法系统中活性污泥的增殖规律

◆ **优点**

① 与传统活性污泥法相比，污水与活性污泥在吸附池内接触的时间较短，吸附池容积一般较小；② 吸附池与再生池容积之和仍低于传统曝气池容积，基建费用较低；回流污泥量大，对水质、水量的冲击负荷具有一定的承受能力；③ 当在吸附池内的污泥遭到破坏时，可由再生池内的污泥予以补救。

◆ **缺点**

① 处理效果不如传统活性污泥法（吸附池停留时间短）；② 不宜处理溶解性有机物含量较高的污水。

1.4.6 延时曝气活性污泥法 〔一般知识点〕

◆ **基本概念**

延时曝气活性污泥法（Extended aeration activated sludge，EAAS），又称**完全氧化活性污泥法**，工艺流程与传统活性污泥法相似，但对 BOD 的去除率高于传统活性污泥法。有机负荷非常低，曝气时间长，一般多在 24 h 以上，是污水、污泥综合处理系统。

延时曝气活性污泥法系统中活性污泥的增殖规律

延时曝气活性污泥法类似于传统推流式活性污泥法，但是该工艺在生长曲线的内源呼吸阶段运行，需要较低的有机负荷及较长的曝气时间（图 1-48）。

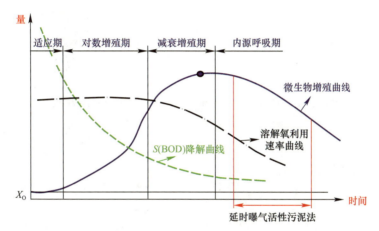

图 1-48　延时曝气活性污泥法系统中活性污泥的增殖规律

◆ **优点：水质好，稳定性高**

处理水稳定性高；对原污水水质、水量变化有较强适应性，无须设初沉池；污泥持续处于内源代谢状态，剩余污泥量少且稳定，无须再进行厌氧消化处理。

◆ **缺点：费用高、占地面积大**

曝气时间长，池容积大；基建费和运行费用较高；占用土地面积较大等。

◆ **适用范围**

适用于对处理水质要求高、不宜采用污泥处理技术的小城镇污水和工业废水处理厂，且处理水量不宜过大。

1.4.7 纯氧曝气活性污泥法 一般知识点

◆ 基本概念

纯氧曝气法以纯氧作为气源，所以气相的氧气分压为 1 个大气压（空气曝气中氧气分压为 0.2 个大气压）。所以纯氧曝气的氧气转移速率要明显高于空气曝气，污泥对有机污染物的氧化降解速度也要比空气曝气时快得多（图 1-49）。图 1-50 所示为改造型圆顶式纯氧曝气池。

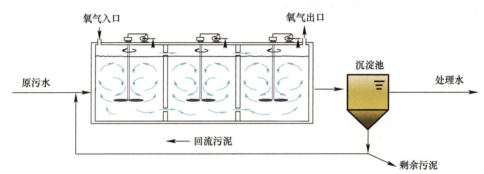

● 纯氧曝气池目前多为有盖密闭式，以防氧气外溢和可燃性气体进入

图 1-49　纯氧曝气活性污泥法系统

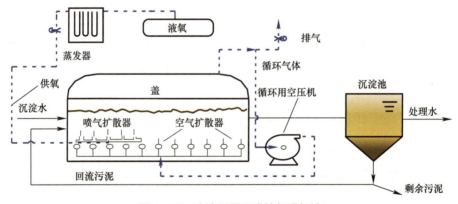

图 1-50　改造型圆顶式纯氧曝气池

◆ 主要特点

1. 纯氧中氧的分压比空气约高 5 倍，可大大提高氧的转移效率。
2. 氧的转移率可提高到 80%～90%，而一般的鼓风曝气仅为 10% 左右。
3. 可使曝气池内活性污泥浓度高达 4000～7000 mg/L，能够大大提高曝气池的容积负荷。
4. 剩余污泥产量少，SVI 值也低，一般没有由低 DO 引起的污泥膨胀之虑。
5. 但纯氧制备过程较复杂，易出故障，运行管理较麻烦；曝气池密封，又对结构的要求提高；且进水中混有的易挥发性的碳氢化合物容易在密闭的曝气池中积累，因此容易引起爆炸，故曝气池必须考虑防爆措施。

1.4.8 高负荷活性污泥法 一般知识点

◆ 基本概念

高负荷活性污泥法又称短时活性污泥法或不完全处理活性污泥法。与此相对，BOD_5 去除率在 90% 以上，处理水的 BOD_5 值在 20 mg/L 以下的工艺则称为完全处理活性污泥法。

活性污泥增殖曲线与高负荷活性污泥法的关系如图 1-51 所示

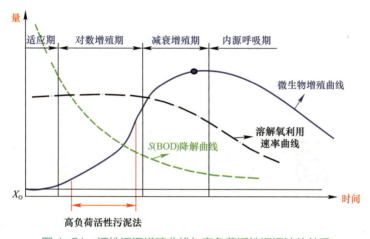

图 1-51 活性污泥增殖曲线与高负荷活性污泥法的关系

◆ 特点

1. 有机容积负荷或污泥负荷高，曝气时间短，处理效果较差，一般 BOD_5 的去除率不超过 70%～75%。

2. 在系统和曝气池结构方面可与传统活性污泥法相同，高负荷活性污泥法可采用推流式曝气池运行也可以采用完全混合式曝气池运行。但曝气停留时间为 1.5～3 h，曝气池活性污泥属于对数增殖期。

3. 适用于对处理水质要求不高的污水。

拓　展

高负荷活性污泥法，如 A/B 工艺中的 A 段，经常用于从污水中高效分离有机物，继而将之用于能源再生。研究表明，一座高负荷活性污泥法试验装置运行于寒冷温度时，通过最大化提高污泥量、细菌量和生物絮凝作用，可以以最少能量输入将进水中颗粒、胶体和溶解性 COD 集于废物固体流中。

1.4.9 生物选择器 〔一般知识点〕

生物选择器的原理及工艺流程

生物选择器的主要作用是防止和控制丝状菌的过度繁殖，避免丝状菌在微生物处理系统中成为优势菌种。也可以说，就是通过创造一定的条件，确保沉淀性能好的菌胶团细菌等非丝状菌占优势。可分为好氧选择器、缺氧选择器和厌氧选择器，生物选择器的不同布置方式如图 1-52 所示。

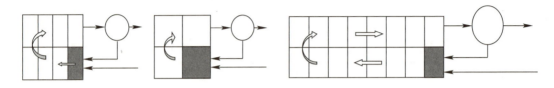

图 1-52 选择器的布置方式

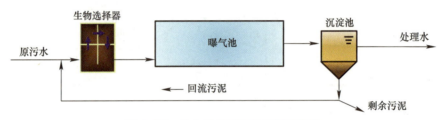

图 1-53 生物选择器活性污泥法系统

◆ 在曝气池前加一个水力停留时间很短的小反应器（图 1-53）。全部污水和回流污泥进入选择器，形成高负荷区。

◆ 有机物浓度较高的环境有利于菌胶团细菌的优先生长而抑制丝状菌的过量生长，从而改善了污泥的沉降性能。

生物选择器系统中活性污泥的增殖规律如图 1-54 所示

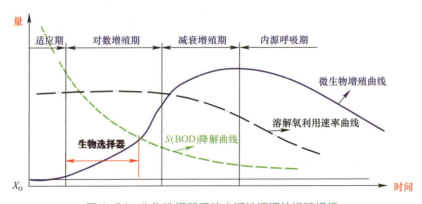

图 1-54 生物选择器系统中活性污泥的增殖规律

1.4.10 活性污泥法各种演变的总结和应用 `一般知识点`

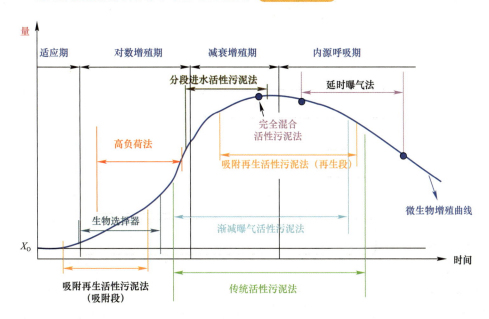

图 1-55 活性污泥法的各种演变工艺系统中活性污泥的增殖规律

几种活性污泥系统设计与运行参数（城市污水） 表 1-8

运行方式	污泥负荷 N_S [kgBOD$_5$/(kgMLVSS·d)]	容积负荷 N_V [kgBOD$_5$/(kgm^3·d)]	污泥龄 θ_c（d）	混合液悬浮固体浓度（mg/L） MLSS	混合液悬浮固体浓度（mg/L） MLVSS	污泥回流比 R（%）	曝气时间 t（h）
传统活性污泥法	0.2～0.4※	0.4～0.9※	5～15	1500～3000	1520～2500※	25～75※	4～8
阶段曝气活性污泥法	0.2～0.4※	0.4～1.2	5～15	2000～3500	1500～2500	25～95	3～5
吸附-再生活性污泥法	0.2～0.4※	0.9～1.8※	5～15	吸附 1000～3000 再生 4000～10000	吸附 800～2400 再生 3200～8000	50～100※	吸附 0.5～1.0 再生 3～6
延时曝气活性污泥法	0.05～0.1	0.15～0.3※	20～30	3000～6000	2500～5000	50～100※	20～36～48
高负荷活性污泥法	1.5～3.0※	1.5～3※	0.2～2.5	2000～5000	500～1500※	10～30※	1.5～3.0
合建式完全混合活性污泥法	0.25～0.5	0.5～1.8	5～15	3000～6000	2000～4000※	100～400※	—
纯氧曝气活性污泥法	0.4～0.8	2.0～3.0	5～15	—	—	—	—

带 ※ 号为我国国家标准《室外排水设计标准》GB 50014 所规定的数据。

1.5 曝气及曝气系统

【主线】曝气及曝气系统的整体思路

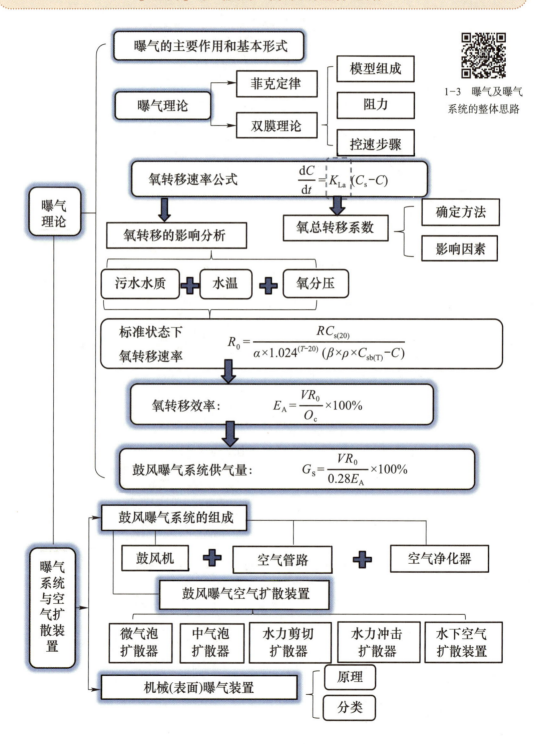

1-3 曝气及曝气系统的整体思路

1.5.1 曝气的主要作用和基本形式 一般知识点

概述

曝气是采取一定的技术措施，通过曝气装置使空气中的氧转移到混合液中去，并使混合液处于悬浮状态。

曝气的主要作用

- ◆ 充氧，向活性污泥微生物提供足够的溶解氧，以满足其代谢所需的氧量。
- ◆ 搅动、混合，使活性污泥在曝气池内处于搅动的悬浮状态，与污水充分接触。

曝气的基本形式（图 1-56、图 1-57）

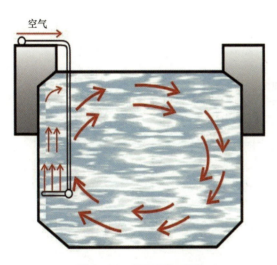

图 1-56　鼓风曝气系统

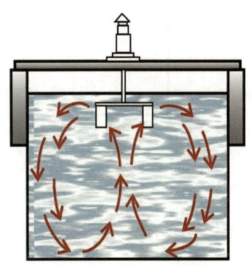

图 1-57　机械（表面）曝气系统

◆ 鼓风机送出的压缩空气通过一系列的管道系统送到安装在曝气池底的空气扩散装置（曝气器）。

◆ 空气从曝气器以微小气泡形式逸出，并在混合液中扩散，使氧转移到混合液中，气泡的强烈扩散、搅动，使混合液处于剧烈混合、搅拌状态。

◆ 利用安装在水面上、下的叶轮高速转动。

◆ 剧烈地搅动水面，产生水跃，使液面与空气接触的表面不断更新，将空气中的氧转移到混合液中。

1.5.2 曝气的基本原理

1.5.2.1 曝气系统的关键问题 　重要知识点

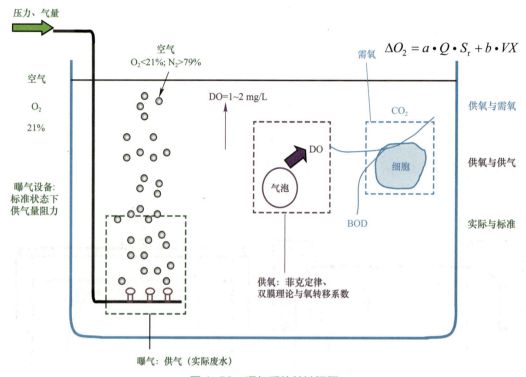

图 1-58　曝气系统关键问题

曝气系统的关键是搞清楚：**供氧与需氧、供氧与供气、实际与标准**的关系（图 1-58）。

◆ **供氧与需氧**

污水中的微生物在降解有机物以及合成细胞时需要氧气，这是设计曝气系统的理论依据。污水处理系统通过曝气设备将氧气供给微生物，但并不是所有供应的氧气都能溶解到混合液中，氧气传质的过程遵循菲克定律，受诸多因素的影响。

◆ **供氧与供气**

常规污水处理厂采用的曝气系统通常并不是直接供应氧气，而是通过鼓风曝气系统或表面曝气系统通入空气。空气中氧气的含量只有21%，且氧气难溶于水，通入多少空气才能满足反应的要求，是设计曝气系统的关键问题。

◆ **实际与标准**

生产厂家提供空气扩散装置的氧转移参数是在标准条件下（水温20℃，气压为 $1.013 \times 10^5 Pa$，测定用水为脱氧清水）测定的，因此必须根据实际条件对厂商提供的氧转移速率等参数加以修正。

1.5.2.2 菲克（Fick）定律 一般知识点

菲克（Fick）定律

通过曝气，空气中的氧从气相传递到混合液的液相，这既是一个传质过程，也是一个物质扩散过程。扩散过程的推动力是物质在界面两侧的浓度差。物质的分子从浓度较高的一侧向着较低的一侧扩散、转移。

公式

$$v_d = -D_L \frac{dC}{dL}$$

式中 v_d——物质的扩散速率，在单位时间内单位断面上通过的物质数量；

D_L——扩散系数，表示物质在某种介质中的扩散能力，主要决定于扩散物质和介质的特性及温度；

dC/dL——浓度梯度，即单位长度内的浓度变化值；

C——物质浓度；

L——扩散过程的长度。

上式表明，物质的扩散速率与浓度梯度成正比关系。

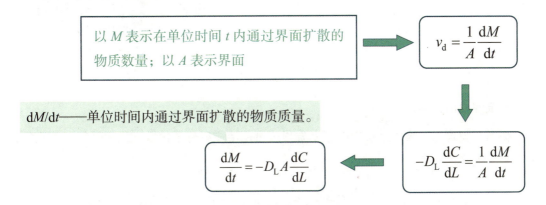

以 M 表示在单位时间 t 内通过界面扩散的物质数量；以 A 表示界面

$$v_d = \frac{1}{A}\frac{dM}{dt}$$

dM/dt——单位时间内通过界面扩散的物质质量。

$$-D_L\frac{dC}{dL} = \frac{1}{A}\frac{dM}{dt}$$

$$\frac{dM}{dt} = -D_L A \frac{dC}{dL}$$

引申：菲克定律的两个内容

在单位时间内通过垂直于扩散方向的单位截面积的扩散物质流量（称为扩散通量 Diffusion flux，用 J 表示）与该截面处的浓度梯度（Concentration gradient）成正比，也就是说，浓度梯度越大，扩散通量越大。

在第一定律的基础上推导出来的菲克第二定律指出，在非稳态扩散过程中，在距离 x 处，浓度随时间的变化率等于该处的扩散通量随距离变化率的负值。

1.5.2.3 双膜理论的模型组成 重要知识点

在污水生物处理中,有关气体分子通过气膜和液膜的传递理论,一般都以刘易斯(Lewis)和怀特曼(Whitman)于1923年建立的"**双膜理论**"为基础。

双膜理论模型

曝气过程中,氧分子通过气、液界面由气相转移到液相,在界面两侧存在着气膜和液膜。

双膜理论的主要论点

◆ 模型组成

在气、液两相接触的界面两侧存在着处于层流状态的气膜和液膜,在其外侧则分别为气相主体和液相主体,两个主体均处于紊流状态,气体分子以分子扩散方式从气相主体通过气膜与液膜而进入液相主体(图1-59)。

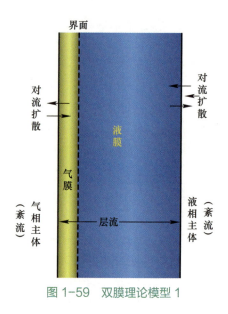

图1-59 双膜理论模型1

双膜理论的方程式

根据双膜理论,吸收过程中的速率方程式可用溶质以分子扩散方式通过气、液膜的扩散速率方程来表示。

$$气膜:(N_A)_g = K_g(P_g - P_i)$$
$$液膜:(N_A)_L = K_L(C_i - C)$$

式中 $(N_A)_g$、$(N_A)_L$——溶质通过气膜和液膜的传质通量,$kmol/(m^2 \cdot s)$;

P_g、P_i——分别为溶质组分在气相主体与液相界面处的分压,kPa;

C_i、C——分别为溶质组分在液相界面和主体处的浓度,$kmol/m^3$;

K_g——气相传质系数,$kmol/(m^2 \cdot s \cdot kPa)$;

K_L——液相传质系数,$kmol/[m^2 \cdot s \cdot (kmol/m^3)]$,或 m/s。

1.5.2.4 双膜理论的阻力和控速步骤 重要知识点

双膜理论的主要论点

◆ **阻力情况**

由于气、液两相的主体均处于紊流状态,其中物质浓度基本上是均匀的,不存在浓度差,也不存在传质阻力,气体分子从气相主体传递到液相主体,阻力仅存在于气、液两层层流膜中。

◆ **控速步骤**

氧转移的推动力:决定于液膜中存在着氧的浓度梯度(C_s-C),在气膜中存在着氧的分压梯度,气膜厚度小,$P_g \approx P_i$(图1-60)。

氧难溶于水,氧转移的决定性阻力又集中在液膜上,因此,氧分子通过液膜是氧转移过程的控速步骤。

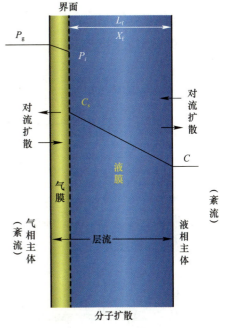

图1-60 双膜理论模型2

拓 展

总传质阻力公式为:

$$\frac{1}{K} = \frac{1}{k_G} + \frac{1}{Hk_L}$$

K——总传质系数;k_G——气膜传质系数;k_L——液膜传质系数,它们的倒数为传质阻力;H——溶解度系数,kmol/(m³·Pa)。

① 当气体溶解度小,即 H 极小时,$\frac{1}{k_G} \ll \frac{1}{Hk_L}$,$\frac{1}{K} = \frac{1}{Hk_L}$,此时传质阻力主要来自液膜,传质由**液膜控制**,如水吸收 O_2、CO_2。

② 当气体溶解度大,即 H 极大时,$\frac{1}{k_G} \gg \frac{1}{Hk_L}$,$\frac{1}{K} = \frac{1}{k_G}$,此时传质阻力主要来自气膜,传质由**气膜控制**,如 NH_3、HCl 溶于水的过程。

③ 若两项相当,则为**气膜液膜共同控制**,如水吸收 SO_2。

1.5.2.5 氧转移速率公式 重要知识点

氧转移速率公式推导

以 M 表示在单位时间 t 内通过界面扩散的物质数量；以 A 表示界面面积。

$$v_d = \frac{1}{A}\frac{dM}{dt} \qquad v_d = -D_L\frac{dC}{dL}$$

$$-D_L\frac{dC}{dL} = \frac{1}{A}\frac{dM}{dt} \Rightarrow \frac{dM}{dt} = -D_L A \frac{dC}{dL}$$

在气膜中，氧分子的传递动力很小，一般可以认为 $P_g \approx P_i$。界面处的溶解氧浓度值 C_s 是在氧分压为 P_g 条件下的饱和溶解氧浓度值。设液膜厚度为 X_f（此值极低），则在液膜中溶解氧浓度的梯度为：

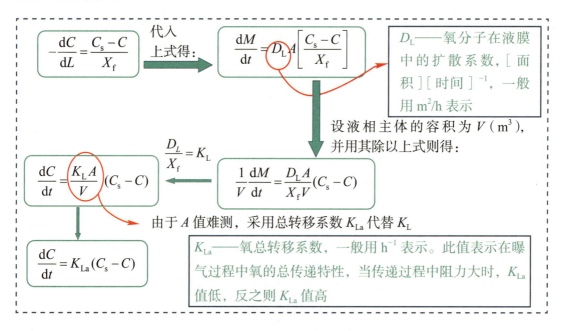

由以上公式可以看出提高氧转移速率的措施

◆ 增大曝气量来增大气液接触面积。

◆ 减小气泡尺度，改为微孔曝气更好。

◆ 增加曝气池深度来增大气液接触时间和面积，提高 K_{La} 值。

◆ 加强液相主体紊流程度，降低液膜厚度，加速气、液界面的更新。

◆ 提高气相中的氧分压（C_s 值），如采用纯氧曝气、避免水温过高等。

1.5.2.6 氧转移的影响分析——应用拓展 一般知识点

$$\frac{dC}{dt} = \frac{D_L A}{X_f V}(C_s - C)$$

○ ○ ○ 如何提高氧转移速率 $\left(\dfrac{dC}{dt}\right)$?

提高氧转移速率的方法

✓ 提高 K_{La} 值。这样需要加强液相主体的紊流程度，降低液膜厚度，加速气、液界面的更新，增大气、液接触面积等。

✓ 提高 C_s 值。提高气相中的氧分压，如采用微孔曝气、深井曝气、射流曝气等。

实例 1：采用微孔曝气（图 1-61）

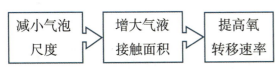

微孔曝气器具有氧利用率较高、布气相对均匀等优点。

图 1-61 微孔曝气

图片出处：FlexDISC™ Fine Bubble Membrane Diffuser。

实例 2：采用深井曝气（图 1-62）

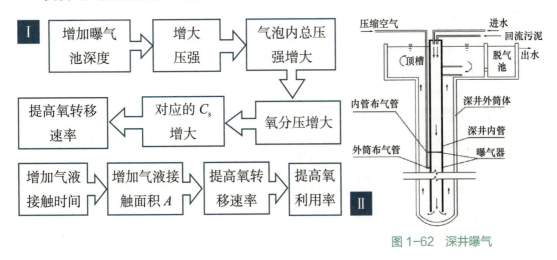

图 1-62 深井曝气

实例 3：采用射流曝气（图 1-63）

在水平方向动力和垂直方向气体上浮动力的双重作用下，池内产生强烈的混合。紊流程度增大，液膜厚度 X_f 减小，氧转移速率增大；加速了气、液界面的更新。

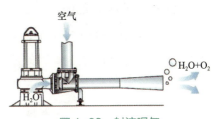

图 1-63 射流曝气

1.5.2.7　氧总转移系数的确定及影响因素　重要知识点

氧总转移系数 K_{La} 的确定

氧总转移系数 K_{La} 是计算氧转移速率的基本参数，也是评价空气扩散装置供氧能力的重要参数，通过试验求定。

$$\frac{dC}{dt}=K_{La}(C_s-C) \xrightarrow{积分} \lg\frac{(C_s-C_0)}{(C_s-C_t)}=\frac{K_{La}}{2.303}t$$

式中　C_0——曝气池内初始溶解氧的浓度，[质量][体积]$^{-1}$，mg/L；

C_t——曝气某时刻 t 时的溶解氧浓度，[质量][体积]$^{-1}$，mg/L；

C_s——饱和溶解氧浓度，[质量][体积]$^{-1}$，mg/L；

t——曝气时间，[时间]，一般用 h 表示。

> **拓　展**
>
> $$\ln(C_s-C_2)=\ln(C_s-C_1)-K_{La}\Delta t$$
>
> C_1、C_2——t_1、t_2 时刻，气体在溶液中的浓度
>
> $1/K_{La}$ 的单位为小时（h），表示曝气池中溶解氧浓度从 C 提高到 C_s 所需要的时间。
>
> 当 K_{La} 值低时，$1/K_{La}$ 值高，使混合液内溶解氧浓度从 C 提高到 C_s 所需时间长，说明氧传递速率慢，反之，则氧的传递速率快，所需时间短。
>
> 对于活性污泥法，C_1、C_2 即为 t_1、t_2 时刻混合液中溶解氧浓度，因此可以通过上式求得总转移系数 K_{La}。

氧转移效率的影响因素概述：

$$\frac{dC}{dt}=\frac{D_L A}{X_f V}(C_s-C)$$

氧的转移速率与氧分子在液膜的扩散系数 D_L、气液界面面积 A、气液界面与液相主体之间的氧浓度差（C_s-C）等参数成正比关系，与液膜厚度 X_f 成反比关系，影响上述各项参数的因素也必然是影响氧转移速率的因素。

影响氧转移速率的因素

氧的转移速度取决于下列各项因素：气相中的氧分压、液相中氧的浓度和梯度、气液之间的接触面积和接触时间、水温、污水水质以及水流的紊流程度等。

| 污水水质 | 水温 | 氧分压 |

1.5.2.8 氧转移效率的影响因素 重要知识点

1. 污水水质

◆ 污水中含有**各种杂质**，它们对氧的转移产生一定的影响。特别是某些表面活性物质，如短链脂肪酸和乙醇等，属两亲分子（极性端亲水、非极性端疏水）。它们将聚集在气液界面上，**形成一层分子膜，阻碍氧分子的扩散转移**，总转移系数 K_{La} 将下降，**为此引入一个小于 1 的修正系数** α。

$$\alpha = \frac{\text{污水中的}K'_{La}}{\text{清水中的}K_{La}} \longrightarrow K'_{La} = \alpha K_{La}$$

◆ 由于在污水中含有**盐类**，氧在水中的饱和度也受水质的影响，**引入另一数值小于 1 的系数** β **予以修正**。

$$\beta = \frac{\text{污水中的}C'_s}{\text{清水中的}C_s} \longrightarrow C'_s = \beta C_s$$

修正系数 α、β 值测定方法

$$\ln(C_s - C_2) = \ln(C_s - C_1) - K_{La}\Delta t$$

通过曝气充氧试验，分别测定同一曝气设备在清水和污水中充氧的氧总转移系数以及饱和溶解氧值。

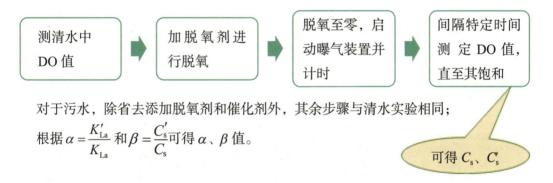

对于污水，除省去添加脱氧剂和催化剂外，其余步骤与清水实验相同；

根据 $\alpha = \dfrac{K'_{La}}{K_{La}}$ 和 $\beta = \dfrac{C'_s}{C_s}$ 可得 α、β 值。

可得 C_s、C'_s

污水水质中其他因素对氧转移效率的影响

油脂：污水中的油脂能够通过**降低水的表面张力和增加气液界面比表面积而促进氧转移**，因此被作为氧载体得到了广泛的研究。

pH：20 ℃时，K_{La} 和氧转移速率均随着 pH 的增大呈现**先降低后增大**的趋势，并在 pH 为 7 时达到最小值。

COD：K_{La} 随 COD 的增大而减小。

2. 水温

水温对氧的转移影响较大，水温上升，水的黏滞性降低，扩散系数提高，液膜厚度随之降低，K_{La} 升高，反之，则 K_{La} 降低。

$$K_{La(T)} = K_{La(20)} \times 1.024^{(T-20)}$$

式中　$K_{La(T)}$——水温为 T 时的氧总转移系数，[时间]$^{-1}$，h^{-1}；

　　　$K_{La(20)}$——水温为 20℃时的氧总转移系数，[时间]$^{-1}$，h^{-1}；

　　　　T——设计温度，℃；

　　　1.024——温度系数。

K_{La} 因温度上升而增大，但液相中氧的浓度梯度却有所降低。

水温对溶解氧饱和度 C_s 也产生影响，C_s 因温度上升而降低（表1-9）。

氧在蒸馏水中的溶解度　　　　　　表1-9

水温 T（℃）	饱和度 C_s（mg/L）	水温 T（℃）	饱和度 C_s（mg/L）	水温 T（℃）	饱和度 C_s（mg/L）
0	14.62	10	11.33	20	9.17
1	14.23	11	11.08	21	8.99
2	13.84	12	10.83	22	8.83
3	13.48	13	10.60	23	8.63
4	13.13	14	10.37	24	8.53
5	12.80	15	10.15	25	8.38
6	12.48	16	9.95	26	8.22
7	12.17	17	9.74	27	8.07
8	11.87	18	9.54	28	7.92
9	11.59	19	9.35	29	7.77

水温对氧转移有两种相反的影响，但并不能两相抵消。

总的来说，水温低有利于氧转移。当曝气池内混合液温度为 15~30℃时，混合液溶解氧浓度保持在 1.5~2.0 mg/L 为宜。

3. 氧分压

◆ C_s 受氧分压或气压的影响。气压降低，C_s 也随之下降，反之则升高。

$$C_s = C_{s(760)} \frac{P - \bar{P}}{1.013 \times 10^5 - \bar{P}}$$

式中　P——所在地区的实际大气压力，Pa；

　　　$\bar{P}$——水的饱和蒸汽压力，Pa；

　　　$C_{s(760)}$——标准大气压力条件下的 C_s，mg/L。

在运行正常的曝气池的水温条件下，$\bar{P}$ 值可忽略不计，则得：

$$C_s = C_{s(760)} \frac{P}{1.013 \times 10^5} = C_{s(760)} \times \rho \qquad \rho = \frac{P}{1.013 \times 10^5}$$

对鼓风曝气池，安装在池底的空气扩散装置出口处的氧分压最大，C_s 也最大；但随气泡上升至水面，气体压力逐渐降低，最后降低到一个大气压，而且气泡中的一部分氧已转移到液体中。

鼓风曝气池中的 C_s 是扩散装置出口处和混合液表面两处的溶解氧饱和浓度的平均值，应按下式计算：

$$C_{sb} = C_s \left(\frac{P_b}{2.026 \times 10^5} + \frac{O_t}{42} \right)$$

式中　C_{sb}——鼓风曝气池内混合液溶解氧饱和度的平均值，mg/L；

　　　P_b——空气扩散装置出口处的绝对压力 Pa，按下式计算：

$$P_b = P + 9.8 \times 10^3 H；$$

　　　H——空气扩散装置的安装深度，m；

　　　P——曝气池水面的大气压力，$P = 1.013 \times 10^5$ Pa；

　　　O_t——从曝气池逸出气体中含氧量的百分率，%；按下式计算：

$$O_t = \frac{21(1 - E_A)}{79 + 21(1 - E_A)} \times 100\%$$

　　　E_A——氧的利用效率，一般为 6%~20%。

1.5.2.9 氧转移速率的计算 「重要知识点」

氧转移速率的计算

➤ 生产厂家提供空气扩散装置的氧转移系数是在标准条件下测定的（标准条件：水温 20℃；标准大气压 $1.013×10^5$Pa；测定用水是脱氧清水）。

◆ 标准氧转移速率（R_0）

指**脱氧清水**在 20℃和**标准大气压** $1.013×10^5$Pa 条件下测得的氧转移速率，一般以 R_0 表示，单位为"kg/(m³·h)"；脱氧清水 C=0 mg/L。

$$R_0 = \frac{dC}{dt} = K_{La(20)}(C_{s(20)} - C) = K_{La(20)}C_{s(20)}$$

式中 C——水中含有的溶解氧浓度，mg/L。

➤ 实际条件须加以修正，引入各项修正系数，温度为 T 条件下的实际氧转移速率（R）应等于活性污泥微生物的需氧速率（R_r）：

◆ 实际氧转移速率（R）

按**实际情况**进行测定，所得到的为实际氧转移速率，以 R 表示，单位为 kg/(m³·h)；（在标准条件的基础上加以修正，引入各项修正系数）。

$$R = \frac{dC}{dt} = \alpha K_{La(20)} \times 1.024^{(T-20)}(\beta \times \rho \times C_{sb(T)} - C) = R_r$$

◆ R_0 与 R 之比为：

$$\frac{R_0}{R} = \frac{C_{s(20)}}{\alpha \times 1.024^{(T-20)}(\beta \times \rho \times C_{sb(T)} - C)}$$

一般，$\frac{R_0}{R}$=1.33~1.61，即实际工程较标准条件下转移到曝气池混合液的总氧量低 33%~61%。

综上：

$$R_0 = \frac{RC_{s(20)}}{\alpha \times 1.024^{(T-20)}(\beta \times \rho \times C_{sb(T)} - C)}$$

式中 C——混合液的溶解氧浓度，一般按 2 mg/L 考虑。

1.5.2.10 氧转移效率和供气量的计算 　重要知识点

氧转移效率的计算

氧转移效率 E_A：是指通过鼓风曝气系统转移到混合液中的氧量占总供氧量的百分比（%）。

$$E_A = \frac{VR_0}{O_c} \times 100\%$$

式中　E_A——指脱氧清水、20℃，1个标准大气压的氧转移效率，%；
　　　O_c——供氧量，kg/h；
　　　V——曝气池体积。

供气量的计算

$$O_c = G_s \times 0.21 \times 1.43 = 0.3 G_s$$

式中　G_s——供气量，m³/h；
　　　0.21——氧在空气中所占的比例；
　　　1.43——氧的密度，kg/m³。

◆ 补充：不同温度下，氧的密度不同，例如20℃下，氧的密度1.331kg/m³，此时 $O_c = 0.28 G_s$。

鼓风曝气系统供气量

对鼓风曝气，各种空气扩散装置在标准状态下 E_A 值，是厂商提供的。供气量可通过下式确定：

$$G_s = \frac{VR_0}{0.28 E_A} \times 100\% \qquad R_0 = \frac{RC_{sb(20)}}{\alpha \times 1.024^{(T-20)}(\beta \times \rho \times C_{sb(T)} - C)}$$

机械曝气系统供气量

对机械曝气，各种叶轮在标准条件下的充氧量与叶轮直径、线速率的关系，也是厂商通过实际测定提供的。如泵型叶轮的充氧量与叶轮直径及叶轮线速率的关系，按下式确定：

$$Q_{os} = 0.379 v^{0.28} \times D^{1.88} \times K$$

式中　Q_{os}——泵型叶轮在标准条件下的充氧量，kg/h；
　　　v——叶轮线速率，m/s；
　　　D——叶轮直径，m；
　　　K——池型结构修正系数。

1.5.2.11 曝气系统设计程序 一般知识点

鼓风曝气系统

◆ 求供气量

◆ 最大需氧量（kgO_2/d）：

$$O_{2max} = a' QS_rK + b' VX$$

式中 K——最大需氧量变化系数。

◆ 最大时标准氧转移速率：

$$R_{0max} = \frac{R_{max}C_{sb(20)}}{\alpha \times 1\,024^{(T-20)}(\beta \times \rho \times C_{sb(T)} - C)}$$

◆ 最大时供气量

$$G_{smax} = \frac{VR_{0max}}{0.3E_A} \times 100\%$$

◆ 求要求的风压（风机出口风压）

根据管路系统的沿程阻力、局部阻力、静水压力再加上一定的余量，得到所要求的最小风压。

◆ 根据风量与风压选择合适的风机

机械曝气系统

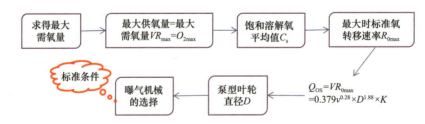

◆ 补充：

❖ 制造商提供的曝气设备的性能参数是在标准状况下测得的，因此计算过程中算得的<u>需氧量必须换算成标准条件下</u>（水温20℃，标准大气压的脱氧清水）的需氧量，以进行设备的选定。

❖ 氧的实际转移量等于活性污泥需氧量，即如果已知活性污泥微生物需氧量，也就能得到氧实际需要的氧转移量。

1.5.3 曝气系统和空气扩散装置

1.5.3.1 曝气系统和空气扩散装置概述 　一般知识点

空气扩散装置

空气扩散装置也称曝气装置，是活性污泥系统至关重要的设备之一。当前广泛用于活性污泥系统的空气扩散装置有鼓风曝气和机械曝气两大类。

空气扩散装置的主要作用

空气扩散装置在曝气池内的主要作用是：

◆ 充氧，将空气中的氧（或纯氧）转移到混合液中的活性污泥絮凝体上，以供应微生物呼吸之需。

◆ 搅拌、混合，使曝气池内的混合液处在剧烈的混合状态，使活性污泥、溶解氧、污水中的有机污染物三者充分接触。同时，也起到防止活性污泥在曝气池内沉淀的作用。

曝气系统

曝气系统分为鼓风曝气系统（图 1-64）和机械（表面）曝气系统。

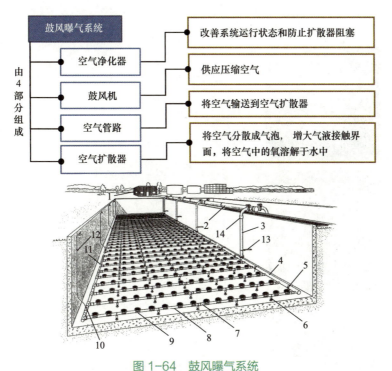

图 1-64　鼓风曝气系统

图片出处：ABSNopon Disc Diffuser AerationSystem.

1-鼓风机房；2-供风总管；3-供风立管；4-曝气分配总管；5-不锈钢底部支撑；6-底部支撑；7-连接套管；
8-曝气分配支管；9-曝气器；10-接头；11-冷凝水收集管；12-冷凝水放空管；13-立管支撑；14-扩展接头

1.5.3.2 曝气器的分类 一般知识点

曝气器的分类方法

- ◆ 根据曝气器气孔的特性：可张孔、固定孔。
- ◆ 根据曝气器的结构形式：管式、盘片式、钟罩式和平板式。
- ◆ 根据产生气泡的大小：微气泡扩散器、中气泡扩散器、大气泡扩散器。
- ◆ 根据气泡的产生原理：水力剪切扩散器、水力冲击扩散器。
- ◆ 根据曝气器的材质：增强聚氯乙烯（PVC）软管型、橡胶膜型、陶瓷型、刚玉型、半刚玉型（硅质和刚玉的混合型）、硅质型、钛质型。

常见鼓风曝气器的特点

微气泡空气扩散装置

扩散板

扩散板多采用板匣的形式安装，每个板匣有自己的进气管，便于维护管理、清洗和置换。
优点：产生微小气泡，气、液接触面大，氧利用率较高。
缺点：压力损失较大，易堵塞，送入的空气应预先通过过滤净化等。

膜片式微孔

曝气池混合液不能倒流，相对不易使孔眼堵塞。微孔曝气头的气泡直径 1.5～3.0 mm。其动力效率和氧的利用率也较高。

中气泡空气扩散装置

穿孔曝气管

应用较为广泛的中气泡空气扩散装置是穿孔管，由管径为 25～50 mm 的钢管或塑料管制成，构造简单、不易堵塞、阻力小，但氧的利用率较低。

网状膜

网状膜空气扩散装置

- ◆ 组成：本体、螺盖、网状膜、分配器和密封圈，主体骨架用工程塑料注塑成型，网状膜则由聚酯纤维制成。
- ◆ 特点：不易堵塞、布气均匀，构造简单，便于维护管理，氧的利用率较高。

水力剪切式

固定螺旋式

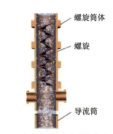

固定式单螺旋空气扩散装置

原理：利用装置本身的构造特征，产生水力剪切作用，在空气从装置吹出之前，将大气泡切割成小气泡。

◆ 过程：
① 空气由布气管从底部的布气孔进入装置内，向上流动。
② 由于壳体内外混合液的密度差，产生提升作用，使混合液在壳体内外不断循环流动。
③ 气泡在上升过程中，被螺旋叶片反复切割成小气泡。

倒盆式

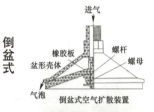

倒盆式空气扩散装置

◆ 过程：
① 空气由上部进气管进入，由盆形壳体和橡胶板间的缝隙向周边喷出。
② 在水力剪切的作用下，空气泡被剪切成小气泡。
③ 停止供气，借助橡胶板的回弹力，使缝隙自行封口，防止混合液倒灌。

水力冲击式

密集多喷嘴

由钢板焊接而成，呈长方形，主要由进水管、喷嘴、曝气筒和反射板等部件组成，喷嘴安装在曝气筒的中、下部，空气由喷嘴向上喷出，使曝气筒内的混合液上、下循环流动。

射流式

射流式水力冲击式空气扩散装置

【作用过程】利用水泵打入泥、水混合液的高速水流动能，吸入大量空气，泥、水、气混合液在喉管中强烈混合，使气泡粉碎成雾状，进入扩散管内，但动力效率不高。

水下空气扩散装置

上流式

下流式

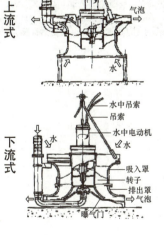

装置安装在曝气池底部中央。通入的空气在叶轮剪切及强烈紊流作用下，空气被切割成微细气泡，并按放射方向向水中分散。既可用于充氧曝气、搅拌，也可兼用于好氧和厌氧处理系统。

（1）无堵塞之虑。
（2）由于紊流强烈、气液接触充分，气泡分散良好，氧转移率较高。
（3）可在确定的范围内调节空气量。
（4）对负荷变动有一定的适应性。

1.5.3.3 机械曝气装置的原理 `一般知识点`

机械（表面）曝气装置原理（图 1-65）

表面曝气器安装在曝气池表面，其作用，一为充氧，二为混合。图 1-66、图 1-67 为现场照片。

水跃：曝气装置转动，水面上的污水不断地以水幕状由曝气器周边抛向四周，形成水跃，液面呈剧烈的搅动状，使空气卷入。

提升：使混合液连续地上、下循环流动，气、液接触界面不断更新，不断地使空气中的氧向液体内转移。

负压：曝气器转动，其后侧形成负压区，能吸入部分空气。

竖轴式曝气器的原理

叶轮变速：淹没深度大时提升水量大，所需功率亦会增大，叶轮转速一般为 20~100 r/min，故电机需通过齿轮箱变速，同时可进行调速，以适应进水量和水质的变化。

效率：曝气效率不仅取决于曝气器性能，还同曝气池池形有密切关系（混合液流态同池形有密切关系）。

卧轴式曝气器的原理（图 1-68、图 1-69）

原理：主轴上装有放射状的叶片和两个半圆组成的盘片。转轴带动叶片转动，搅动水面溅起水花，空气中的氧通过气液界面转移到水中。

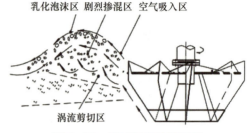

图 1-65　机械曝气装置原理

图 1-66　机械曝气装置曝气远景

图 1-67　机械曝气装置曝气近景

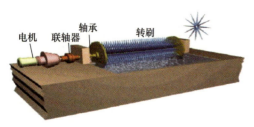

图 1-68　转刷曝气器

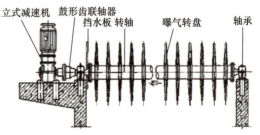

图 1-69　盘片曝气器

1.5.3.4 机械曝气装置的分类 一般知识点

机械曝气装置分类

根据搅拌机械的不同，可以将其分为竖轴式曝气器、卧轴式曝气转刷。

1. 竖轴叶轮曝气器（图1-70～图1-72）

竖轴式曝气器主要由叶轮、叶轮轴、叶轮罩壳、电机、浮块、导流管、平衡板、上下连接盘和连接长螺栓等组成，其传动轴与液面垂直，其淹没深度是可调节的，叶轮的淹没深度一般在10～100 mm。

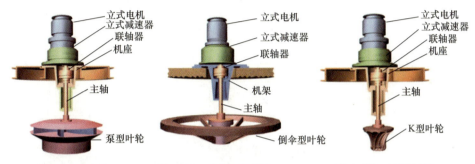

图1-70 泵型叶轮　　　图1-71 倒伞型叶轮　　　图1-72 K型叶轮

2. 卧轴式机械曝气装置（图1-73、图1-74）

卧轴式曝气器主要由电极、调速装置和主轴等组成，分为转刷和转盘。

图1-73 转刷曝气器　　　　　　图1-74 盘片曝气器

◆ **优点**：结构简单、安装维修管理容易、动力效率高等。

◆ **转盘**：曝气转盘表面有大量的规则排列的三角突出物和不穿透小孔（曝气孔），用于增加推进混合和充氧效率。

表面曝气装置在氧化沟工艺中的作用和应用展望

表面曝气装置是氧化沟工艺中的关键设备，主要功能包括曝气和推流，对氧化沟的处理效率、能耗和运行稳定性具有关键影响。然而，表面曝气装置存在曝气效率低、运行能耗高的不足。同时，由于表面曝气装置运行时剧烈搅动水面，会导致恶臭气体和微生物气溶胶等释放，对人体和环境造成较大影响。因此，提高运行效率和减少污染物排放是表面曝气装置未来的发展方向。

1.5.3.5 各类曝气器的比较 一般知识点

曝气设备性能指标

比较各种曝气设备性能的主要指标有：

1. 动力效率（E_P）：每消耗 1 kWh 电能转移到混合液中的氧量 [$kgO_2/(kWh)$]。

2. 氧利用率（E_A）或称氧转移效率：通过鼓风曝气转移到混合液中的氧量占总供氧量的百分比（%）。

3. 充氧能力（E_L）：通过机械曝气装置的转动，在单位时间内转移到混合液中的氧量（kgO_2/h）。它一般表示一台机械曝气设备的充氧能力。

各类曝气设备性能（表1-10）

各类曝气设备性能 表1-10

曝气设备类型	氧转移速率 [$mgO_2/(L·h)$]	动力效率 [$kgO_2/(kWh)$]	
		标准状态	现场
微气泡	46~60	1.2~2.0	0.7~1.4
中气泡	20~30	1.0~1.6	0.6~1.0
大气泡	10~20	0.6~1.2	0.3~0.9
射流曝气器	40~120	1.2~2.4	0.7~1.4
表面曝气器	10~90	1.2~2.4	0.7~1.3
表面曝气加导管	60~90	1.2~2.4	0.7~1.4
转刷曝气器	20~30	1.2~2.4	0.7~1.3

各种曝气器优劣对比

◆ 半刚玉曝气器：阻力损失小、价格便宜、容易堵塞。

◆ 橡胶曝气器：阻力损失大、价格较贵、不抗油，边缘容易撕裂。

◆ 盘片式曝气器：存在曝气死区，传氧效率高。

◆ 管式曝气器：搅拌性能好。

1.6 活性污泥法的脱氮除磷原理及应用

【主线】脱氮除磷的整体思路

1-4 脱氮除磷的整体思路

脱氮
- 氮磷污染的危害 —— 水体富营养化
- 氮在水体中的存在形态 —— 有机氮、无机氮
- 氮的转化 —— 同化、氨化、硝化、反硝化
- 脱氮方法
  - 物理化学脱氮 —— 氨吹脱、折点加氯法
  - 生物脱氮
    - 硝化
      - 硝化过程 —— 氨氧化、亚硝酸盐氧化
      - 影响因素
    - 反硝化 —— $NO_3^- \rightarrow NO_2^- \rightarrow N_2$
      - 影响因素
- 工艺 —— 传统工艺、A/O、SBR、缺氧-好氧分段进水

脱氮原理与工艺 + 除磷原理与工艺 → 同步脱氮除磷工艺
- A^2/O 和倒置 A^2/O 工艺
- Bardenpho 和改良 Bardenpho 工艺
- UCT 和改良 UCT 工艺

除磷
- 磷在水体中的存在形式
- 原理
  - 化学除磷
    - 步骤
    - 沉淀剂 —— 钙盐、铝盐、铁盐
  - 生物除磷
    - 原理 —— 好氧吸磷、厌氧释磷
    - 影响因素
- 工艺
  - A/O 除磷工艺
  - Phostrip 除磷工艺

发展方向 ⇓
污水生物脱氮除磷理论与技术的新进展
- 短程硝化反硝化
- 同步硝化反硝化
- 厌氧氨氧化
- 反硝化除磷

1.6.1 氮磷污染的危害 `一般知识点`

氮磷等营养物质过量，引起藻类异常繁殖的水污染现象

$$106CO_2 + 16NO_3^- + HPO_4^{2-} + 122H_2O + 18H^+ \xrightarrow[\text{微量元素}]{\text{ATP}} C_{106}H_{263}O_{110}N_{16}P + 138O_2$$

氮磷来源
- 外源性负荷
  - 点源污染：生活污水和工业废水（食品、化肥生产）
  - 面源污染：主要来源于农业（肥料、农药、动物粪便）
- 内源性负荷：沉积物中氮和磷的释放、水生动植物新陈代谢分解等

◆ 水体富营养化的过程

营养盐输入：内源释放和外源输入氮磷等营养元素，浓度增加（图1-75）

⬇

一级影响：藻类生产力提高，水体由清变浑，大型藻类增多（图1-76）

⬇

二级影响：水生植物减少，溶解氧降低，厌氧、有毒生物增多（图1-77）

⬇

终极影响：水生生物大量死亡，人类健康受到威胁，生态系统失衡（图1-78）

图1-75 营养盐输入

图1-76 一级影响

图1-77 二级影响

图1-78 终极影响

危　害

- 使水体变得腥臭难闻；
- 降低水体的透明度；
- 消耗水体的溶解氧；
- 向水体释放有毒物质；
- 影响供水水质并增加制水成本；
- 破坏水生生态平衡。

1.6.2 氮在水体中的存在形态 重要知识点

氮在水体中主要以有机氮和无机氮的形式存在，如图 1-79 所示。

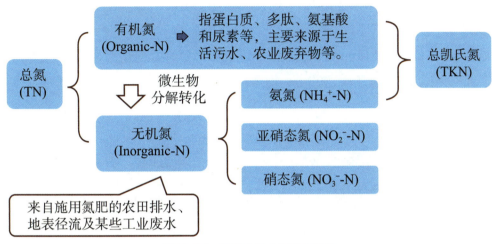

图 1-79 氮在水体中的存在形态

城市污水的总氮（C_{TN}）浓度

$$C_{TN} = C_{TKN} + S_N = S_{TKN} + X_{TKN} + S_N$$

C_{TKN}——总凯氏氮；
$S_N = S_{NO_3^--N} + S_{NO_2^--N}$
S_{TKN}——溶解性凯氏氮；
X_{TKN}——颗粒性凯氏氮。

> 溶解性凯氏氮以氨氮为主

$$S_{TKN} = S_{NH_4^+-N} + S_S i_{NSF} + S_I i_{NSI}$$

$S_I i_{NSI}$——溶解性惰性有机氮的含量；
$S_S i_{NSF}$——快速降解有机物的含氮量。

> ◆ 决定出水有机氮浓度；
> ◆ 某些工业污水的排放会导致其含量明显增大

不可生物降解的含氮物质
- ◆ **溶解性**不可生物降解的含氮物质
- ◆ **颗粒性**不可生物降解的含氮物质

> 颗粒性不可生物降解有机氮会通过排除剩余污泥的方式从系统中排出

可生物降解的含氮物质
- ◆ 氨氮、亚硝态氮、硝态氮、**溶解性**可生物降解有机氮

> 溶解性有机氮可以在异养菌的作用下转化成氨氮

- ◆ **颗粒性**可生物降解有机氮

1.6.3 氨吹脱 一般知识点

废水中，NH_3 与 NH_4^+ 以如下的平衡状态共存：

$$NH_4^+ + OH^- \rightleftharpoons NH_3 + H_2O$$

原理

在高 pH 条件下，使污水流过吹脱塔，先将污水中的 NH_4^+ 转化为 NH_3，然后通入蒸汽或空气进行解吸，将 NH_3 转化为气相，游离氨便从污水中逸出。氨吹脱的特点及影响因素见表 1-11。

氨吹脱的特点及影响因素　　　　表 1-11

特点	优点	流程简单，效果稳定，操作容易控制，在高氨氮污水中应用较多
	缺点	逸出的氨会造成空气二次污染，使用石灰调节 pH 会生成水垢，且气温低时处理效率不高
影响因素	pH	pH 升高，游离氨的比例变大，有利于氨氮吹脱去除。当 pH 为 11 左右时，游离氨大致占 90%
	温度	温度升高，游离氨的比例变大，有利于氨氮吹脱去除。但当 pH 达到 11 时，受温度的影响甚微
	气液比	对确定的污水量而言，气体量增大，传质推动力相应增大，有利于氨氮吹脱去除。但如果气量太大，气速过高，将引起液泛现象。一般将气液比控制在 3000 左右

氨吹脱设备

氨吹脱设备主要包括交叉流型和逆向流型氨气吹脱塔，如图 1-80 和图 1-81 所示。

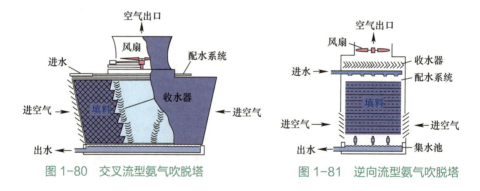

图 1-80　交叉流型氨气吹脱塔　　　　图 1-81　逆向流型氨气吹脱塔

氨吹脱设备的代表性工艺流程

污水处理中代表性氨吹脱设备的工艺流程如图 1-82 所示。

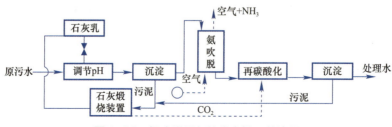

图 1-82　氨吹脱设备的代表性工艺流程

1.6.4 折点加氯 一般知识点

原理

折点加氯法是指在污水中加入**次氯酸钠或含氯氧化剂**，将污水中的**氨氮转化为 N_2** 的化学脱氮技术。

含氨氮的水加氯时，有下列反应：

> 关键是投加适量的氯氧化剂

$$Cl_2 + H_2O \longleftrightarrow HClO + H^+ + Cl^-$$
$$NH_4^+ + HClO \longleftrightarrow NH_2Cl(一氯胺) + H^+ + H_2O$$
$$NH_2Cl + HClO \longleftrightarrow NHCl_2(二氯胺) + H_2O$$
$$NHCl_2 + HClO \longleftrightarrow NCl_3(三氯胺) + H_2O$$
$$2NH_4^+ + 3HClO \longleftrightarrow N_2 + 5H^+ + 3Cl^- + 3H_2O$$

典型加氯曲线

当氯投加量与氨氮的质量比（Cl/N）为 7.6 时，污水中的氨氮能够被氧化为 N_2，且**化合态余氯值最小**，因此将该点称为**折点**（图 1-83）。

当 Cl/N 大于 7.6 时，所投加的氯产生自由余氯。

当 Cl/N 小于 7.6 时，除氨效果不佳。

折点加氯氧化氨氮的产物主要是 N_2，NCl_3 和硝态氮很少，且不存在 N_2O、NO_2 和 NO。

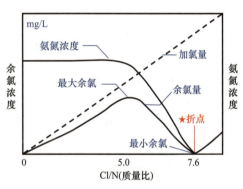

图 1-83　折点加氯除氨的理论曲线

◆ **优点**

1. 可通过正确控制加氯量和对流量进行均化，使污水中氨氮降为零，同时达到消毒的目的。

2. **处理率达 90%～100%，处理效果稳定**，不受水温影响。

◆ **缺点**

需要大量加氯，运行费用高，副产物氯胺和氯化有机物会造成二次污染，且只适用于处理**低浓度氨氮污水**。

为减少氯的投加量，常与生物硝化联用，先硝化再去除微量的残留氨氮。

1.6.5 污水处理过程中氮的转化 重要知识点

◆ 污水中的氮主要为**氨氮和有机氮**。污水处理过程中氮的转化包括**同化、氨化、硝化和反硝化**过程（图1-84）。

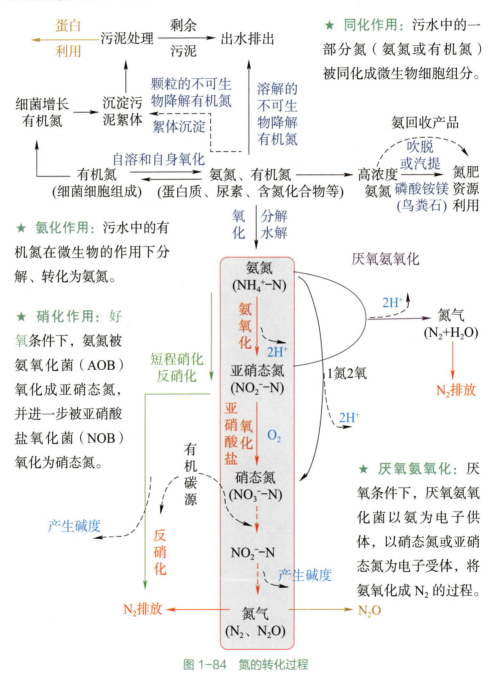

★ **同化作用**：污水中的一部分氮（氨氮或有机氮）被同化成微生物细胞组分。

★ **氨化作用**：污水中的有机氮在微生物的作用下分解、转化为氨氮。

★ **硝化作用**：好氧条件下，氨氮被氨氧化菌（AOB）氧化成亚硝态氮，并进一步被亚硝酸盐氧化菌（NOB）氧化为硝态氮。

★ **厌氧氨氧化**：厌氧条件下，厌氧氨氧化菌以氨为电子供体，以硝态氮或亚硝态氮为电子受体，将氨氧化成 N_2 的过程。

图1-84 氮的转化过程

◆ **反硝化作用**：缺氧条件下，利用反硝化菌将亚硝态氮和硝态氮还原成 N_2 或 N_2O、NO。

1.6.6 生物脱氮的原理与工艺

1.6.6.1 硝化作用的原理 重要知识点

硝化作用

指在有氧条件下，氨氮被氨氧化菌氧化成亚硝态氮，并进一步被亚硝酸盐氧化菌氧化为硝态氮。图 1-85～图 1-87 所示为脱氮系统中常见的微生物。

氨氧化过程：

$$NH_4^+ + O_2 + 2e^- + H^+ \xrightarrow[\text{氨单加氧酶AMO}]{\text{氨氧化菌}} NH_2OH + H_2O$$

$$NH_2OH + O_2 \xrightarrow[\text{羟氨氧还酶HAO}]{\text{氨氧化菌}} NO_2^- + H_2O + H^+$$

亚硝态氮氧化过程：

$$NO_2^- + 1/2 O_2 \xrightarrow[\text{亚硝酸氧化酶NOR}]{\text{亚硝酸盐氧化菌}} NO_3^-$$

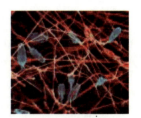

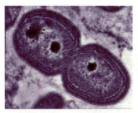

图 1-85 亚硝化单胞菌的电子显微镜照片（14000 倍）　　图 1-86 培养皿中的硝化菌　　图 1-87 硝化杆菌属的镜检照片

硝化过程的菌种类型特征

参与硝化过程的菌种主要有氨氧化菌和亚硝酸盐氧化菌，其特点如表 1-12 所示。

硝化过程的菌种类型及特征　　　　表 1-12

类型	特点	种类及分布
氨氧化菌	◇ 专性好氧，化能自养，革兰氏阴性菌（G-）； ◇ 最适温度 25～30℃，最适 pH7.5～8.0，世代时间 8 h～1 d	◇ 亚硝化单胞菌：分布在土壤、污水和海洋中 ◇ 亚硝化球菌属：分布在淡水、海洋中 ◇ 亚硝化螺菌 ◇ 亚硝化叶菌属 } 分布在土壤中
亚硝酸盐氧化菌	◇ 专性好氧，化能自养，革兰氏阴性菌（G-）； ◇ 最适温度 25～30℃，最适 pH7.5～8.0，世代时间 8 h 至几天	◇ 硝化杆菌属：分布在土壤、污水、海洋中 ◇ 硝化刺菌属 ◇ 硝化球菌属 } 分布在海洋中 ◇ 硝化螺菌属

1.6.6.2 硝化作用的影响因素：温度、碳氮比（C/N）、毒物 `重要知识点`

对于氨氧化菌和亚硝酸盐氧化菌来说，适合生长的环境条件虽大体相同，但也存在差异。硝化作用主要的影响因素包括温度、C/N、毒物、溶解氧、pH 和碱度等。

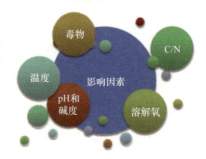

温 度

- 温度影响硝化菌的<u>比增长速率和硝化菌活性</u>。温度每提高 10℃，硝化菌的最大比增长速率增加一倍；
- 生物硝化可以在 **4~35℃** 进行，最佳温度大约是 **30℃**；（1）温度高于 35℃，硝化反应速率降低；（2）温度低于 15℃ 时，硝化速率急剧下降；（3）温度小于 4℃ 时，硝化菌活性基本停止；
- 低温对亚硝酸盐氧化菌的影响更大，因此在低温（12~14℃）条件下，常常会出现亚硝态氮积累的现象。有研究表明，高温（30~35℃）条件下也会出现亚硝态氮积累的现象。SHARON 工艺即可在 30~40℃ 的条件下通过种群筛选产生大量的氨氧化菌，并使硝化过程稳定地控制在亚硝化阶段。

C/N

◆ C/N 过高，异养菌与硝化菌竞争底物和溶解氧，从而使自养型的硝化菌不能成为优势菌种，使硝化反应较难进行。

◆ 一般认为处理系统的 BOD_5 污泥负荷小于 **0.15gBOD_5/（g MLSS·d）** 时，处理系统的硝化反应才能正常进行。

毒物

某些重金属离子、络合阴离子、氰化物以及一些有毒有机物质会干扰或破坏硝化菌的正常生理活动。污水处理厂污泥消化池上清液回流到生物处理系统也将使硝化速度降低 20% 左右。

1.6.6.3 硝化作用的影响因素：溶解氧、pH、碱度 重要知识点

溶解氧

◆ 在去除有机物反应初期，因供氧速率小于异养菌的耗氧速率，DO 维持在较低水平。当<u>有机物降解结束</u>时，DO 曲线会出现一个小的<u>跃升变化点 A_1</u>（图 1-88），DO 此时并未上升至很高的水平。

◆ 有机物降解结束后，由于 COD 浓度比较低，<u>硝化菌的竞争对手异养菌因为缺少底物而消耗氧气的能力下降</u>，系统内的大量硝化菌开始进行新陈代谢。硝化反应过程 DO 不断上升直至硝化结束，在<u>硝化反应结束</u>时，在 DO 曲线上会出现"氨氮突跃点" B_1。

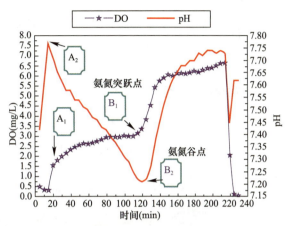

图 1-88　SBR 法去除有机物及硝化过程中典型的 DO、pH 变化规律

pH

◆ 在有机物去除过程中 pH 不断大幅上升。这是因为<u>异养菌对有机底物的分解代谢和合成代谢</u>，最终都形成 CO_2，<u>曝气不断将产生的 CO_2 吹脱</u>，这将引起 pH 大幅上升。

◆ 有机物降解结束后，由于<u>硝化反应过程会产生 H^+</u>，pH 曲线出现转折点 A_2 后，不断下降，一直到硝化反应基本停止或结束，pH 曲线出现"氨氮谷点" B_2，然后 pH 会迅速上升或基本维持不变。

碱度

◆ 硝化反应要消耗碱度，如果污水中没有足够的碱度，随着硝化的进行，pH 会急剧下降，从而影响硝化菌活性。

$$NH_4^+ + 1.5O_2 \xrightarrow{AOB} NO_2^- + H_2O + 2H^+$$

→ 1g NH_4^+ 氧化为 NO_2^- 需要消耗 3.43g O_2 和 7.14g 碱度

$$NO_2^- + 0.5O_2 \xrightarrow{NOB} NO_3^-$$

→ 1g NO_2^- 氧化为 NO_3^- 需要消耗 1.14g O_2

$$NH_4^+ + 2O_2 \longrightarrow NO_3^- + H_2O + 2H^+$$

→ 1g NH_4^+ 氧化成 NO_3^- 需要消耗 4.57g O_2 和 7.14g 碱度

1.6.6.4 反硝化作用原理 重要知识点

反硝化作用

在缺氧条件下,硝态氮(NO_3^-)和亚硝态氮(NO_2^-)被反硝化菌还原成为气态氮(N_2)或 N_2O、NO 的过程。

生物反硝化进程

$$NO_2^- + 3H^+(电子供体有机物) \longrightarrow 0.5N_2 + H_2O + OH^-$$

$$NO_3^- + 5H^+(电子供体有机物) \longrightarrow 0.5N_2 + 2H_2O + OH^-$$

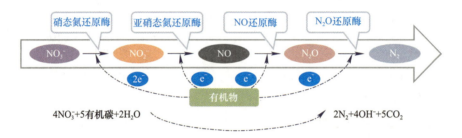

反硝化菌

1. 反硝化菌属于兼性异养菌,以有机物作为碳源合成细胞,以有机物作为电子供体获得能量;

2. 有分子态溶解氧存在时,反硝化菌以分子氧作为电子受体来分解有机物产生能量;

3. 在无氧条件下,反硝化菌利用硝态氮或亚硝态氮中的正五价氮和正三价氮作为能量代谢的电子受体(被还原),分解有机物产生能量;

4. 反硝化菌的比增长速率与一般的好氧异养菌的比增长速率相近。

反硝化菌属兼性菌,在自然界中几乎无处不在。在污水处理系统中,涉及的主要反硝化菌(图 1-89)包括假单胞菌属(*Pseudomonas*,图 1-90)、变形杆菌属(*Proteus*)和小球菌属(*Pediococcus*)等。

图 1-89 培养皿中的反硝化菌

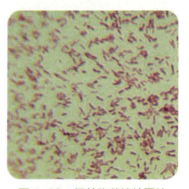

图 1-90 假单胞菌镜检图片

1.6.6.5 反硝化作用的影响因素 重要知识点

> **影响因素**
>
> 1. **pH**：最适 pH 为 7.0～7.5，当 pH 低于 6.0 或高于 8.0，反硝化反应过程将受到抑制；
> 2. **溶解氧**：缺氧区存在溶解氧，会使反硝化菌利用氧进行有氧呼吸，氧化有机物，而无法进行反硝化作用，从而使得污泥的反硝化活性降低；
> 3. **温度**：适宜温度为 15～35℃，反硝化作用在 0～40℃内可发生。低于 15℃时反硝化反应速率降低；
> 4. **碳源**：当碳氮比低于 3～5 时，需另外投加碳源。常用的碳源有甲醇、乙酸钠和葡萄糖等。

pH

◆ 在反硝化过程中，pH 先是持续大幅度上升，这是由于反硝化过程不断产生碱度引起的。在反硝化结束时，pH 会突然下降，出现了一个**转折点 C_1（硝酸盐峰）**，指示着反硝化的结束。

◆ 在反硝化过程中，由于 DO 的迅速耗尽，氧化还原电位（ORP）一开始便迅速下降，在随后的反应过程中，氧化态的 NO_x^- 被还原成 N_2，使得 NO_x^- 不断减少，ORP 不断减速下降；当反硝化结束时，NO_x^- 的消失导致 ORP 的迅速下降，在 ORP 曲线上出现"**硝酸盐膝**"（ORP 曲线上 C_2 点），指示着反硝化的结束（图 1-91）。

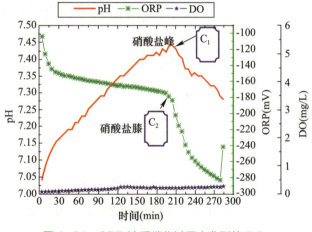

图 1-91 SBR 法反硝化过程中典型的 DO、ORP、pH 变化规律

温度

温度对反硝化反应速率的影响遵从 Arrhenius 公式，可以用下式表示：

$$V_{D,T} = V_{D,20} \theta^{(T-20)}$$

式中 $V_{D,T}$——温度 T 时的反硝化速率，$g\,NO_3^- \text{-}N/(g\,VSS \cdot d)$；

$V_{D,20}$——温度 20℃时的反硝化速率，$g\,NO_3^- \text{-}N/(g\,VSS \cdot d)$；

θ——温度系数，1.03～1.15，设计时可取 1.08。

1.6.6.6 碳源对反硝化作用的影响 重要知识点

反硝化过程需要的有机物——碳源

在生物脱氮过程中,电子供体来源于:(1)内碳源:污水中能够被反硝化菌利用的有机物;(2)内源碳源:内源代谢过程中产生的碳源;(3)外碳源:投加的有机物,如甲醇或乙酸盐等。

◆ 不同碳源的反硝化速率(表 1-13)

不同碳源的反硝化速率　　　　　　　　　表 1-13

碳源	反硝化速率 [g NO_3^--N/(kg VSS·h)]
甲醇、乙酸、水解污泥、啤酒废水、消化上清液、水解淀粉、污水中易降解有机物	7~20
乙醇、乳清、糖	1~5
内源呼吸碳源	0.2~0.5
甲烷	0.2~0.5

利用硝酸盐或亚硝酸盐作为电子受体的氧当量

对于氧气:$0.25O_2+H^++e^- \rightarrow 0.5H_2O$

对于硝酸盐:$0.2NO_3^-+1.2H^++e^- \rightarrow 0.1N_2+0.6H_2O$

对于亚硝酸盐:$0.34NO_2^-+1.36H^++e^- \rightarrow 0.17N_2+0.68H_2O$

硝态氮氧当量 = (0.25×32)/(0.2×14) = 2.86 g O_2/g NO_3^--N

亚硝态氮氧当量 = (0.25×32)/(0.34×14) = 1.68 g O_2/g NO_2^--N

碳源投加量的计算——以甲醇为例

$NO_2^- + 0.67CH_3OH + 0.53H_2CO_3 \rightarrow 0.04C_5H_7NO_2 + 0.48N_2 + 1.23H_2O + HCO_3^-$

$NO_3^- + 1.08CH_3OH + 0.24H_2CO_3 \rightarrow 0.056C_5H_7NO_2 + 0.47N_2 + 1.68H_2O + HCO_3^-$

反硝化过程所需要甲醇的量可表示为:

$$Q_{CH_3OH} = 2.47C_{NO_3^-} + 1.53C_{NO_2^-} + 0.67C_{DO}$$

式中　Q_{CH_3OH}——需要甲醇的量,g/L;

$C_{NO_3^-}$——硝态氮(NO_3^--N)浓度,g/L;

$C_{NO_2^-}$——亚硝态氮(NO_2^--N)浓度,g/L;

C_{DO}——溶解氧浓度,g/L。

1. 每还原 1 g NO_3^-(以氮计)为 N_2 时,需要甲醇 **2.47 g**;

2. 每还原 1 g NO_2^-(以氮计)为 N_2 时,需要甲醇 **1.53 g**;

3. 每还原 1 g 溶解氧,需要甲醇 **0.67 g**。

1.6.6.7 污水生物脱氮工艺概述 重要知识点

传统脱氮工艺　　有机物降解 ＋ 硝化 ＋ 反硝化

◆ **原理**：将有机物降解、硝化及反硝化三个生化反应分别在三个串联反应系统中进行，每个系统都包含一个反应池和一个沉淀池（图1-92）。

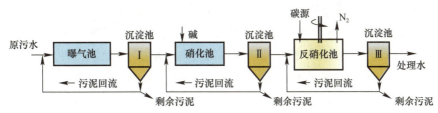

图1-92　传统活性污泥法脱氮工艺（三级活性污泥法流程）

◆ **特点**：有机物降解菌、硝化菌、反硝化菌独立生长，环境适宜，反应速度快且彻底；但基建成本高，管理复杂。

后置反硝化脱氮工艺　　有机物降解/硝化 ＋ 反硝化

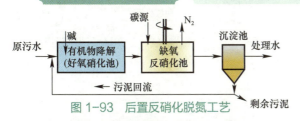

图1-93　后置反硝化脱氮工艺

◆ **原理**：有机物的降解、硝化反应在同一反应器中进行，从该反应器流出的混合液直接进入缺氧池，进行反硝化反应（图1-93）。

前置反硝化脱氮工艺（A/O工艺）　　反硝化 ＋ 有机物降解/硝化

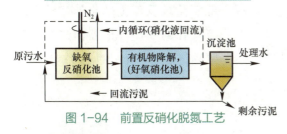

图1-94　前置反硝化脱氮工艺

◆ **原理**：含硝态氮的好氧池混合液一部分回流至缺氧池，在缺氧池内，反硝化菌利用原污水中的有机物作为碳源，进行反硝化反应（图1-94）。

SBR工艺　　有机物降解/硝化/反硝化　（图1-95）

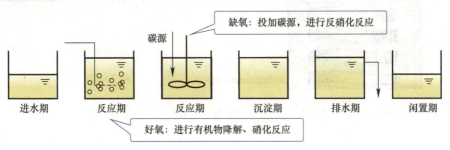

图1-95　SBR脱氮工艺的操作流程

1.6.6.8 A/O 脱氮工艺 重要知识点

> **A/O 工艺**
>
> - A（anoxic）为缺氧段，用于反硝化脱氮；O（oxic）为好氧段，用于硝化以及去除污水中的有机物，又称 MLE（Modified Ludzak-Ettinger）工艺；
> - 将缺氧池放置于好氧池之前，又称为前置反硝化脱氮工艺。含硝态氮的好氧池混合液一部分回流至缺氧池（称为硝化液回流或内循环），在缺氧池内，反硝化菌利用原污水中的有机物作为碳源，进行反硝化反应，将硝态氮转化为氮气，从而达到生物脱氮的目的。

分建式缺氧－好氧活性污泥脱氮系统

缺氧阶段反应（反硝化）与好氧阶段反应（硝化、有机物降解）分别在两座不同的反应器内进行（图 1-96）。

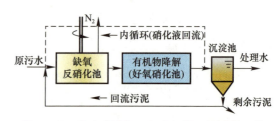

图 1-96　分建式缺氧－好氧活性污泥脱氮系统

合建式缺氧－好氧活性污泥脱氮系统

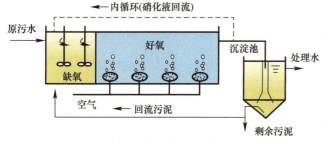

图 1-97　合建式缺氧－好氧活性污泥脱氮系统

缺氧阶段反应（反硝化）与好氧阶段反应（硝化、有机物降解）在同一座反应器内进行，用隔墙将两池分开（图 1-97）。

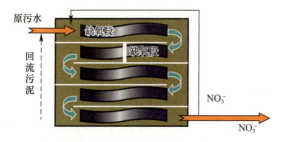

图 1-98　合建式缺氧－好氧活性污泥脱氮系统流程图

- 进水中的有机物可以首先全部作为反硝化碳源，无需外加碳源；
- 处理水中含有一定浓度的硝酸盐，难于使 TN<10~15 mg/L（图 1-98）。

1.6.6.9　A/O 脱氮工艺的特点及影响因素　**重要知识点**

A/O 工艺特点

优点	缺点
与传统脱氮工艺相比，流程比较简单，投资省，管理方便，且污泥产量较少； 与后置反硝化工艺相比，减少碳源投加量，降低运行费用； 反硝化产生碱度补充好氧池消耗的碱度，减少加碱量； 好氧池设在缺氧池之后，可保证出水有机物浓度达标； 绝大部分有机物在缺氧池被利用，严格好氧的丝状菌在竞争中处于劣势，可防止污泥膨胀	需要双回流循环系统； 沉淀池运行不当易出现污泥上浮； 脱氮效率一般为 70%～80%，难以进一步提高； 内循环液中含有一定的溶解氧，使反硝化难以在理想缺氧状态下进行，破坏反硝化进程

影响因素及运行参数

A/O 脱氮工艺的主要影响因素及运行参数如图 1-99 所示。

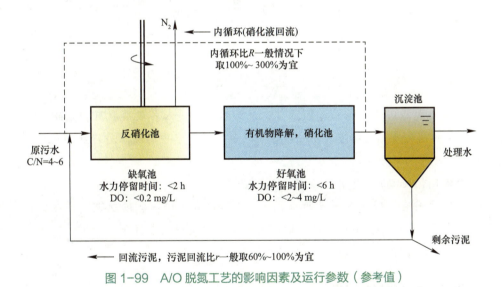

图 1-99　A/O 脱氮工艺的影响因素及运行参数（参考值）

- 回流比：过低或过高均会影响出水水质，且内循环加大，增大动力消耗。
- 水温：适宜温度为 5～30℃，低于 15℃时硝化和反硝化效果明显降低。
- 污泥浓度：3000～5000 mg/L 为宜。
- 污泥龄：一般大于 8～12 d，有时甚至长达 30 d 以上，应根据进水氨氮浓度进行合理调整。

1.6.6.10　缺氧-好氧分段进水脱氮工艺　**重要知识点**

工艺原理

● 一般设置 3～5 个缺氧区和好氧区的组合，通过分多段进水的运行方式，部分进水和回流污泥进入第一缺氧区，其他进水按照一定流量比例被分配进入各段缺氧区。与只有一个缺氧区的 A/O 工艺相比，原污水中的有机物作为反硝化碳源被充分利用，即使在不外加碳源的条件下，也能达到较好的脱氮效果。分段进水深度脱氮工艺的运行流程如图 1-100 所示。

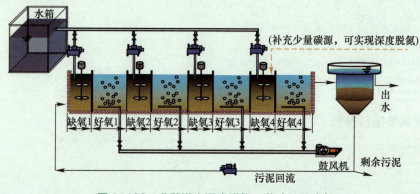

图 1-100　分段进水深度脱氮工艺（四段式）

工艺特点

● **原污水多点进入，碳源利用率高**；原污水分批进入各段缺氧区，系统中每一段好氧区产生的硝化液，直接进入下一段缺氧区利用原污水中的碳源进行反硝化作用，实现了原污水碳源的充分利用。

● 无需硝化液回流，**节省了工艺的运行费用**。

● 回流污泥直接进入第一段的缺氧区，而进水分批进入各段缺氧区，在工艺中形成污泥浓度梯度，从而在不增加污泥回流量和二沉池负荷的条件下，**增加了系统中的平均污泥浓度，进而增加了单位池容的处理能力**。

工艺设计参数及其影响因素

◆ **进水流量分配**。（1）采用**等负荷流量分配法**，原则是保证各段硝化菌负荷相同，以利于硝化菌生长，优先满足系统硝化，最大限度地降低出水氨氮浓度。（2）采用**流量分配系数**，原则是各缺氧区进水有机物质恰好可以为上段好氧区产生的硝态氮反硝化提供充足的电子供体。

◆ 反应器段数越多，脱氮效率越高，系统越稳定，但工艺设计与运行也会随之变复杂。工程实际应用中**多采用 2～4 段**。

◆ 工艺中不宜采用过大的污泥回流比，一般取 **50%** 左右。

1.6.7 除磷的原理与工艺

1.6.7.1 水中磷的存在形式 一般知识点

根据磷在水体中的物理性质和化学形态的不同,以溶解度为标准,可分为溶解态磷(Dissolved Phosphorus,DP)和颗粒态磷(Particulate Phosphorus,PP)。DP 指能通过 0.22 μm 或 0.45 μm 微孔滤膜的溶解于水体中的磷。PP 为水体中不能通过 0.22 μm 或 0.45 μm 微孔滤膜的磷形态。

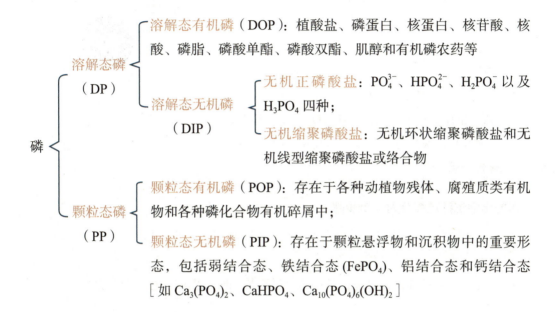

总磷的测定方法

1. 消解方法

高压消解;微波消解;紫外消解;烘箱加热消解;光催化氧化;利用 COD 快速消解仪快速消解。

2. 分析方法

◆ 离子色谱法;

◆ 分光光度法:氧化亚锡还原钼蓝法;孔雀绿-磷钼杂多酸法;钼酸铵分光光度法;罗丹明 6G 荧光分光光度法;

◆ 等离子发射光法;

◆ 流动注射分析法。

> 对环境影响小;重现性好,较为常用

1.6.7.2 化学除磷的原理 一般知识点

基本原理

通过投加化学药剂形成不溶性磷酸盐沉淀物，然后通过固液分离将磷从污水中除去（图 1-101）。

- 钙盐：通过投加 $Ca(OH)_2$ 或 CaO 等二价钙盐形成羟基磷酸钙、磷酸二钙、碳酸钙和 β-磷酸三钙等磷酸钙类沉淀物除磷。
- 铝盐：通过投加硫酸铝 $[Al_2(SO_4)_3 \cdot 18H_2O]$、铝酸钠（$NaAlO_2$）等三价铝盐形成 $AlPO_4$ 沉淀除磷。
- 铁盐：通过投加三氯化铁（$FeCl_3$）、硫酸铁 $[Fe_2(SO_4)_3]$、硫酸亚铁（$FeSO_4$）或氯化亚铁（$FeCl_2$）等铁盐形成 $FePO_4$ 沉淀或磷酸钙铁复合物除磷。

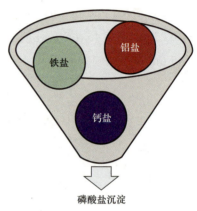

图 1-101 化学除磷金属盐

磷的化学沉淀过程分为 4 个步骤

- （1）投加沉淀剂；（2）混凝反应；（3）絮凝作用；（4）沉淀（固液分离）（图 1-102）。
- 沉淀和凝聚过程都很迅速，且这两个过程是同时发生的，在一个混合单元内完成。

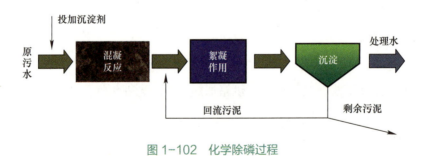

图 1-102 化学除磷过程

化学除磷的工艺问题还包括：

（1）药剂的选择；　　　　（3）化学药剂的投加点；
（2）药剂投加量；　　　　（4）化学沉淀污泥的处理；
……

目前，新型的化学除磷方法包括鸟粪石结晶法、蓝铁矿结晶法和类水滑石吸附法等，这些方法不仅可以高效回收富磷污泥中的磷资源，所得产物也可深度利用，实现磷资源的循环。

1.6.7.3 生物除磷的原理 重要知识点

原理：生物除磷是由聚磷菌（PAOs）这一类特殊的微生物完成的。这类微生物在厌氧条件下能吸收水中的有机物，分解体内的磷。在好氧条件下，它们能够过量地、超过其生理需要地从外部环境中摄取磷，并将磷以聚合物的形态贮存在体内，形成高磷污泥。最后将这些含磷量高的污泥排出系统，从而达到将磷从污水中去除的目的（图1-103）。

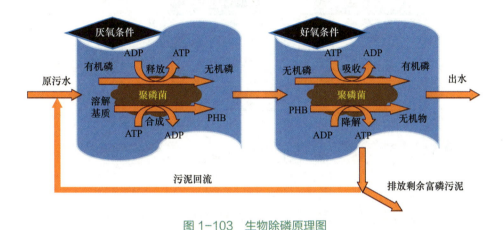

图 1-103　生物除磷原理图

◆ 在**厌氧**条件下聚磷菌吸收水中有机物，以聚 -β- 羟基丁酸（PHB）或聚 -β- 羟基戊酸（PHV）的形式贮存于体内，同时水解体内的聚磷酸盐产生能量，产生正磷酸盐（无机磷）释放到水中；

◆ 在**好氧**条件下聚磷菌利用体内贮存的聚羟基脂肪酸酯（PHAs，包括 PHB 和 PHV）为能源和碳源，同时过量吸收污水中的磷，在体内形成聚磷颗粒，最终将污水中的磷转移到污泥中，通过剩余污泥的排放达到将磷从水中去除的目的。

厌氧条件下，聚磷菌释放磷可以简示如下：

$$2C_2H_4O_2 + (HPO_3)(聚磷) + H_2O \rightarrow (C_2H_4O_2)_2(贮存的有机物) + PO_4^{3-} + 3H^+$$

在好氧条件下聚磷的累积可以简化的方式描述如下：

$$C_2H_4O_2 + 0.16NH_4^+ + 1.2O_2 + 0.2PO_4^{3-} \rightarrow$$
$$0.16C_5H_7NO_2 + 1.2CO_2 + 0.2(HPO_3)(聚磷) + 0.44OH^- + 1.44H_2O$$

1.6.7.4 生物除磷的影响因素 重要知识点

生物除磷中通过聚磷菌在厌氧状态下释放磷，在好氧状态下过量地吸收磷，厌氧-好氧系统生物除磷过程如图 1-104 所示。其影响因素主要包括：厌氧池的硝酸盐溶解氧、BOD/TP、pH、污泥龄和温度等。

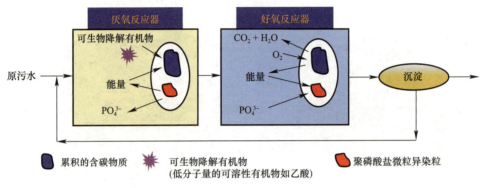

图 1-104　厌氧-好氧系统生物除磷过程

◆ **硝酸盐和溶解氧**：回流至厌氧池中的污泥含有硝酸盐和溶解氧，会对厌氧释磷作用产生影响。硝酸盐和溶解氧的存在会使反硝化菌和普通异养好氧菌消耗水中易降解有机物，从而减少聚磷菌可利用可生物降解有机物的量，影响厌氧释磷作用，进而影响系统除磷性能。

水质及其他环境因素

影响生物除磷的水质及其他环境因素包括 BOD/TP、pH、污泥龄和温度等，详见表 1-14。

影响生物除磷的水质及其他环境因素　　　　　　　　　　表 1-14

BOD/TP	一般认为，较高的 C/P（以 BOD/TP 计）可取得较好的除磷效果，进行生物除磷的 **BOD/TP 一般应大于 30**。有机物的不同对除磷效果也会有影响，一般认为易降解的低分子有机物容易被 PAOs 吸收利用，高分子难降解的有机物诱导磷释放的能力较弱，而厌氧段磷释放越充分，好氧段摄取量越大
pH	生物除磷系统的适宜 pH 范围为中性至弱碱性。pH 为 6～8 时，磷的厌氧释放比较稳定。pH 低于 6 时生物除磷的效果会大大下降
污泥龄	污泥龄越长，排泥量减少，会导致除磷效果降低。相反，污泥龄短的系统除磷效果较好。因此，一般采用较短的污泥龄（3.5～7 d）
温度	在 10～30℃时，都可以取得较好的除磷效果；温度低时应适当延长厌氧区的停留时间或投加外源挥发性脂肪酸（VFA），有利于强化除磷

1.6.7.5　A/O 除磷工艺　**重要知识点**

◆ **厌氧-好氧除磷工艺**，又称为 A/O（Anaerobic/Oxic）除磷工艺，是由厌氧区和好氧区组成的同时去除污水中有机污染物及磷的处理系统（图 1-105）。

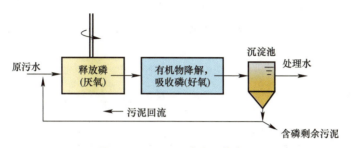

图 1-105　A/O 除磷工艺流程

◆ **原理**：污水与含磷回流污泥（含聚磷菌）同步进入厌氧池，聚磷菌在厌氧的不利环境条件下将菌体内贮积的磷分解、释放，并摄取有机物。之后，泥水混合液进入曝气池，在好氧池中，聚磷菌可过量吸磷，同时污水中剩余的大部分有机物也在该池内得到氧化降解。

设计参数与影响因素

- **水力停留时间**
  一般为 3~6 h
- **水温**
  20~30℃
- **pH**
  pH=6.5~7.5（A 段）；pH=7.0~8.0（O 段）
- **污泥回流比**
  50%~100%
- **混合液污泥浓度（MLSS）**
  2700~3000 mg/L

工艺特点

本工艺流程简单，既不需投药，也无须考虑内循环。因此，建设及运行费用都较低。

同时，经试验与运行实践还发现本工艺存在如下问题：

（1）除磷率难于进一步提高，因为微生物对磷的吸收，即使过量吸收，也存在一定限度，特别是当进水 BOD 值不高或污水中含磷量高的时候。

（2）在沉淀池内容易发生磷释放的现象，应注意及时排泥和回流。

1.6.7.6 弗斯特利普（Phostrip）除磷工艺 一般知识点

该工艺是于1972年开发的一种生物除磷和化学除磷相结合的除磷工艺，在回流污泥过程中设置了厌氧除磷池和化学除磷系统（图1-106）。部分沉淀污泥（约为进水流量的10%~20%）旁流入一个除磷池，进行厌氧释磷。含磷上清液随后进入混合池进行化学沉淀，从而将水中的磷转化为沉淀物以达到除磷的目的。

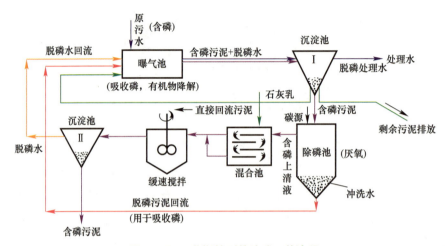

图1-106 弗斯特利普除磷工艺流程

◆ **本工艺各设备单元的功能：**

（1）含磷污水进入曝气池，同步进入曝气池的还有由除磷池回流的已释磷但含有聚磷菌的污泥。曝气池的功能是：使聚磷菌过量地摄取磷，去除有机物，还可能发生硝化作用。

（2）从曝气池流出的混合液（污泥含磷，污水已经除磷）进入沉淀池（Ⅰ），在这里进行泥水分离，含磷污泥沉淀，上清液作为处理水排放。

（3）含磷污泥进入除磷池，除磷池应保持厌氧状态，即$DO \approx 0$，$NO_x^- \approx 0$，含磷污泥在此处释放磷，并投加冲洗水，使磷充分释放，已释磷的污泥沉于池底，并回流至曝气池，再次用于吸收污水中的磷。含磷上清液从上部流出进入混合池。

（4）含磷上清液进入混合池，同步向混合池投加石灰乳，经混合后进入搅拌反应池，使磷与石灰反应，形成磷酸钙$[Ca_3(PO_4)_2]$沉淀物质，即化学法除磷。

（5）沉淀池（Ⅱ）为混凝沉淀池，经过混凝反应形成的磷酸钙沉淀在这里与上清液分离。已除磷的上清液回流至曝气池，而含有大量$Ca_3(PO_4)_2$的污泥排出，这种含有高浓度PO_4^{3-}的污泥可回收利用。

◆ **工艺特点：**（1）出水含磷量一般低于1 mg/L。（2）同其他化学除磷工艺相比，化学药物的投加量降低。（3）产生的污泥含磷率相对较高，约为2.1%~7.1%。但由于其流程烦琐，运行管理比较复杂，基建和运行费用较高。（4）沉淀池（Ⅰ）的底部可能形成厌氧状态，从而产生释放磷的现象。

1.6.8 同步脱氮除磷工艺

1.6.8.1 A²O 工艺 【重要知识点】

A-A-O（Anaerobic-Anoxic-Oxic）工艺，简称厌氧-缺氧-好氧法（图 1-107）。

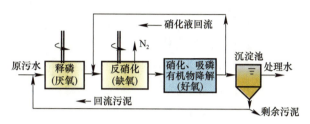

图 1-107 A²O 脱氮除磷工艺流程

工艺原理：污水进入厌氧池，同时进入的还有从沉淀池回流的活性污泥，聚磷菌在厌氧条件下释磷，部分含氮有机物进行氨化；混合液经过厌氧池以后进入缺氧池，同时进入的还有通过硝化液回流由好氧池传输而来的硝态氮，反硝化菌利用部分有机物作为碳源在此发生反硝化作用；然后，混合液从缺氧池进入好氧池，除进一步降解有机物外，在此处主要进行硝化作用和磷的吸收。A²O 工艺的特点见表 1-15。

A²O 工艺的特点　　　　　　　　　　　　　　　　表 1-15

优点	（1）具有同时去除有机物、脱氮、除磷的功能；（2）在同时脱氮除磷去除有机物的工艺中，该工艺流程最为简单，总的水力停留时间也短于同类其他工艺；（3）在厌氧（缺氧）、好氧交替运行条件下，丝状菌不能大量繁殖，污泥沉降性能好
缺点	（1）硝化液回流比直接影响脱氮效果，内循环量一般以 2Q（Q 为原污水流量）为宜，不宜太高，不然会使脱氮效率难以进一步提高；（2）污泥回流中带有溶解氧和硝酸盐，反硝化菌与聚磷菌竞争碳源，影响厌氧池聚磷菌释磷，使得除磷效率难以进一步提高

1.6.8.2 倒置 A²O 工艺 【一般知识点】

倒置 A²O 工艺（图 1-108）是在常规 A²O 工艺的基础上进行改良的工艺，与 A²O 工艺的不同之处在于把厌氧池和缺氧池进行了位置交换，使脱氮除磷效果有所提高。

工艺特点：采用较短停留时间的初沉池，使进水中细小有机悬浮固体进入生物反应器，增加了碳源，避免了回流污泥中硝酸盐对厌氧释磷的影响；由于反应器中活性污泥浓度较高，从而促进了好氧反应器中的同步硝化反硝化，因此可以用较少的总回流量（污泥回流和硝化液回流）达到较好的总氮去除效果。

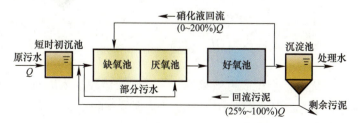

图 1-108 倒置 A²O 工艺流程

1.6.8.3 巴颠甫（Bardenpho）工艺 `一般知识点`

该工艺是 Barnard 于 1974 年开发的一种早期生物脱氮除磷工艺，是以**高效率同步脱氮、除磷**为目的而开发的一项技术（图 1-109）。

工艺原理：（1）原污水与来自内循环回流含硝态氮的污水一同进入第一厌氧反应器，其首要功能是脱氮，其次是释磷，含磷污泥由沉淀池回流而来。（2）经第一厌氧反应器处理后的混合液进入第一好氧反应器，首先是去除剩余有机污染物；其次则是聚磷菌进行吸磷；最后是硝化，若 BOD 浓度较高，则硝化程度较低。（3）混合液进入第二厌氧反应器，与第一厌氧反应器相同，此处主要是进行脱氮，其次是释磷。（4）第二好氧反应器的首要功能是吸收磷，其次是进一步硝化。（5）在沉淀池中，上清液作为处理水排放，含磷污泥的一部分作为回流污泥，回流到第一厌氧反应器，另一部分作为剩余污泥排出系统。

工艺特点：各项反应都反复进行两次以上，脱氮除磷的效果良好，脱氮率达 90%～95%，除磷率达 97%。但工艺复杂，运行成本高。

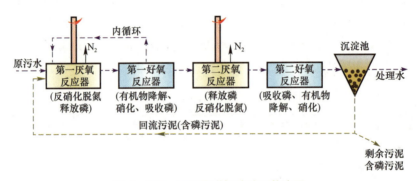

图 1-109　巴颠甫脱氮除磷工艺流程

1.6.8.4 改良巴颠甫（Bardenpho）工艺 `一般知识点`

改良 Bardenpho 工艺流程由厌氧-缺氧-好氧-缺氧-好氧五段组成，第二个缺氧段利用好氧段产生的硝酸盐作为电子受体，利用剩余碳源或内碳源作为电子供体进一步提高反硝化效果，最后的好氧段主要用于氮气的吹脱（图 1-110）。

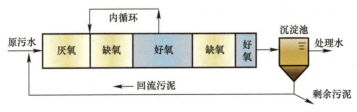

图 1-110　改良巴颠甫工艺流程

工艺特点：（1）优点：系统脱氮效果好，通过回流污泥进入厌氧池的硝酸盐量较少，对污泥的释磷反应影响小，从而使整个系统能够达到较好的脱氮除磷效果。（2）缺点：工艺流程较为复杂，投资和运行成本较高。

1.6.8.5 UCT（University of Cape Town）工艺 　一般知识点

在 A^2O 工艺中，回流污泥中的硝酸盐会对厌氧释磷作用产生影响，进而影响系统的除磷性能，为解决此问题，南非开普敦大学开发出了 UCT 工艺，其核心思想即为减少回流污泥中的硝酸盐对厌氧区的影响。UCT 工艺流程如图 1-111 所示。

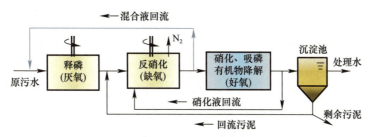

图 1-111　UCT 工艺流程

工艺特点：

◆ 在 A^2O 工艺的基础上，将污泥回流到缺氧池而不是厌氧池。

◆ 增加从缺氧池到厌氧池的回流，保证厌氧区的污泥浓度。

◆ 增加的混合液回流中硝酸盐含量很少，与 A^2O 工艺相比，聚磷菌可获得更多可利用的易降解有机物量，使厌氧释磷作用得到改善。

1.6.8.6 MUCT（Modified University of Cape Town）工艺 　一般知识点

UCT 工艺减少了混合液回流污泥中的硝酸盐，但硝化液回流又引入了硝酸盐。改良 UCT 工艺（图 1-112）在 UCT 工艺的基础上，进一步减少了硝酸盐对厌氧释磷作用的影响。

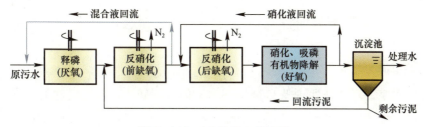

图 1-112　MUCT 工艺流程

工艺特点：

◆ 在 UCT 工艺的基础上，将缺氧池分割为前缺氧池和后缺氧池。

◆ 回流污泥进入前缺氧池，不接纳内部循环的硝酸盐。硝化液回流至后缺氧池，而回流至厌氧池的混合液来自前缺氧池。

◆ 进一步减少了进入厌氧池的硝酸盐，增加了回流到厌氧区的污泥浓度，提高了工艺的脱氮除磷效果。

1.6.9 生物脱氮除磷的新理论新工艺

1.6.9.1 短程硝化反硝化 重要知识点

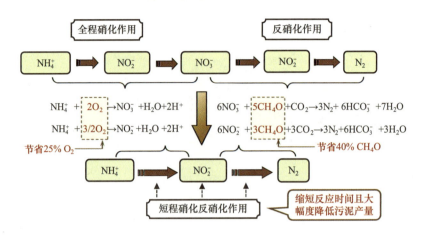

◆ **实现短程生物脱氮的控制方法**

将硝化过程控制在氨氧化阶段，阻止亚硝态氮进一步氧化，然后进行反硝化。在实际污水处理过程中，实现该过程的基本策略是利用氨氧化菌与亚硝酸盐氧化菌在反应条件上的差异，使 NOB 的生长速率明显低于 AOB 的生长速率，逐步淘汰 NOB，实现稳定的亚硝态氮积累。可利用 AOB 和 NOB 对环境因素（如 pH、温度和溶解氧浓度等）适应程度的差异性，通过控制以下运行条件，来保证 AOB 的生长优势，抑制 NOB 的活性。

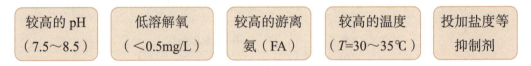

◆ **研究进展**

❖ 好氧饥饿处理快速实现低 C/N 生活污水的短程硝化。系统启动前，利用 AOB 和 NOB 在好氧饥饿条件下衰减速率的差异及恢复运行过程中环境适应能力的不同，采用好氧饥饿处理的方式，快速扩大 AOB 和 NOB 之间的活性差异；启动反应器后，辅以曝气时间及污泥龄控制，从而快速实现城市污水的短程硝化。

❖ 应用实时控制实现 SBR 法短程生物脱氮。应用 pH、DO 作为 SBR 法生物脱氮过程的控制参数，可指示系统中氨氧化及反硝化作用的终点。防止因过度曝气而引起的亚硝化率降低，进而抑制了 NOB 的生长，从而实现稳定短程生物脱氮。

1.6.9.2 同步硝化反硝化 一般知识点

同步硝化反硝化的定义及机理

同步硝化反硝化（SND）：硝化反应和反硝化反应在同一个反应器中、相同操作条件下同时发生。

微环境理论

在微生物絮体或者生物膜内，由于氧扩散的限制会**形成溶解氧梯度**（图1-113），微生物絮体或生物膜的外表面氧浓度高，以好氧硝化菌为主，发生硝化反应；絮体内部氧传递受阻及外部氧的大量消耗，产生缺氧区，反硝化菌占优势，发生反硝化反应。

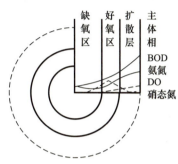

图1-113 微生物絮体内反应区分布和底物浓度变化

异养硝化与好氧反硝化理论

传统理论认为硝化反应只能由自养菌完成，反硝化只能在缺氧条件下进行，近年来，好氧反硝化菌和异养硝化菌的存在已经得到了证实，新的微生物的发现也为同步硝化反硝化的发生提供了新的可能。

中间体理论

研究表明，氨氧化菌的好氧反硝化过程和异养菌的硝化过程会产生较多的 N_2O，造成反应体系中的氮以中间体的形态离开系统，也属于一种同步硝化反硝化现象。

实现同步硝化反硝化现象的条件比较复杂，主要影响因素包括环境条件和微生物菌群分布等。目前国内外研究认为影响硝化反硝化菌的因素见表1-16。

同步硝化反硝化的影响因素	表1-16
絮体结构特征	微生物絮体结构不但影响生物絮体内溶解氧浓度梯度，而且影响碳源的分布
溶解氧	合适的溶解氧浓度有利于微生物絮体形成浓度梯度。通常，低溶解氧的环境有利于发生同步硝化反硝化
有机碳源	研究表明，有机碳源含量低则满足不了反硝化的要求，有机碳源含量过高会降低硝化反应速率，不利于氨氮的去除

目前对SND的理论及工艺研究并不完善。尽管其有一定的优势，但因其成因较为复杂，具体的运行模式、稳定性等均需要进行更深入的研究。在当前的研究中，常发生SND的工艺主要有移动床生物膜反应器（MBBR）、混合生物膜-膜生物反应器（HMBR）和好氧颗粒污泥系统（AGS）等。

1.6.9.3 厌氧氨氧化工艺 重要知识点

厌氧氨氧化（Anammox） 指在厌氧条件下，微生物直接以 NH_4^+ 作为电子供体，以 NO_2^- 或 NO_3^- 作为电子受体，最终产生 N_2 的生物氧化过程（图 1-114）。实际工程中的厌氧氨氧化菌如图 1-115 所示。

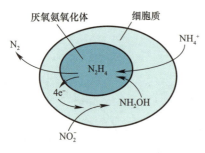

图 1-114 厌氧氨氧化过程

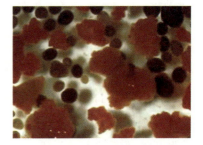

图 1-115 厌氧氨氧化菌

$$NH_4^+ + 1.32NO_2^- + 0.066HCO_3^- + 0.13H^+$$
$$\downarrow 厌氧氨氧化菌$$
$$0.066CH_2O_{0.5}N_{0.15} + 1.02N_2 + 0.26NO_3^- + 2.03H_2O$$

（总反应方程式）

迄今最高效与节能的脱氮方式

优势：
（1）自养脱氮，无需氧和外加碳源；
（2）比传统脱氮节省 60% 曝气量；
（3）污泥产量低，温室气体 N_2O 少；
（4）氮的去除负荷高。

影响因素

◆ **温度**：适宜温度为 30~40℃。

◆ **pH**：影响细菌（电解质平衡和酶活性）和基质（FA 和游离亚硝酸）。最适 pH 为 6.5~8.3。

◆ **溶解氧**：厌氧氨氧化菌是厌氧微生物，氧气对其活性具有抑制作用。微量的氧就会对厌氧氨氧化菌产生抑制。

◆ **基质浓度**：氨浓度和硝酸盐浓度低于 1000 mg/L 时不产生抑制；亚硝酸盐浓度超过 100 mg/L 时产生明显抑制。

◆ **泥龄**：厌氧氨氧化菌生长缓慢，故泥龄通常较长。

应用前景

目前，厌氧氨氧化工艺已用于垃圾渗滤液（图 1-116）、制药废水、污泥消化液、畜禽养殖废水等多种类型的废水处理工程中，取得了很好的应用效果。

图 1-116 厌氧氨氧化的实际应用

1.6.9.4 厌氧氨氧化的研究与实践新进展 一般知识点

◆ 对于城市污水处理而言，**传统硝化-反硝化脱氮工艺**（图 1-117，A 型）需要大量曝气能耗和外加碳源，以实现高排放标准下的深度脱氮，产生的剩余污泥需要稳定化处理与安全处置，过程中还会产生 N_2O 等温室气体。

◆ 基于**短程硝化的厌氧氨氧化脱氮工艺**（图 1-117，B 型）无需外加碳源，节省曝气能耗。但该工艺在主流城市污水处理中难以长期维持稳定的问题仍有待解决。

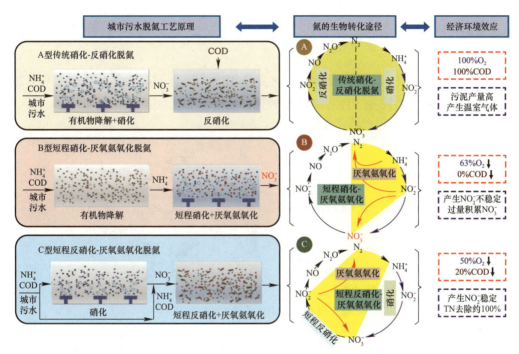

图 1-117　传统硝化-反硝化、短程硝化-厌氧氨氧化与短程反硝化-厌氧氨氧化工艺流程及氮素转化路径

◆ **短程反硝化的提出为突破 NO_2^- 稳定获取这一难题提供了新方法**。

原污水中 NH_4^+ 经过好氧硝化转化为 NO_3^-，反硝化菌利用污水碳源将 NO_3^- 还原为 NO_2^-，再通过厌氧氨氧化过程同步去除未经硝化的 NH_4^+ 和产生的 NO_2^-（图 1-117，C 型）。

◆ **应用情况**

当前，基于短程反硝化的厌氧氨氧化技术引起了国际上高度关注。美国哥伦比亚大学和 DC Water 水务公司在美国 Blue Plains 污水处理厂建立了该技术的中试基地，再次验证了**主流条件下短程反硝化为厌氧氨氧化提供基质相比于短程硝化更加稳定和容易实现**。中试在**低碳氮比**条件下（COD/TN 仅为 2.2），**实现了总氮深度去除**，达到了该地区严格的污水处理排放标准。因此，短程反硝化耦合厌氧氨氧化技术在实际规模污水处理厂中推广应用，有望替代现有技术，实现低浓度城市污水深度处理。

1.6.9.5 反硝化除磷工艺的原理与特点 `一般知识点`

◆ **原理**

以反硝化聚磷菌（Denitrifying phosphorus removing bacteria，DPB）作为主导菌群，在厌氧/缺氧环境交替的运行条件下，<u>以硝酸盐代替溶解氧作为电子受体，以微生物胞内贮存的聚-β-羟基丁酸作为电子供体</u>，将反硝化和除磷这两个过程合二为一达到同步脱氮除磷的目的。

◆ **工艺优点**

<u>生物除磷与脱氮有机结合</u>，节省 COD 与 O_2 使用量，同时减少剩余污泥与 CO_2 的生成量（图 1-118）。适用于处理 COD/TKN 较低的城市污水。

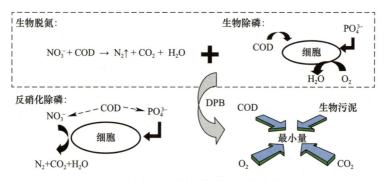

图 1-118　反硝化除磷工艺的优势

◆ **影响因素**

反硝化除磷工艺受碳源、电子受体、HRT 等因素影响，详见表 1-17。

反硝化除磷工艺的影响因素　　表 1-17

碳源含量或 C/N	电子受体	HRT	
过低，PHA 合成不足；过高，厌氧段剩余的有机物进入缺氧段进行外源反硝化，抑制反硝化除磷	如果 NO_3^--N 不充分，甚至为零，会降低缺氧培养时的吸磷量，且会导致缺氧培养时的二次放磷	HRT 不可过长；厌氧：HRT 过长会造成无效释磷；缺氧：HRT 过长会造成二次释磷	……

◆ **应用**

- 满足 DPB 所需环境和基质的工艺分为单、双两级；
- 在<u>单级工艺</u>中，DPB、硝化菌及非聚磷异养菌同时存在于混合液中并顺序经历厌氧/缺氧/好氧三种环境，最具代表性的是 <u>BCFS 工艺</u>；
- 在<u>双级工艺</u>中，硝化菌独立于 DPB 而单独存在于某反应池中，主要包括 <u>Dephanox 工艺和 A_2N 工艺</u>等。

1.6.9.6 反硝化除磷的常用处理工艺 一般知识点

单级工艺——BCFS 工艺

BCFS 工艺（图 1-119）由荷兰代尔夫特科技大学的 Mark Van Loosdrecht 教授在帕斯韦尔氧化沟和 UCT 工艺的基础上开发而来。该工艺利用硝酸盐作为电子受体，在缺氧条件下同时实现反硝化作用和超量聚磷。其在 UCT 工艺的厌氧池和缺氧池之间增设的接触池可起到第二选择池的作用，厌氧池出水和从沉淀池回流的污泥可在此充分混合，以充分利用剩余的 COD。在接触池中，DPB 亦开始利用硝态氮反硝化除磷，这个过程在缺氧池中继续进行。在缺氧池和好氧池之间增设的缺氧/好氧混合池创造了低氧环境，可同时进行硝化与反硝化，保证了出水中较低的总氮含量。

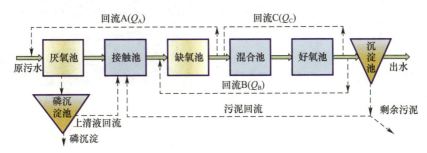

图 1-119　BCFS 工艺流程

双级工艺——Dephanox 工艺

Dephanox 工艺雏形由 Wanner 于 1992 年首次提出，后由荷兰代尔夫特大学的 Kuba 等人对其进行了更为系统的研究（图 1-120）。

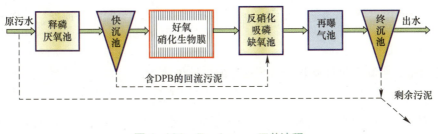

图 1-120　Dephanox 工艺流程

工艺原理：含 DPB 的回流污泥首先在厌氧池中完成释磷和 PHB 的贮存，经过快沉池分离后，富含 DPB 的污泥超越至缺氧池，含氨氮的上清液直接进入硝化生物膜反应池，进行好氧硝化，产生的硝化液流入缺氧池后与 DPB 污泥接触，完成反硝化除磷反应。后置再曝气池短时曝气，作为辅助吸收剩余的磷。

工艺特点：设置后曝气池的 Dephanox 工艺与传统工艺相比，**COD 消耗量减少 30%，耗氧量减少 20%，污泥产量降低 30%**；同时硝化菌固定在好氧硝化生物膜池内，与聚磷菌分离，不仅解决了硝化菌与聚磷菌污泥龄的矛盾，同时也避免了反硝化菌与聚磷菌对碳源的竞争。

1.6.10 工艺改进优化 一般知识点

实际污水处理厂（图 1-121）在运行过程中存在诸多问题，因此需要对工艺进行改进优化。

1. 存在的问题

图 1-121　某污水处理厂区实景图

2. 改进与研究

污水处理工艺技术应面向可持续发展。即朝着降低 COD 氧化、减少 CO_2 等温室气体及 H_2S 等有害气体的释放、降低剩余污泥产量以及实现剩余污泥资源有效利用、氮磷回收和处理水回用等方向努力。

3. 改进角度

◆ 净化功能

改变过去以去除有机污染物为主要功能的传统模式。

◆ 运行方式

采用间歇曝气、分段进水等方式。此外，基于污水处理过程中有害气体的释放现状，在保证处理效果的同时，开发基于工艺优化的恶臭气体减量方法，优化污水处理过程的关键处理单元，采用有害气体释放量最少的运行方式和操作参数。

◆ 工艺系统

开创了多种旨在提高充氧能力、增加混合液污泥浓度、强化活性污泥的代谢功能的高效处理系统，如 A/O、SBR、A^2/O、UCT 和改良 UCT 工艺等。

◆ 反应机理

研发并应用将剩余污泥转化为能源的适用性技术以及具有低碳运行潜力的工艺，如短程硝化、同步硝化反硝化、厌氧氨氧化和反硝化除磷等。

1.7 几种常用的活性污泥法工艺技术

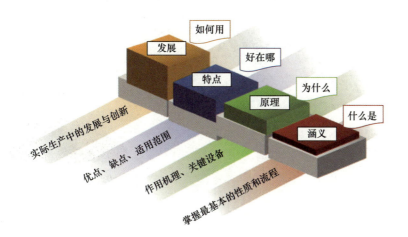

【主线】学习工艺的整体思路

1-5 学习工艺的整体思路

学 习 思 路

- 首先是<u>掌握工艺的涵义</u>，通过深入理解概念，掌握工艺最基本的性质和流程。
- 其次是<u>理解工艺的原理</u>，包括作用机理、关键设备等。
- 再次是<u>了解工艺的特点</u>，掌握工艺的适用范围。
- 最后是<u>工艺的发展和应用</u>，了解该工艺在实际生产中的发展与创新。

这样的学习过程中，也是完成"什么是该工艺""该工艺为什么能去除污染物""这个工艺好在哪"以及"怎么用这个工艺"的一个认识过程。这其中"该工艺为什么能去除污染物"（工艺原理）是需重点掌握的内容。

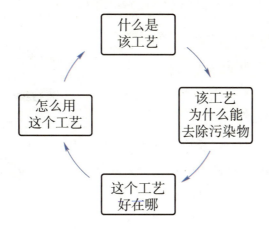

1.7.1 序批式活性污泥法（SBR法）

1.7.1.1 SBR法的涵义及发展历程 **重要知识点**

首次命名： SBR（Sequencing Batch Reactor）这个术语由 Irvine 于 1971 年在 PIWC（Purdue Industrial Waste Conference）上首次提出，用来描述间歇运行的活性污泥工艺。

SBR法的定义

SBR法（序批式活性污泥法）即**间歇运行**的活性污泥法。
- **序（顺序性）**——在一个反应器中顺序完成进水、反应等工序。
- **批（间歇性）**——当一个周期完成后，继续下一周期，依次循环。

类似于"中国式泡茶"

SBR法的发展历程

SBR法产生于1914年，大致分为三个时期：SBR法的产生期、复兴期和发展期。产生之初由于其运行操作烦琐，且当时缺乏自控设备和技术，很快被连续式活性污泥法所取代。直到20世纪80年代以后，自动监测与控制技术的飞速发展为SBR法的应用与发展注入了新的活力。

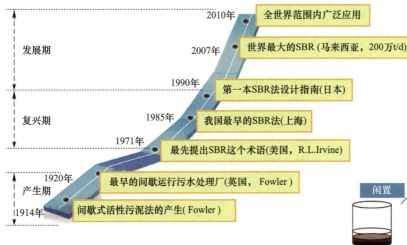

SBR法的基本操作流程

该工艺的特征在于以进水、反应、沉淀、排水及闲置五个阶段为一周期的连续重复（图1-122），每个周期是根据它所处在循环内的阶段和功能进行定义的。

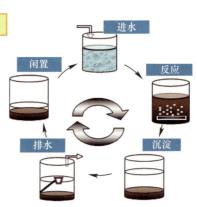

图1-122 SBR法基本操作流程

1.7.1.2　SBR 法各工序的操作原理　重要知识点

SBR 法 5 道工序的操作原理如图 1-123 所示。

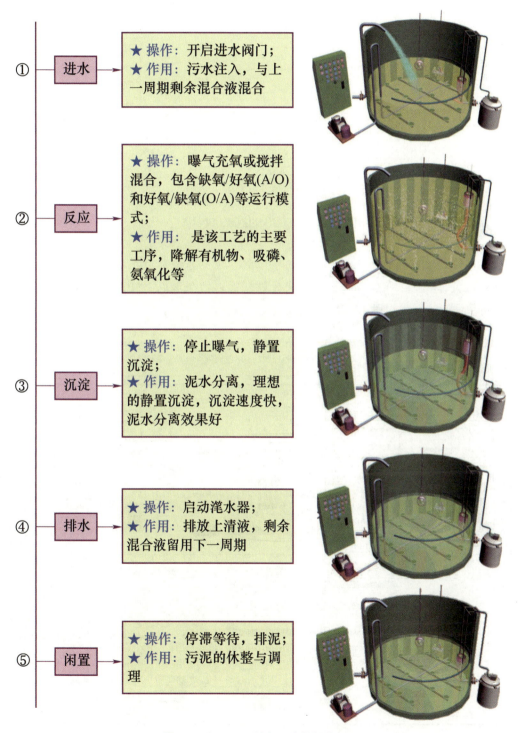

① 进水
- ★操作：开启进水阀门；
- ★作用：污水注入，与上一周期剩余混合液混合

② 反应
- ★操作：曝气充氧或搅拌混合，包含缺氧/好氧(A/O)和好氧/缺氧(O/A)等运行模式；
- ★作用：是该工艺的主要工序，降解有机物、吸磷、氨氧化等

③ 沉淀
- ★操作：停止曝气，静置沉淀；
- ★作用：泥水分离，理想的静置沉淀，沉淀速度快，泥水分离效果好

④ 排水
- ★操作：启动滗水器；
- ★作用：排放上清液，剩余混合液留用下一周期

⑤ 闲置
- ★操作：停滞等待，排泥；
- ★作用：污泥的休整与调理

图 1-123　SBR 法各工序的操作原理

1.7.1.3 SBR 法中的关键设备 一般知识点

◆ SBR 法系统的 4 套关键设备如图 1-124 所示。

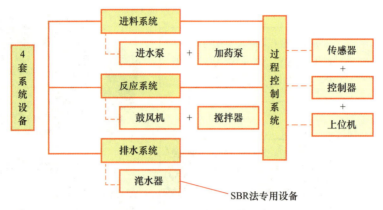

图 1-124 SBR 法的关键设备

SBR 法的过程控制系统通常包括测量系统、控制系统和数据处理系统，数据处理系统包括实时数据采集、数据分析及实时控制策略指令形成。SBR 法短程生物脱氮过程控制系统子流程，如图 1-125 所示。

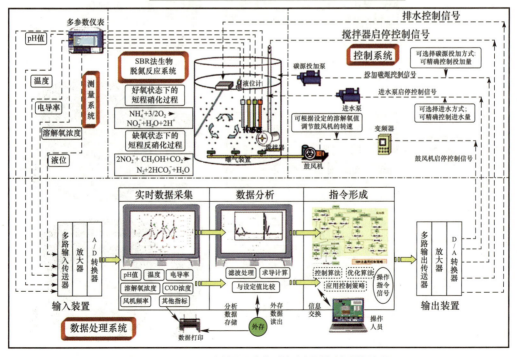

图 1-125 SBR 法短程生物脱氮过程控制系统流程

1.7.1.4 SBR法中的关键设备：滗水器 重要知识点

> **滗水器操作原理**
>
> 滗水器是SBR法的核心设备，它能在需要滗水时将上清液滗出，而在进水、反应、沉淀等工序时不影响工艺进行。它具有对水量变化的调节功能，可随水位变化而升降距离，设置的浮筒还具有挡浮渣的功能（图1-126）。

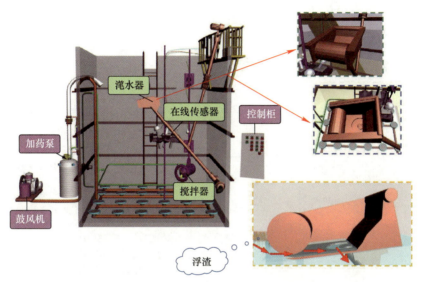

图1-126 某SBR中试内部结构与机械式滗水器工作原理

SBR法的滗水器主要分为机械式、虹吸式及无动力式滗水器，其工作原理及特点如表1-18所示。

滗水器分类： 机械式滗水器　　虹吸式滗水器　　无动力式滗水器

常见滗水器工作原理及特点　　　　　　　　表1-18

种类	原理	特点
机械式	以机械力传动，带动出流堰口移动进而排水，主要包括旋转式和套筒式两种	◇ 优点：排水平稳，出水水质好。 ◇ 缺点：结构复杂，设备繁多，动力消耗大，造价较高
虹吸式	以虹吸的方式自动排水	◇ 优点：构造简单、无运转部件，运行过程中仅需操作真空破坏阀，不易出现故障，易于检修，实际工程中应用较多。 ◇ 缺点：占地面积较大，且安装后位置不好改变，部件加工精确度要求也较高
无动力式	利用水的浮力以及静压力，根据水力学原理开发，无需外部机械传动装置	◇ 设备简单、运行稳定、安装检修方便、造价低廉、机械磨损部件少且使用寿命延长、节能

1.7.1.5　SBR 法的工艺参数及计算方法　一般知识点

SBR 法的设计包含全局轮转、流程运行和单体设计等 3 种参数，其详细计算方法如表 1-19 所示。

SBR 法的工艺参数及计算方法　　　　表 1-19

	参数	概述 / 计算公式	取值范围 / 参数释义
过程控制 ↓ 全局轮转参数	周期时间（T_C）	$T_C \geq T_A + T_S + T_D$ $T_C \geq T_F + T_S + T_D$	T_F——进水时间（h）； T_A——曝气时间（h）； T_S——沉淀时间（h）； T_D——排水时间（h）
	反应池数量（n）	保证全厂连续进水、连续排水、鼓风机连续运行	一般为 2 个以上
	周期数（N）	$N \leq \dfrac{24}{T_A + T_S + T_D}$	采用整数值，一般取 2 d^{-1}、3 d^{-1}、4 d^{-1}、6 d^{-1}
5 道工序 ↓ 流程运行参数	进水　进水时间 T_F	T_C/n	一般为 1~4 h
	进水　周期进水量 Q_F	Q_d/N	Q_d——污水处理厂最高日进水量（m^3/d）
	反应　曝气时间 T_A	$T_A = \dfrac{24 S_0 m}{L_S X_T}$	S_0——进水 BOD_5 浓度（mg/L）； X_T——反应池高水位时污泥浓度（mg/L）
	反应　污泥龄（SRT）	$\theta_X = \dfrac{M_X}{P_{XT}}$	M_X——反应池中污泥量； P_{XT}——每天排泥量
	反应　水力停留时间	$T_{水力} = T_C \cdot \dfrac{V}{Q_F}$	4.5~10 h
	沉淀　沉淀时间 T_S	$T_S = \dfrac{Hm + \varepsilon}{v_{max}}$	H——反应池水深（m）； ε——安全水深（m）； T_S——一般取 0.5~1 h； m——排水比； v_{max}——活性污泥界面的初期沉降速率（m/h）
	排水　排水时间 T_D	与排水设备的排水能力、周期时间 T_C 有关	一般为 1~1.5 h
	排水　排水比 m	$V_{排水}/V_{总容积}$	一般为 1/5~1/2
	闲置　闲置时间 T_B	$T_C - T_F - T_A - T_S - T_D$	一般不宜大于 2 h
3 套系统 ↓ 单体设计参数	单池有效容积（V）	$V = \dfrac{Q_d}{m \cdot n \cdot N}$	Q_d——污水处理厂最高日进水量（m^3/d）
	有机负荷（L_S）	$L_S = \dfrac{24 Q_d S_0}{N \cdot T_A X_T V}$	高（低）负荷 0.1~0.4（0.03~0.05）[kg BOD_5/(kgMLSS·d)]
	剩余污泥量（ΔX）	$\Delta X = \dfrac{Q_d Y(S_0 - S_e)}{1000}$	Y——污泥产率系数； S_0/S_e——进/出水 BOD_5 浓度（mg/L）

1.7.1.6　SBR 法的优缺点　一般知识点

SBR 法的特点可总结为：成也间歇、败也间歇（图 1-127）。

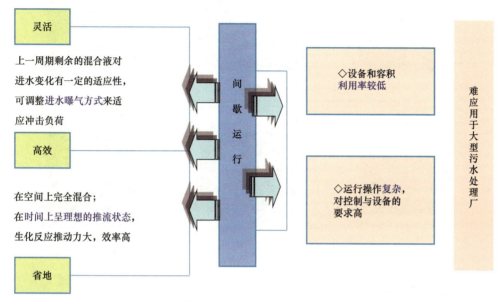

图 1-127　SBR 法的特点

SBR 法的适用条件

小规模：非常适合处理小水量的中小城镇生活污水和厂矿企业的工业废水，处理规模宜在 $10 \times 10^4 \, m^3/d$ 以下；也适用于一些用地紧张的地方

要求高：适用于出水水质要求高的地方。如风景游览区、湖泊和港湾等周边的污水，不但要去除有机物，还要求对出水进行脱氮除磷，防止河湖富营养化

间歇排放：适用于间歇排放和流量变化较大的工业废水与分散点源污染的治理

1.7.1.7 脉冲式 SBR 深度脱氮工艺 `一般知识点`

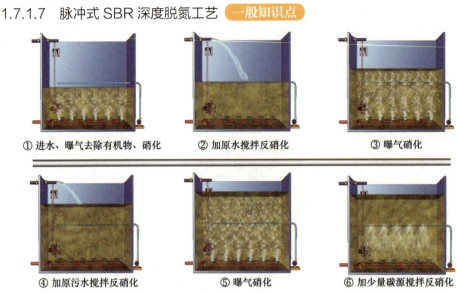

图 1-128 脉冲式 SBR 深度脱氮工艺的运行流程

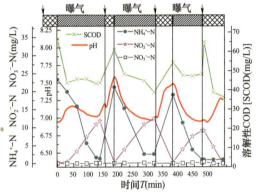

图 1-129 分 3 段进水的 SBR 法脱氮效果及在线参数变化规律

◆ **工艺原理**

将全部水量分多次进入系统，交替进行硝化反硝化。前次进水中的氨氮经硝化作用氧化为硝态氮，可利用下一次进水中的有机碳源进行反硝化，如此循环，系统进满水后，最后一次反硝化，可补充少量的外加碳源反硝化掉最后一次进水产生的硝态氮（图 1-128）。

脉冲式 SBR 法脱氮效果及在线参数变化规律如图 1-129 所示。

◆ **主要优势**

充分利用 SBR 法运行方式灵活的特点，通过分段进水充分利用原污水中碳源，提高脱氮除磷效率，理论上可实现深度脱氮。

◆ **缺点**

运行操作复杂，闲置率高。

拓 展

● **研究进展**

交替缺氧好氧的运行方式，易产生亚硝酸盐积累，是较容易实现短程硝化反硝化的工艺之一；分段进水的运行方式，脱氮过程中产生的 N_2O 量少。

1.7.1.8　SBR 法的衍生工艺　一般知识点

ICEAS® 工艺（间歇循环延时曝气活性污泥法）

1968 年，澳大利亚新南威尔士大学与美国 ABJ 公司合作开发了 ICEAS® 工艺（其构造如图 1-130 所示），1976 年建成世界上第一座 ICEAS® 工艺系统的污水处理厂。

连续进水、间歇曝气和周期排水

增加预反应区，一般处于缺氧状态

缓冲和调节作用；
强化脱氮；
预防污泥膨胀

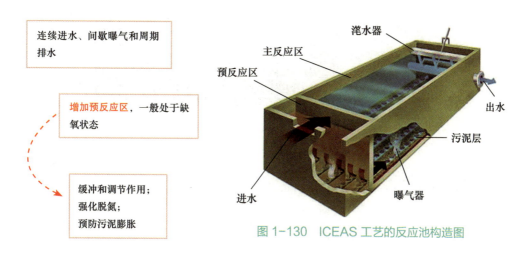

图 1-130　ICEAS 工艺的反应池构造图

工艺原理

◆ 经预处理的污水连续不断地进入反应池前部的预反应区，在该区内污水中的大部分可溶性 BOD 被活性污泥生物吸附，然后从预反应区末端隔墙下部的孔眼以低速进入主反应区。

◆ 在主反应区内按照间歇式活性污泥法运行，即"搅拌-曝气-沉淀-滗水"程序周期运行，使污水在反复的"好氧-厌氧"中完成除碳、脱氮和除磷。

与传统 SBR 法相比较，具有以下特点

采用连续进水系统（沉淀、排水阶段仍连续进水），减少了运行操作的复杂性，沉淀过程在非理想条件下进行。

预反应区起到选择器的作用。可选择适于在主反应区成活和降解污水中所含有机底物，且能够形成坚实菌胶团的微生物种属。

连续进水的 ICEAS 工艺系统，无须在进水阀门之间切换，易于控制，从而适用于规模较大的污水处理厂。

CASS®工艺（循环式活性污泥工艺系统）

CASS®工艺由Goronszy教授于20世纪60~70年代开发，于20世纪70年代开始应用于实际污水处理工程，其构造如图1-131所示。

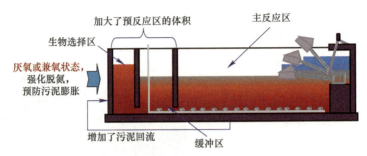

图1-131 CASS工艺的反应池剖面构造图

反应池结构

CASS工艺的反应池一般包括三个分区：第一区（生物选择区）、第二区（缓冲区）和第三区（主反应区），各区域功能见表1-20。

CASS工艺各区域功能　　　　　　　　　　表1-20

区域	功能
生物选择区	设置在反应池前端，从主反应区回流来的污泥和进水在此处混合。此区内水力停留时间一般为0.5~1 h，通常在厌氧或兼氧条件下运行
缓冲区	不仅具有辅助厌氧或兼氧条件下生物选择的功能，还具有对进水水质水量变化的缓冲作用
主反应区	最终去除有机底物的主要场所。运行过程中，通常对主反应区的曝气强度加以控制，使反应区内主体混合液处于好氧状态，而活性污泥结构内部则基本处于缺氧状态

主要特点

CASS工艺的反应池前端设生物选择区，并将主反应区的污泥回流至生物选择区，这一特征是循环式活性污泥法工艺和其他间歇式活性污泥法工艺的重要区别之一。CASS工艺做为SBR法的衍生工艺，在国内外均有实际工程应用（图1-132）。

图1-132 污水处理厂中CASS工艺总览图

UNITANK® 工艺（一体化活性污泥工艺）

UNITANK 工艺系统由 Interbrew 和 K.U.Leuven 于 1987 年合作开发而来，其技术专利于 1989 年为比利时 SEGHERS 环境工程公司所获取，并在生产实践中开始应用。

工艺原理

典型的 UNITANK 系统，主体为 3 格池结构，3 池之间水力连通，每个池均设有供氧设备，可采用鼓风曝气。其中中间池只作为曝气池，两个边池交替作为曝气池和沉淀池，边池设有固定出水堰和剩余污泥排放口。进入系统的污水通过管道或者渠道配水，交替进入 3 个池中的任意一个，系统实现连续进水连续排水（图 1-133）。

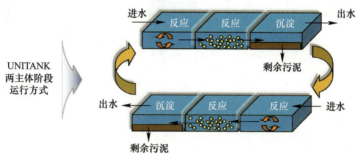

图 1-133　UNITANK 工艺的运行方式

工艺优点

- **高效性**：系统中反应池有效容积能得到连续使用，无须设置闲置阶段，出水堰固定，无须设置浮式撇水器。
- **经济性**：(1) 三个矩形池之间水力相通，中间池壁不受单向水压，节省土建投资和占地面积；(2) 各池之间采用渠道配水，减少了管道、阀门和水泵等设备的数量，降低了运行成本。

工艺缺点

- 并未设置专门的厌氧区，除磷效果欠佳；
- 系统管道布置复杂，需要大量的电动进水、空气阀门以及剩余污泥排放阀门，故需要较高的自动监测和控制水平；
- 大量污泥随污水从第一池流入第三池，使边池污泥浓度远高于中池，导致池容利用率和处理能力降低。

1.7.2 吸附-生物降解活性污泥法（AB法） 一般知识点

AB法：吸附-生物降解（Adsorption-Biodegration）

由德国亚琛（Aachen）工业大学 Botho Bohnke（布·伯恩凯）教授为解决传统的二级生物处理系统，即"预处理—曝气池—二沉池"存在的去除难降解有机物和脱氮除磷效率低及投资运行费用高等问题而开发，工艺流程如图1-134所示。

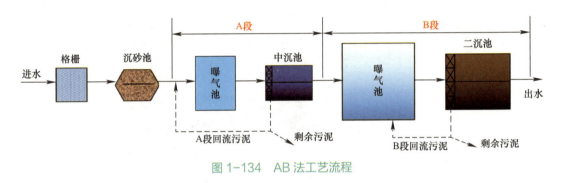

图1-134 AB法工艺流程

A段与B段各自拥有独立的污泥回流系统，两段完全分开，每段都能够培育出适于本段污水水质的微生物种群。

◆ 污水经过沉砂池进入A段系统，在A段短时间停留（30~60 min），进入中间沉淀池。

◆ 污水在B段停留时间较长，一般为2~4 h，完成有机物的降解。

工 艺 特 点

A段：以高负荷运行；微生物选择器；有一定的吸附能力。

● 以高负荷或超高负荷运行，具有很强的抗冲击负荷的能力；

● 微生物选择器：不断发生微生物种群的适应、淘汰、优选和增殖等过程，从而培育、驯化出与原污水适应的微生物种群；

● 污泥产率高，BOD去除率大致30%~60%，减轻了B段的负荷；且对负荷、温度、pH以及毒性等具有一定的适应能力。

B段：以低负荷运行；污泥龄较长。

● 承受的负荷为进水总负荷的40%~70%，较传统活性污泥法曝气池的容积减少40%左右；

● 接受A段的处理水，以低负荷运行，出水水质较好；

● 污泥龄较长，氮在A段得到了部分去除，BOD/N比值有所降低，因此，B段具有发生硝化反应的条件，有时也可将B段设计成A/O工艺。

1.7.3 氧化沟（OD）

1.7.3.1 氧化沟工艺的定义与基本原理 `重要知识点`

> **氧化沟（Oxidation Ditch，OD）**
> - 发明者 Ph. D Pasveer
> - 20世纪50年代由荷兰公共卫生研究所（TNO）开发

氧化沟又称连续循环反应器，是常规活性污泥法的一种改型和发展，也是延时曝气法的一种特殊形式。**由于其外形为环状封闭沟型，故称之为"氧化沟"**（图1-135）。

外形

池体狭长，池身较浅，一般呈封闭的环状沟渠形。

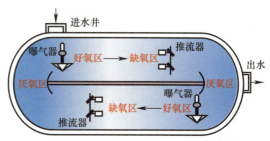

图1-135 氧化沟的基本构型

特点

污水和活性污泥的混合液在其中作不停的循环流动，水力停留时间长达10~40 h。

设备

曝气池的沟槽中设有机械表面曝气器（图1-136）。曝气装置的转动，推动沟内液体迅速流动，进行曝气和搅拌。

图1-136 氧化沟的曝气设备

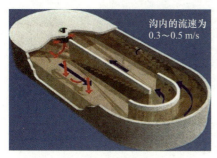

图1-137 氧化沟的水流流向

- 流态原理：沟内流态接近**完全混合**，但又**具有推流式的某些特征**（图1-137），如在曝气装置的下游，溶解氧浓度从高向低变动，甚至可能出现缺氧段。
- 独特的水流状态，有利于生物凝聚作用，且可**分为富氧区、缺氧区**，用以进行硝化和反硝化，以实现脱氮。

1.7.3.2 氧化沟的特点 一般知识点

氧化沟的曝气池呈封闭的沟渠型，沟渠的形状和构造多种多样，赋予了氧化沟灵活机动的运行性能，氧化沟的优点（表1-21）、缺点主要包含以下几个方面。

氧化沟的优点　　　　　　　　　　　　　　　　　　　　　　　表1-21

优点	内容	图示
优点一：工艺流程简单、运行管理方便	美国环境保护署的报告曾指出：氧化沟能够通过最低限度地操作，稳定地达到BOD和SS的去除率要求 可不设初沉池，构筑物少；可省去污泥回流装置；二沉池可与氧化沟合建；污泥一般只需浓缩和脱水处理，可省去污泥消化池	
优点二：适应性强、处理效果好	BOD_5污泥负荷低，对水温、水质、水量的变动有较强的适应性；污泥龄长、剩余污泥量少。可繁殖世代时间长的微生物，如硝化菌	
优点三：流态独特、运行灵活	独特的水流状态：易实现同步硝化反硝化；曝气强度可调，通过调节出水堰高度改变水深，进而改变曝气装置淹没深度，调节充氧	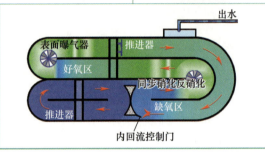

氧化沟的缺点

缺点一：占地面积大

由于沟深（一般小于2.5 m）、沟型的限制，停留时间长，使得氧化沟工艺的占地面积大于其他活性污泥法。

缺点二：能耗高

属于延时曝气活性污泥法，且采用机械曝气，动力效率较低，能耗较高，吨水平均能耗在0.35 kWh以上。

缺点三：易发生污泥膨胀

易引发由于低负荷形成的污泥膨胀；在低负荷的情况下，丝状菌会优先利用碳源，形成竞争优势。

◆ 应用

操作简单，运行管理方便，可用于"经济发展一般、技术管理水平缺乏、土地资源较丰富"的中小城镇污水处理厂，也可用于大型、超大型城市污水处理或工业废水处理。

1.7.3.3 氧化沟工艺的发展概述 一般知识点

氧化沟工艺的发展历程

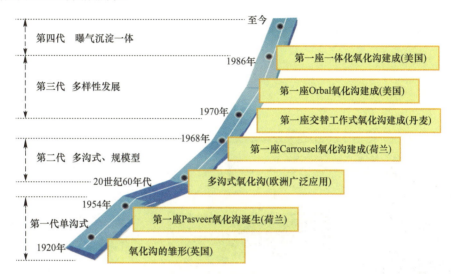

氧化沟工艺的发展概述

◆ **核心竞争力**

氧化沟从单沟式氧化沟系统（图1-138）逐渐发展到一体化氧化沟系统（图1-139），其经久不衰的本质原因是氧化沟连续环流的流态所产生的多功能性、污泥稳定、出水水质好和易于管理等一系列优点。

◆ 氧化沟有别于其他活性污泥法的主要特征是环形池形，或者是在保持沟渠首尾相接、水流循环流动的条件下，选用特定的设计参数和运行方式，这会给运行者和设计者带来极大方便；另外，其强大的灵活性和适应性，也使得其得以进一步发展和应用。

◆ **发展动力**

增加池深、强化脱氮除磷、减小占地面积、节能降耗及预防污泥膨胀等。

图1-138　单沟式氧化沟系统

图1-139　一体化氧化沟系统

1.7.3.4 帕斯维尔（Pasveer）氧化沟 一般知识点

帕斯维尔氧化沟工艺系统是早期开发的氧化沟型式，简称 P 型氧化沟，属于第 1 代氧化沟，也可称之为"传统氧化沟工艺系统"。最先用于处理村镇污水，间歇运行，后来发展为连续运行，具有分建的沉淀池（图 1-140、图 1-141）。

◆ 第一座 Pasveer 氧化沟工艺系统于 1954 年在荷兰的福尔斯霍滕市（Voorschoten）启用。

◆ 旱季处理能力 40 m³/h（引自：van Lohuizen，2006）。

图 1-140 第一座氧化沟由荷兰卫生工程研究所（TNO）的帕斯维尔博士设计

基本特点

● 帕斯维尔氧化沟的池深一般不超过 2.5 m。

● 单池只需配进水管即可；双池以上平行工作时，则应考虑均匀配水。

● 沟渠上装设 1 个或数个曝气器推动混合液在沟内循环流动，曝气器主要采用的是水平卧式曝气转刷。

● 出水堰宜于采用可升降式，调节高度可改变水深，进而改变曝气装置的淹没深度，使其充氧量适应运行的需要，并可对水的流速起一定的调节作用。

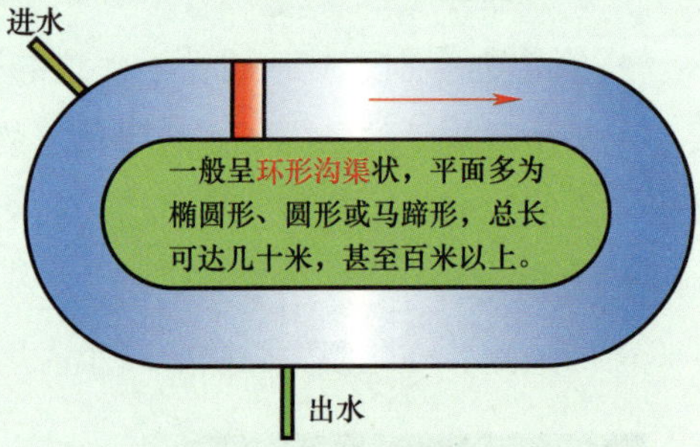

● 出水一般采用溢流堰式。交替工作时，溢流堰应能自动启闭，并与进水装置相呼应以控制沟内水流方向。

一般呈环形沟渠状，平面多为椭圆形、圆形或马蹄形，总长可达几十米，甚至百米以上。

图 1-141 帕斯维尔氧化沟示意图

1.7.3.5 卡罗塞尔（Carrousel）氧化沟的原理及特点 重要知识点

1967 年由荷兰 DHV 公司开发，并在 1968 年被首次应用（图 1-142）。

DHV 公司卡罗塞尔氧化沟的注册商标是 Carrousel®，源自英文单词 Carousel，指儿童游乐场里的旋转木马以及飞机场的行李传送带。

◆ 卡罗塞尔氧化沟最明显的特征是以立式低速表面曝气器取代水平轴表面曝气器。并在每组沟渠的转弯处安装一台表面曝气器，该表面曝气器单机功率大，具有极强的混合搅拌能力，其水深可达 5 m 以上。

◆ 使用定向控制的曝气和搅动装置，向混合液传递水平速度，从而使被搅动的混合液在氧化沟闭合渠道内循环流动。

图 1-142　荷兰 DHV 公司开发的首座卡罗赛尔氧化沟

◆ 曝气区基本接近完全混合反应器的流态，曝气区下游的长渠道则基本接近推流反应器模型的流态，沟内存在明显的溶解氧浓度梯度。其工艺系统如图 1-143 所示。

渠道下游形成的缺氧区可以触发反硝化反应。靠近曝气器的下游为富氧区，上游为低氧区，外环还可能成为缺氧区，形成了生物脱氮的环境条件（图 1-144）。

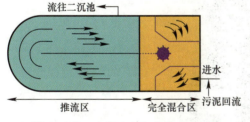

图 1-143　卡罗赛尔氧化沟工艺系统　　　图 1-144　卡罗赛尔氧化沟表面示意图

★ 特点

卡罗塞尔氧化沟实际上是将两种反应器模型的优势结合在一起，既可利用长沟道进行较为彻底的生化反应，还能借助完全混合区的搅拌、缓冲能力化解水质负荷的变化，具有较强的抗冲击负荷能力。

虽然安装表面曝气器的位置是有限和固定的，但池型的变化却很丰富。在某些布置中，渠道直线段是可以彼此不一样的，实际工程中的平面组合还会更多（图 1-145）。

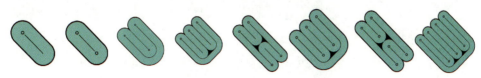

图 1-145　含有不同台数曝气器氧化沟的基本池型

1.7.3.6 卡罗塞尔（Carrousel）氧化沟的发展 `一般知识点`

第二代：在原 Carrousel 氧化沟的基础上 DHV 公司和其在美国的专利特许公司 EIMCO 又发明了 Carrousel 2000 系统（图 1-146）。Carrousel 2000 氧化沟增加了前置厌氧段和缺氧段（又称前反硝化区），实现了更高要求的生物脱氮和除磷功能。

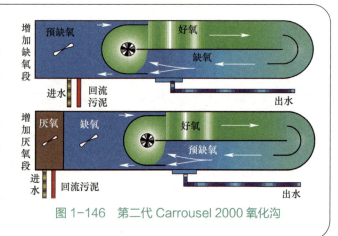

图 1-146　第二代 Carrousel 2000 氧化沟

第三代：Carrousel 3000（也可称为 Deep Carrousel），增加生物选择区，利用高有机负荷筛选菌种（图 1-147）。

图 1-147　第三代 Carrousel 3000 氧化沟

- 增加了池深，可达 7.5~8 m，同心圆式池壁共用，减少了占地面积，在降低造价的同时提高了耐低温能力；
- 表面曝气器下安装导流筒，抽吸缺氧的混合液，并采用水下推进器解决流速问题；
- 使用了先进的、多变量控制模式的曝气控制器，能灵活控制充氧量；
- 采用圆形一体化设计，使得氧化沟不需额外的管线，即可实现回流污泥在不同工艺单元间的分配。

应用

卡罗塞尔氧化沟系统在国内外得到了广泛应用。处理对象有城市污水、工业废水等。规模大小不等，BOD 去除率达 95%~99%，脱氮效率可达 90% 以上。

1.7.3.7 奥贝尔（Orbal）氧化沟 一般知识点

◆ 20世纪60年代由南非国家水研究所开发研制成功。

◆ 采用同心圆或椭圆式的多沟串联系统，沟渠之间通过隔墙分开；多采用三层沟渠（图1-148）。

工艺运行

污水和回流污泥先进入最外环的沟渠；随后依次进入下一层沟渠；最后由位于中心的沟渠流出进入二次沉淀池。

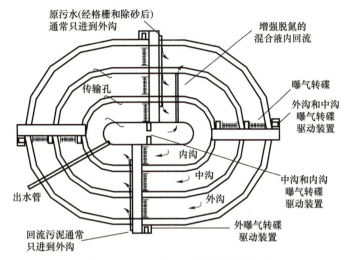

图1-148 奥贝尔氧化沟平面示意图

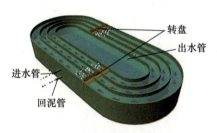

图1-149 奥贝尔氧化沟系统构造

外沟容积最大，约为总容积的 **60%~70%**，主要的生物氧化和脱氮过程在此完成；中沟为 **20%~30%**，内沟则仅占 **10%** 左右（图1-149）。

运行时，外、中、内三层沟渠内混合液溶解氧梯度较大，如分别为 0、1 mg/L 及 2 mg/L，即所谓三沟 DO 的 0-1-2 梯度分布。外沟道溶解氧接近0，氧传递效率高，既可节约供氧，也可创造反硝化条件。此外，外沟道厌氧条件下，微生物可放磷，以便它们在好氧环境下吸磷。

特　点

● 曝气设备均采用曝气转盘（图1-150）。曝气转盘上有大量的楔形突出物，增加了混合和充氧效率，水深可达 3.5~4.5 m。

● 圆形或椭圆形的平面形状，比长渠道的氧化沟更能利用水流惯性，可节省推动水流的能耗。

● 多渠串联池中的混合液流态更倾向于推流式，出水水质好。

图1-150 曝气转盘

1.7.3.8 交替式工作氧化沟 一般知识点

◆ PI（Phase Isolation，PI）氧化沟包括交替式（图1-151，表1-22）和半交替式氧化沟。

◆ 产生：20世纪70年代由丹麦 Krüger 公司研制开发。

◆ 分类：D 型、T 型、DE 型和 V-R 型。

◆ 设备：都使用水平轴转刷表面曝气器。

◆ 特点：转刷的调速，堰门的启闭切换频繁，对自动化要求高，转刷利用率低，故在经济欠发达地区受到很大的限制。

图1-151 交替式工作氧化沟系统

常见交替式工作氧化沟的工作原理及工艺图　　表1-22

类型	原理	工艺图
D型氧化沟（双沟式氧化沟）	由两个容积相同的A、B两池组成，两个氧化沟相互连通，串联运行，交替作为曝气池和沉淀池，无需设污泥回流系统	1-沉砂池；2-曝气转刷；3-出水堰；4-排泥管；5-污泥井；6-氧化沟
三池交替工作氧化沟（T型）	两侧的A、C两池交替地作为曝气池和沉淀池。中间池B则一直为曝气池，原污水交替地进入A池或C池，处理水则相应地从作为沉淀池的C池和A池流出	1-沉砂池；2-曝气转刷；3-出水溢流堰；4-排泥井；5-污泥井
DE型氧化沟（双沟半交替工作式氧化沟）	由两个容积相同的氧化沟组成，两沟交替硝化与反硝化，缺氧区和好氧区完全分开，污水始终从缺氧区进入，可以保持较好的脱氮效果	

1.7.3.9 一体化氧化沟 一般知识点

一体化氧化沟系统：集曝气、沉淀、泥水分离和污泥回流功能为一体，无需建造单独的二沉池，并设有专门的固液分离装置，可省掉污泥回流泵房。既是连续进出水，又是合建式，且不用倒换功能，从理论上讲最经济合理（图1-152、图1-153）。

几种常见的一体化氧化沟系统：

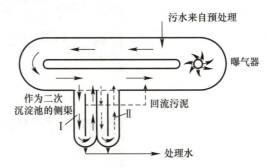

图 1-152 侧沟型曝气-沉淀一体化氧化沟

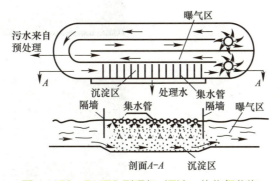

图 1-153 BMTS 型曝气-沉淀一体化氧化沟

立体循环一体化氧化沟（Vertical Loop Reactor，VLR）

- ◆ 最早由美国的 USFilter 公司于 1986 年开发。

- ❖ 普通一体化氧化沟内的污水在水平回路中循环流动，立体循环一体化氧化沟中的污水则是在绕着水平隔板的竖向回路中循环流动（图 1-154）。

- ❖ 立体循环一体化氧化沟的池深可达 8.5 m，便于与其他系统组合，可节省成本和占地面积。只要现有的矩形反应池长度不短于 12.2 m、深度不低于 3.6 m，就可以将其改装为 VLR 系统。

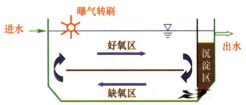

图 1-154 立体循环一体化氧化沟

1.7.3.10 氧化沟工艺总结 一般知识点

工艺技术的先进性提供了专用设备的竞争力，提供了市场保障，专用设备所获得的利润又投入工艺技术的研究开发。如此良性循环，不断推动工艺创新和设备开发的同步发展。

一种新工艺的问世往往伴随着一批专用技术设备投向市场。

◆ **单沟式氧化沟**
推出了曝气转刷和自动调节出水堰门（图 1-155）

图 1-155　曝气转刷

◆ **Carrousel 氧化沟**
推出了立轴式表面曝气器（图 1-156 为其曝气盘）

图 1-156　立轴式表面曝气盘

◆ **Orbal 氧化沟**
推出了转碟表面曝气器（图 1-157 为其曝气盘）

图 1-157　转碟表面曝气盘

针对氧化沟工艺的发展态势，目前，对其的研究应着重于：

1. 制定氧化沟分区设计计算方法，建立合理分区优化供氧，提高脱氮除磷效果，尤其是提高除磷效率；
2. 继续开发研制新型曝气设备，提高氧利用率；
3. 改善曝气充氧和推进水流的关系，完善运行效果和降低能耗；
4. 改进沟渠形式，使运行工艺简单化、集成化、自动化；
5. 开发氧化沟组合工艺，如 AB 工艺型氧化沟、生物膜氧化沟或高负荷氧化沟等工艺，以深入推进其在工业废水处理中的广泛应用。

1.7.4 膜生物反应器（MBR）

1.7.4.1 MBR 的原理与特点 重要知识点

◆ 利用分离效果非常好的**膜分离系统代替二沉池**，其流程对比如图 1-158 所示。

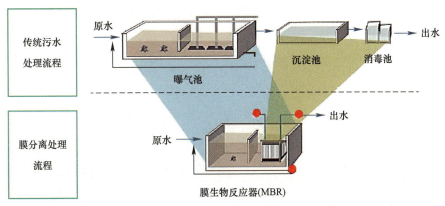

图 1-158　传统污水处理流程与膜分离处理流程对比

主 要 优 点

- **占地面积小**：省二沉池，可维持很高的 MLSS；
- **出水悬浮物（SS）浓度低**：膜的高效截留作用可使反应系统出水的悬浮物浓度极低；
- **SRT 与 HRT 分开**：较短的 HRT 和极长的 SRT，使世代时间长的细菌如硝化菌等在生物反应器内生长，因此脱氮效果较好；
- **处理难降解物质**：污水中的大分子颗粒状难降解物质、可溶性大分子化合物都可被截留，停留较长的时间，最终得以去除；
- **不必担心污泥膨胀**：活性污泥通过膜截留，不用考虑污泥的沉降性能。

主 要 缺 点

- **能耗高**：通常为了控制膜污染，采用底部曝气的方式来抖动膜丝和冲刷膜丝表面，采用的曝气强度要高于曝气池的曝气强度，一般气水比要高于 15；
- **膜易受到污染**：浪费大量清洗液，过程复杂，耗时长（一般在数小时），工作量大；
- **膜具有一定的寿命**：需要定期更换，增加成本；
- **MBR 运行条件影响生物处理工艺的正常运行**：MBR 工艺中活性污泥浓度偏高，长期处于低负荷运行状态，这都将导致活性污泥的老化。

1.7.4.2 MBR 的主要类型 一般知识点

- ◆ **根据生物反应器的状态**：分为好氧膜生物反应器、厌氧膜生物反应器等；
- ◆ **根据应用膜的类型**：超滤膜生物反应器（UF，0.01～0.04 μm）、微滤膜生物反应器（MF，0.1～0.2 μm）、萃取膜生物反应器（具有选择性）；其中，膜的材料可分为陶瓷、醋酸纤维（CA）、聚砜（PS）、聚丙烯腈等；膜的结构也可分为中空纤维、管式、平板式等；
- ◆ **根据生物反应器与膜单元的组合方式**：分为一体式、分离式、隔离式三种膜生物反应器。

一体式膜生物反应器

① 膜组件浸没在生物反应器中。

② 出水需要通过负压抽吸经过膜单元后排出（图 1-159）。

③ **优点**：体积小、整体性强、工作压力小等。

④ **缺点**：膜的表面流速低、易污染、出水不连续等。

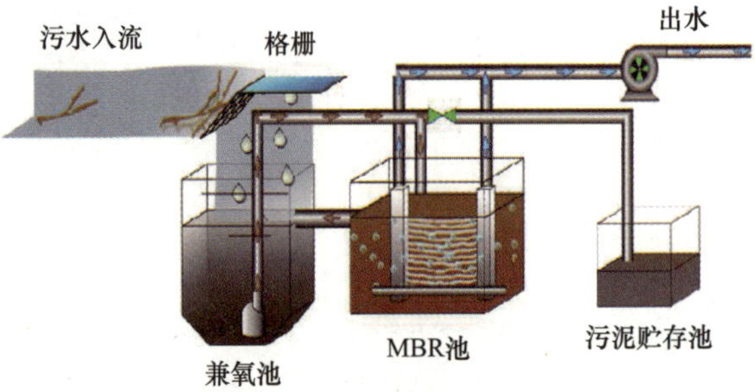

图 1-159　一体式膜生物反应器

分离式膜生物反应器

在分离式膜生物反应器中 **生物反应器与膜单元相对独立**，通过混合液循环泵使得处理水通过膜组件后外排（图 1-160）。

生物反应器与膜分离装置之间的 **相互干扰较小**。

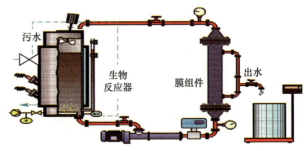

图 1-160　分离式膜生物反应器

隔离式膜生物反应器

采用 **选择性萃取膜**，它能将污水与生物反应器完全隔离开，只容许原污水中的 **目标污染物** 透过，并进入生物反应器被降解，污水中其他有毒有害物质则不能进入生物反应器，这样可提高生物反应器的效能；而污水中的有毒有害物质则可单独通过其他物理化学的方法进行处理。

1.7.4.3　MBR 的工作过程　`一般知识点`

MBR 系统的运行主要包含过滤、反冲洗和正冲洗 3 个工作过程，如图 1-161～图 1-163 所示。

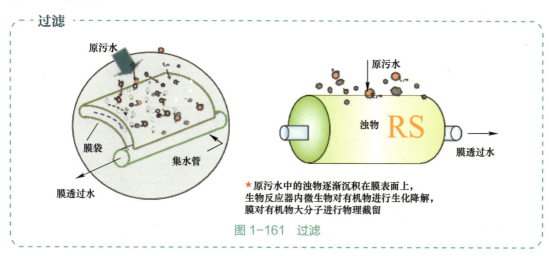

★ 原污水中的浊物逐渐沉积在膜表面上，生物反应器内微生物对有机物进行生化降解，膜对有机物大分子进行物理截留

图 1-161　过滤

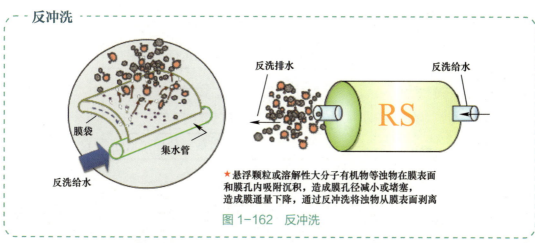

★ 悬浮颗粒或溶解性大分子有机物等浊物在膜表面和膜孔内吸附沉积，造成膜孔径减小或堵塞，造成膜通量下降，通过反冲洗将浊物从膜表面剥离

图 1-162　反冲洗

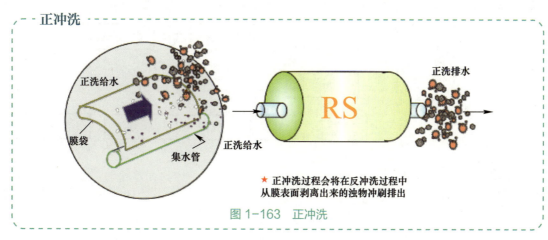

★ 正冲洗过程会将在反冲洗过程中从膜表面剥离出来的浊物冲刷排出

图 1-163　正冲洗

1.8 活性污泥法处理系统的过程控制与运行管理

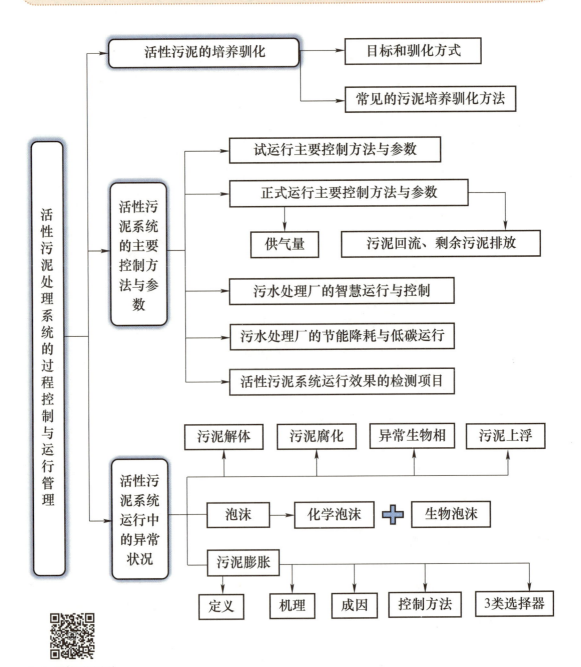

图1-6 活性污泥法处理系统过程控制与运行管理的整体思路

1.8.1 活性污泥的培养驯化

1.8.1.1 活性污泥培养驯化的主要目标和方式

一般知识点

城市污水或工业废水处理系统投产前的首要工作是培养驯化活性污泥，使活性污泥适应所处理污水的特点。

目标：

1. **提高生物量**。保证处理系统中有足够的生物量，来完成降解污染物过程。

2. **适应水质**。使活性污泥适应处理污水的特点，达到高效处理的目的。

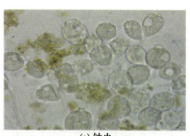
(a) 钟虫

(b) 楯纤虫

图 1-164　活性污泥培养过程中可能出现的微生物

培养驯化方式

活性污泥的培养和驯化方式：

- **异步培驯**　**先培养后驯化**：在投产时可以先用含有多菌种及充足营养物质的粪便水或生活污水培养出足够的活性污泥，然后对其进行驯化。

- **同步培驯**　**培养驯化同时进行**：在培养开始就加入少量待处理污水，过程中逐渐加大比例，使得活性污泥在增长过程中逐渐适应并具有处理能力（图 1-164）。

- **接种培驯**　接种附近污水处理厂的剩余污泥或接种相近水质的污水处理厂剩余污泥；该方法能够提高驯化效果，缩短时间。

条件控制

- 【培养条件】活性污泥需要有菌种和菌种所需要的营养物质。
- 【换水】为补充营养和排除对微生物增长有害的代谢产物，要及时换水，换水方式分为连续换水和间歇换水两种。
- 【补充营养】对于工业废水，如缺乏氮、磷等营养物质，还要及时地将这些物质投加到曝气池。

1.8.1.2 常见的活性污泥培养驯化方法 一般知识点

◆ **间歇培养**

将曝气池注满污水,然后停止进水,开始曝气;

闷曝 2~3 d 后,停曝,静沉 1 h,排走部分上清液;进部分新鲜污水(约占池容的 1/5);

循环进行闷曝、静沉和进水三个过程,每次进水量应比上次有所增加,每次闷曝时间应比上次缩短,即进水次数增加;

经过 15 d 左右(曝气池中的 MLSS 超过 1000 mg/L),可停止闷曝,连续进水连续曝气,并开始污泥回流,最初的回流比不要太大。

◆ **低负荷连续培养**

将曝气池注满污水,然后停止进水,闷曝 1 d。

连续进水连续曝气,进水量控制在设计水量的 1/5 或更低,同时开始回流(回流比取 25% 左右),逐步增加进水量。

至 MLSS 超过 1000 mg/L 时,开始按设计流量进水;

MLSS 至设计值时,开始以设计回流比进行回流,并开始排剩余污泥。

◆ **接种培养**

将曝气池注满污水,然后大量投入其他处理厂的正常污泥,开始满负荷连续培养。

优点:大大缩短了培养时间;

缺点:受实际情况(如运输距离、交通工具等)的制约;

适用范围:一般仅适于小型污水处理厂,大型污水处理厂需要的接种量非常大,运输费用高,经济上不合理。

培养驯化成功的标志

- **沉降**:当混合液 30 min 沉降比达到 15%~20% 时,污泥具有良好的凝聚沉淀性能;
- **生物相**:污泥内含有大量的菌胶团和纤毛虫原生动物,如钟虫、累枝虫、盖纤虫等;
- **生物量**:污泥浓度达到 3000 mg/L;
- **处理效果**:可使 BOD 的去除率达 90%。

满足以上条件,即可认为活性污泥已培养正常。

1.8.2 活性污泥系统的主要控制方法与参数

1.8.2.1 试运行与正式运行阶段的工艺控制措施　一般知识点

活性污泥法处理系统有多种运行方式，在设计中应予以充分考虑，各种运行方式的处理效果，应通过**试运行**阶段加以比较观察，并从中**确定出最佳的运行方式**及其各项参数。

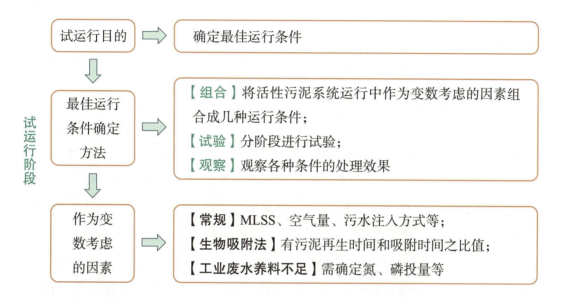

正常运行阶段

【控制目标】使系统内的活性污泥保持较高的活性及稳定合理的数量，从而达到所需的处理水水质。

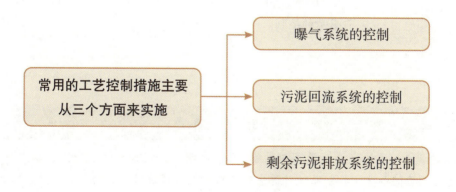

1.8.2.2 曝气系统的控制 〖一般知识点〗

供气量控制方法：
- 恒定曝气量控制
- 最优曝气量控制
- 溶解氧控制
- 与流入污水量成比例控制

恒定曝气量控制	指不管进水量与有机物负荷如何变化，按供气量设定值控制鼓风机风量。实际工程中，一般每天早晚各调节一次气量。
溶解氧控制	在曝气池内设置在线的 DO 浓度检测仪，根据反馈的 DO 检测值，按 DO 的检测值与设定值保持一致来调节供气量，维持 DO 浓度一定。实际工程中，常采用变频控制，即根据设定的曝气池混合液 DO 浓度，使用变频器改变鼓风机转速的方式来进行鼓风机流量的控制。
最优曝气量控制	指将影响供气量的各种因素，如 DO 浓度、微生物量及其活性、氧转移效率与速率、底物去除速率和进水水质等逐一进行分析评价后实施的控制。
与流入污水量成比例控制	指按与进入曝气池污水量成一定的比例来调节供气量，但应随时测定 DO 和出水水质，也可分为控制鼓风机与控制曝气池空气调节阀两种控制。

新 进 展

精确曝气：通过在线仪表实时采集 DO、水量、气量和鼓风机压力、功率等信号，然后通过内置的智能化控制系统计算实时需氧量，再通过控制系统控制鼓风机转速、阀门的开度，动态调整供应气量，使其气水比接近理论值，做到按需供气。精确曝气可以使生物系统运行和出水水质更加稳定，同时比人工控制更加节能降耗。

1.8.2.3 污泥回流系统和剩余污泥排放系统的控制 `一般知识点`

污泥回流量的控制方法

污泥回流量常采用以下几种方法来进行控制。实际工程中的污泥回流泵控制系统及污泥回流泵，如图 1-165 所示。

★ 回流污泥量控制

★ 与进水量成比例控制（即保持回流比 R 恒定）

★ MLSS 浓度控制：调节回流污泥量来保持 MLSS

★ F/M 控制：通过进水负荷进行调节，负荷高就增加回流，提高系统的 MLSS，以维持 F/M 恒定

→ 使曝气池内的悬浮固体（MLSS）浓度保持相对稳定

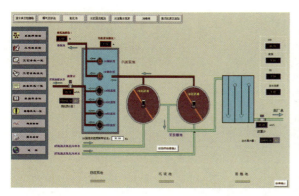

图 1-165 污泥回流泵控制系统

对剩余污泥排放量的调节

◆ 排放的剩余污泥应大致等于污泥增长量，将增长的污泥作为剩余污泥排出（图 1-166）。

◆ 过大或过小，都能使曝气池内的 MLSS 值变动。

● 一般可分为 MLSS 控制、SRT 控制、SV30 控制及 F/M 控制。

● 排泥过程中需经常核算污泥龄（SRT），保证正常的微生物种类及活性。

图 1-166 某污水处理厂剩余污泥泵

1.8.2.4 污水处理厂的智慧运行与控制 一般知识点

智慧污水处理厂是用智能先进的手段"知水、治水、智水",是智慧城市建设重要组成部分。

在水质达标的情况下以物联网、云计算(仿真)、大数据、人工智能、建筑信息模型(BIM)等新一代信息技术为手段,实现生产、运行、维护、调度和服务等全方位、全过程各环节高度信息互通、反应快捷、管理有序的高效节能、绿色环保、环境舒适水厂(图1-167)。

图 1-167 某污水处理厂全景图

智慧污水处理厂 ≠ 全自动污水处理厂 或 无人污水处理厂

智慧水厂关键技术

- **自动化技术**

通过最新的自动化控制技术提升污水处理厂的自动化程度。

- **物联网技术**

实现污水处理厂设备的互联互通,实时感知、获取污水处理厂运行状态。

- **信息物理系统(CPS)技术**

通过信息物理技术,实现信息系统与物理系统的高度集成。

- **人工智能技术**

基于人工智能的机器学习能力,让污水处理厂的运行维护系统学会思考,更加智慧。

- **云计算技术**

通过云计算提升整个水司及污水处理厂的计算能力。

- **大数据技术**

实现海量生产运行数据的采集汇聚和存储分析。

- **BIM 技术**

通过建筑信息建模技术,实现污水处理厂信息的高度数字化与可视化。

1.8.2.5 污水处理厂节能降耗与低碳运行 一般知识点

为实现城市污水处理厂节能降耗、运行优化，在保证出水水质的条件下减少运行费用，提高能源利用率，国内外的研究人员从减少电耗、减少消耗品用量和减少废物产生等三个角度提出了以下解决办法。

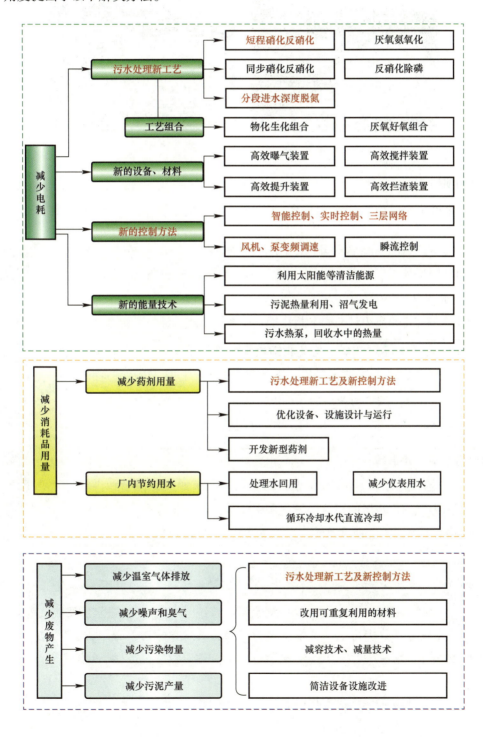

1.8.2.6 活性污泥系统运行效果的检测项目 重要知识点

为了经常保持良好的处理效果,积累经验,需要对曝气池(图 1-168)和二次沉淀池处理情况进行定期检测。

图 1-168 某污水处理厂曝气池

检测项目

一般来说,水样均取混合水样,除个别项目可定期测定外,其他各项应每天测一次。

- 进出水的总 BOD_5、总 COD 和溶解性的 BOD_5、COD
- 进出水的总 SS 和挥发性 SS
- 进出水的有毒物质(对应工业废水水质)

- SS、COD、氨氮、总氮、总磷每天(周期)测一次
- BOD_5、毒物可定期测定

⟹ 反映处理效果

SV、MLSS、MLVSS、SVI、微生物镜检观察等
- 一般 SV 最好 2~4 h 测定一次,至少每班一次,以便及时调节回流污泥量和空气量。微生物观察最好每班一次,以预示污泥异常现象。
- MLSS 每天测一次   ◇ MLVSS 可定期测定

⟹ 反映污泥状态

pH、溶解氧、水温等
- 应及时监测溶解氧、pH 和水温,以便及时调节回流污泥量和供气量。溶解氧、pH、水温的检测应尽量采用仪器进行在线检测。
- 溶解氧、pH、水温在线监测   ◆ 氮、磷可定期测定

⟹ 反映微生物生长的环境条件

记 录 参 数

曝气系统	剩余污泥系统	进水、回流系统
● 曝气设备工作情况	● 剩余污泥的排放规律	● 回流污泥量
● 空气量、电耗	● 剩余污泥量、污泥龄	● 进水量等

如有条件,上述检测项目应尽可能进行自动检测和控制。

1.8.3 活性污泥系统运行中的异常状况

1.8.3.1 污泥解体 一般知识点

定义：活性污泥处理系统的处理水质浑浊，污泥絮凝体微细化，处理效果变坏等为污泥解体现象（图 1-169）。

活性污泥趋向解体到一定程度时会出现的微生物类型（图 1-170）：

图 1-169　解体活性污泥的镜检照片

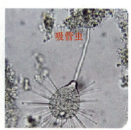

图 1-170　污泥解体后常见的微生物类型
图片来源：https://doc.wtbworld.com。

污泥解体的直接危害表现在出水无法达标排放。若不采取有效手段进行控制，待活性污泥丧失活性后，曝气池将失去其净化功能。表 1-23 总结了活性污泥解体的主要诱因、后果及后续的解决措施。

污泥解体的诱因、后果及解决措施　　　　　表 1-23

诱因	后果	解决措施
混入毒物	微生物受抑制或伤害，失去活性而解体，其净化功能下降或完全停止	考虑是否是新的工业废水混入的结果，需查明来源进行局部处理
有机负荷	污泥过度自身氧化，菌胶团的絮凝性能下降，也会使污泥部分或全部失去活性，进水有机负荷再提高时会失去净化功能，使出水水质急剧恶化	减少风机运转台数或降低表面曝气器转速，或减少曝气池运转个数，只运行部分曝气池
COD、氨氮浓度	COD、氨氮浓度过高，会抑制微生物的活性，降低菌胶团的结合程度	降低进水量或减缓进水速度，也可添加一些适于微生物生长的葡萄糖等营养物质，提高微生物的抗冲击能力。另外，还需提供足够的氧气，以使微生物较快恢复活性
污泥老化	污泥成分发生变化，活性成分减少，无机物含量增加，导致污泥解体	在保证系统代谢正常，出水达标的情况下，增加剩余污泥的排放量，降低泥龄

1.8.3.2 污泥腐化 `一般知识点`

污泥腐化（图1-171）是二沉池污泥长期滞留而厌氧发酵产生 H_2S、CH_4 等气体，致使大块污泥上浮。污泥腐化上浮与污泥脱氮上浮不同，腐化的污泥颜色变黑，并伴有恶臭。此时并不是全部污泥上浮，大部分污泥都能正常地排出或回流，只有沉积在死角长期滞留的污泥才腐化上浮。

图1-171 二沉池表面出现的污泥腐化现象

图片来源：https://mp.weixin.qq.com/s/cqA1lGtwWYV0KYe5jMqtww。

诱发原因

- 曝气量过小使污泥在二沉池缺氧；
- 曝气池污泥生成量大而剩余污泥排放量小，使污泥在二沉池的停留时间过长；
- 重力排泥时二沉池泥斗不合理，使污泥难以下滑；
- 刮吸泥机部分吸泥管不通畅及存在刮不到的死角；
- ……

解决措施

- 排除排泥设备的故障；
- 可通过加大二沉池池底坡度或改进池底刮泥设备，不使污泥滞留于池底；
- 安设不使污泥外溢的浮渣清除设备；
- 清除二沉池内壁或某些死角的污泥，加强排泥；
- 加大污泥回流量；
- 防止其他处理构筑物中腐化污泥的进入；
- ……

1.8.3.3 异常生物相 一般知识点

在工艺控制不当或进水水质水量突变时，会造成生物相异常。在正常运行的传统活性污泥工艺系统中，存在的微型动物绝大部分为钟虫（图 1-172）。认真观察钟虫数量及生物特征的变化，可以有效地预测活性污泥的状态及发展趋势。活性污泥系统运行中常出现的生物相异常状况见表 1-24。

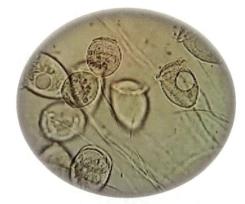

图 1-172　显微镜下的钟虫

活性污泥系统运行中常出现的生物相异常状况　　　　　　表 1-24

DO 过高或过低	在 DO 为 1~3 mg/L 时，钟虫能正常发育。如果 DO 过高或过低，钟虫头部端会突出一个空泡，俗称"头顶气泡"，此时应立即检测 DO 值并予以调整。当 DO 太低时，钟虫将大量死亡，数量锐减
水中含有难降解物质或有毒物质	当进水中含有大量难降解物质或有毒物质时，钟虫体内将积累一些未消化的颗粒，俗称"生物泡"，此时应立即测量活性污泥比耗氧速率（SOUR），检查微生物活性是否正常，并检测进水中是否存在有毒物质，并采取必要措施
进水的 pH 发生突变	当进水的 pH 发生突变，超过正常范围，可观察到钟虫会呈不活跃状态，纤毛停止摆动。此时应立即检测进水的 pH，并采取必要措施

在正常运行的活性污泥处理系统中，还存在一定量的轮虫，其生理特征及数量的变化也具有一定的指示作用（图 1-173）。

例如，当轮虫缩入甲被内时，则指示进水 pH 发生突变；当轮虫数量剧增时，则指示污泥老化，结构松散并解体。

最后需要强调的是，生物相观察只是一种定性方法，缺乏严密性，运行中只能作为理化方法的一种补充手段，而不可作为唯一的工艺监测方式。

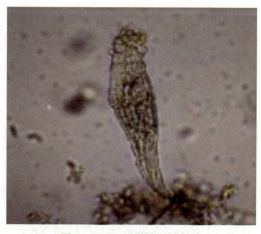

图 1-173　显微镜下的轮虫

1.8.3.4 污泥上浮 一般知识点

> **主要产生机理**
>
> - 【内源反硝化】：若污泥在二沉池内停留时间较长，污泥利用储存的碳源进行内源反硝化产生的氮气附于污泥上，使污泥相对密度降低，整块上浮（图1-174）；
> - 【曝气过度】：使污泥搅拌过于激烈，生成大量小气泡附聚于絮凝体上，使其上浮；
> - 【流入大量脂肪和油类】：也可能引起污泥上浮。

图1-174 生物池表面的污泥上浮现象

其他原因

（1）【进水水质】

由于外界条件（如pH、碱度、温度、进水有机负荷、致毒性底物）的急剧变化，致使污泥失去活性，甚至发生死亡，发生污泥上浮。

（2）【工艺运行】

①具有高度疏水细胞表面的丝状微生物大量繁殖，它们的菌丝中存有气泡，致使污泥上浮；②回流量太大引起的污泥上浮；③池底积泥会引起污泥上浮；④过量投加丝状菌抑制剂也会引起污泥上浮。

解决措施

（1）针对二沉池内的反硝化反应，可增加污泥回流量或及时排除剩余污泥，在污泥内源反硝化之前将剩余污泥排除；

（2）针对曝气过度这一原因，可通过控制曝气池溶解氧浓度的举措解决。一般曝气池的溶解氧控制在2~3 mg/L；

（3）针对大量脂肪和油脂诱导产生的污泥上浮，工作人员应及时判断来源，可通过及时排除、撇清油脂等物质进行控制。

……

1.8.3.5 化学泡沫 一般知识点

化学泡沫是活性污泥法污水处理厂运行中常见的现象。泡沫可在曝气池上堆积很高,并进入二沉池随水流走,产生一系列卫生问题。

化学泡沫多呈乳白色

由污水中的洗涤剂以及一些工业用表面活性剂类物质在曝气的搅拌和吹脱作用下形成(图1-175)。

在活性污泥培养初期,化学泡沫较多,有时在曝气池表面会形成高达几米的泡沫山。这主要是因为初期活性污泥尚未形成,所有产生泡沫的物质在曝气作用下形成了泡沫。随着活性污泥的增多,大量表面活性物质被微生物吸收分解掉,泡沫也会逐渐消失。

图1-175 生物池表面出现的化学泡沫

💣危害

1. 活性污泥调试初期,大量化学泡沫带走接种污泥,延长调试时间;
2. 化学泡沫质轻易积累,时常会在池体表面堆积到1~2 m高,夏季受风吹到处飘散,影响厂区环境质量。

处理方法

化学泡沫处理较容易,可以喷水消泡或投加除沫剂(如机油、煤油等,投量约为0.5~1.5 mg/L)。此外,采用风机机械消泡,也是一种有效措施。

1.8.3.6 生物泡沫 一般知识点

生物泡沫多呈褐色，是由于丝状微生物的异常生长，与气泡、絮体颗粒混合而成的泡沫。具有稳定、持续、较难控制的特点（图1-176）。

◆ 与泡沫有关的微生物大多含有脂类物质，且比水轻，易漂浮到水面；
◆ 与泡沫有关的微生物多呈丝状或枝状，能捕扫微粒和气泡等，并浮到水面；
◆ 曝气气泡产生的气浮作用常常是泡沫形成的主要动力。

图1-176 污水处理厂表面爆发的生物泡沫

💣 **危害**

◆ 清理难

生物泡沫冬天能结冰，清理起来异常困难；

◆ 气味臭

夏天生物泡沫会随风飘荡，产生不良气味；

◆ 传染源

预防医学还认为产生生物泡沫的诺卡氏菌极有可能为人类的病原菌；

◆ 影响充氧

如果采用表面曝气设备，生物泡沫还能阻止正常的曝气充氧，使曝气池混合液中的溶解氧浓度降低；

◆ 干扰运行

生物泡沫还能随排泥过程进入泥区，干扰污泥浓缩池及消化池的运行。

处 理 方 法

生物泡沫处理比较困难，有的污水处理厂曾尝试用加氯、增大排泥、降低SRT等方法，但均不能从根本上解决问题。因此，对生物泡沫的控制要以预防为主。

1.8.3.7 污泥膨胀的概述 [重要知识点]

污泥膨胀也称活性污泥膨胀，主要是指活性污泥沉降性能恶化，SVI 值不断增大，导致活性污泥随二沉池的出水流失，出水水质也恶化，最终破坏正常的处理工艺运行的现象（图 1-177）。

◆ 活性污泥的 SVI 值在 100 左右时，其沉降性能最佳，当 **SVI 值超过 150** 时，预示着活性污泥即将或已经处于膨胀状态，应立即予以重视。

◆ 活性污泥法问世以来，污泥膨胀一直是污水处理厂运行管理与控制中困扰人们的最大难题之一，被称为**"活性污泥法的癌症"**。

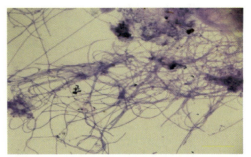
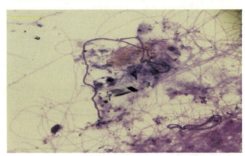

图 1-177　丝状菌革兰氏染色镜检照片

污泥膨胀的特点：

普遍性	发生率极高	危害严重难于控制
在各种类型与变法的活性污泥工艺中都存在不同程度的污泥膨胀问题	欧州各国约有50%，美国约有60%的污水处理厂每年都会发生污泥膨胀，我国的污水处理厂都存在不同程度的污泥膨胀问题	较严重的膨胀不仅会使污泥流失，严重地恶化了出水质量，也大大降低了处理能力，而且一旦发生膨胀难于控制

污泥膨胀的危害：

处理能力降低，MLSS减少	流态更趋于完全混合	出水水质恶化
污泥的结构松散，会使得污泥的沉降性能恶化，从而使得悬浮固体流失，导致系统处理能力降低。	为了维持曝气池内的污泥浓度，必须加大回流比，这不但增加了二沉池负荷，同时也使得流态更趋近于完全混合。	污泥层溢过二沉池的堰板，污泥流失产生较高的COD，增加出水的SS和COD浓度，甚至会导致整个工艺的失败。

1.8.3.8 污泥膨胀的机理 `重要知识点`

污泥膨胀的相关理论及假说见表 1-25。

污泥膨胀的相关理论及假说　　　　表 1-25

分类	主要理论或假说
基于生理学的理论	动力选择理论、代谢选择理论、贮存选择理论、饥饿假说、积累再生假说、一氧化氮假说
基于形态学的理论	骨架理论、比表面积（A/V）假说（扩散选择理论）、消耗-供给速率假说

比表面积（A/V）假说

Pipes 在 1967 年提出了 A/V 假说，认为伸展于菌胶团絮凝体之外的丝状菌的比表面积要大大超过絮凝体的比表面积，当微生物的生长受到底物浓度限制时，表面积大的丝状菌在获取底物和氧化底物所需的氧都比絮凝体更有利，因此丝状菌在与菌胶团的生长竞争中占优势（图 1-178）。

A/V 假说可以很好地解释低负荷、缺乏营养（N 和 P）时容易发生丝状菌污泥膨胀和生物泡沫的现象，但该假说只是定性化的解释，缺少定量化的数据支持。

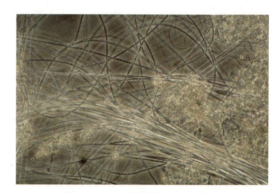

图 1-178　显微镜下的丝状菌

动力选择理论

Chudoba 在 1973 年提出了选择性理论，该理论以微生物生长动力学为基础。根据不同种类微生物具有不同的最大比生长速率，分析丝状菌与菌胶团细菌的竞争情况。不同底物浓度下的菌胶团细菌和丝状菌的选择性竞争关系如图 1-179 所示。

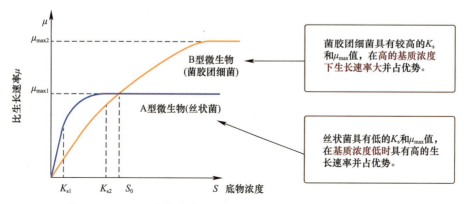

图 1-179　不同底物浓度下的菌胶团细菌和丝状菌的选择性竞争

1.8.3.9 污泥膨胀的成因 重要知识点

大量的运行经验表明以下情况容易发生污泥膨胀

（1）污泥龄过长、有机负荷过低及营养物不足；
（2）混合液中溶解氧浓度太低；
（3）氮、磷含量不平衡的污水；
（4）高 pH 或低 pH 污水；
（5）含有有毒物质的污水；
（6）腐化或早期消化的污水，硫化氢含量高的污水；
（7）缺乏一些微量元素的污水；
（8）曝气池混合液受到冲击负荷；
（9）碳水化合物含量高或可溶性有机物含量多的废水；
（10）高有机负荷，且缺氧情况下的污水；
（11）水温过高或过低；
……

污泥膨胀成因分析（图 1-180）

污水成分
- 易降解性有机底物浓度高；
- 含硫或早期消化废水；
- 氮磷等营养物质比例失衡；
- 工业废水更容易发生膨胀。

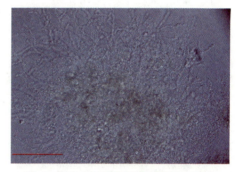

图 1-180 非丝状菌膨胀的镜检照片

流态及工艺
- 实际运行经验表明，完全混合式曝气池容易导致污泥膨胀而推流式曝气池在正常运行条件下不易发生污泥膨胀。

负荷及溶解氧
- 负荷：曝气池内基质浓度较低时，丝状菌容易获得较高的增长效率，容易产生污泥膨胀，低负荷较高负荷更易产生污泥膨胀。
- 溶解氧：低溶解氧条件下，大部分好氧菌的生长繁殖受到影响，丝状菌与菌胶团细菌相比容易获得相对较高的增长效率，从而使污泥膨胀易于发生。

温度及 pH
- 温度：丝状菌污泥膨胀对温度具有一定的敏感性。相关研究表明，在其他条件等同的情况下，10℃时产生严重的污泥膨胀现象；将反应器温度提高到 22℃，不再产生污泥膨胀。
- pH：根据实验运行经验，若曝气池内的 pH 长期低于 6.0，活性污泥中的丝状菌会生长成为优势菌，从而导致污泥发生丝状菌污泥膨胀。

1.8.3.10　污泥膨胀的控制方法　一般知识点

丝状菌污泥膨胀的控制方法基本可以分为**两大类：**

1. 采用物理、化学方法投加某种物质增加污泥絮体的相对密度或杀灭丝状菌来控制污泥膨胀；
2. 从污泥膨胀成因出发，根据微生物的代谢机制，调控微生物的生长环境来控制丝状菌污泥膨胀。

1 加重活性污泥（助沉法）

- 将原污水中的可沉淀固体混入活性污泥絮体中，提高污泥的沉降性能；投加铁盐、铝盐等混凝剂提高活性污泥的密实性来增加污泥的相对密度；
- 投加高岭土、碳酸钙、硫酸矾土、氢氧化钙、山梨酸钾等增重剂以及并用氯化钾和氯化钠等；
- 添加玉米芯粉末（CCF）和二价金属离子滑石粉等助凝剂。

破坏丝状微生物（灭菌法）

- 投加化学药剂：氯气、次氯酸钠、漂白粉、臭氧和过氧化氢等，可杀灭大多数丝状菌；
- 缺点：投加强氧化剂破坏了其他的生物群落（主要是硝化菌和原生动物），从而恶化了出水水质。投加氧化剂只能作为一种应急措施。

2 调整运行工况

- 因 DO 低导致的膨胀，可增加供氧来解决；
- 因 pH 太低导致的膨胀可调节进水水质或加强上游污水排放的管理；
- 因污水"腐化"产生的膨胀，可通过增加预曝气来解决；
- 因营养物质缺乏导致的膨胀，可投加营养物质；
- 因低负荷导致的膨胀，可适当提高污泥负荷；
- 因冲击负荷频繁导致的膨胀，可增设调节池。

3 采用可控制污泥膨胀的工艺

- 在曝气池中形成底物的浓度梯度：将完全混合式曝气池分成多格以推流方式运行而不改变其他任何试验条件时，则不出现丝状菌。格间中形成底物浓度梯度，对污泥结构有良好的影响。

采用生物选择器

- 在曝气池中形成一种有利于菌胶团细菌生长的生态环境，选择性地发展菌胶团细菌，应用生物竞争机制抑制丝状菌的过度繁殖，从而达到防止和控制污泥膨胀的目的。

1.8.3.11 控制污泥膨胀的 3 类选择器 `重要知识点`

生物选择器是个混合池，使进入曝气池的污水先与回流活性污泥充分混合，在好氧、厌氧或缺氧的条件下停留一段时间，形成有利于菌胶团细菌生长的环境条件，应用生物竞争机制抑制丝状菌的过度生长和繁殖。

好氧选择器——动力学选择型选择器

◆ 提供 DO 适宜、底物充足的高负荷区，让菌胶团细菌优先利用有机物，形成优势，从而抑制丝状菌过量繁殖。

◆ 易降解有机底物很大一部分被菌胶团细菌贮存（大多数的贮存能力要强过丝状菌），使菌胶团细菌在与丝状菌的竞争中占优势。

设计选择器时：① 选择器需要分格设置，一般多采用 4~6 格；② 尽量提高选择器第一格的 F/M，形成 F/M 梯度；③ 另外，还要控制选择器的水力停留时间，一般为 10~15 min。

缺氧选择器（设置反硝化区）——代谢型选择器

原理：在缺氧条件下，部分菌胶团细菌（反硝化菌）能利用选择器内的硝酸盐作为电子受体氧化有机物，进行生长繁殖，而丝状菌（如球衣菌）没有这个功能。

A/O 工艺（图 1-181）在好氧段前设置缺氧段，使得丝状菌在选择器（缺氧区）的增殖速率远远落后于菌胶团细菌，没有获得竞争优势，从而抑制了丝状菌膨胀。

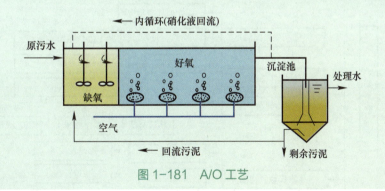

图 1-181 A/O 工艺

厌氧选择器

◆ 属于代谢型选择器，绝大部分丝状菌绝对好氧，在绝对厌氧状态下将受到抑制，绝大部分菌胶团细菌兼性厌氧，继续增殖。

◆ 但应注意厌氧选择器的设置会增大产生与硫代谢相关的丝状菌诱发污泥膨胀的可能性（菌胶团细菌的厌氧代谢产生的硫化氢为丝状菌的繁殖提供条件），故厌氧选择器的水力停留时间不宜过长。

第 2 章　生物膜法

【主线】生物膜法的整体思路

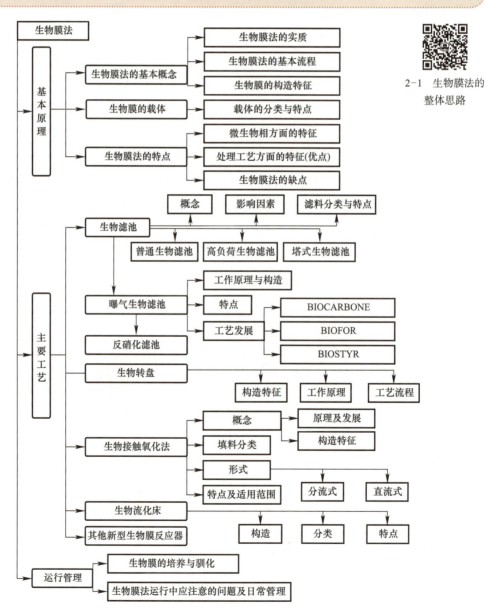

2-1　生物膜法的整体思路

2.1 生物膜法的基本概念

2.1.1 生物膜法的基本原理 一般知识点

生物膜（biofilm）法的实质

生物膜法和活性污泥法都是利用微生物来处理污水的方法，两者是平行发展起来的污水处理工艺。

微生物和原生、后生动物附着在滤料或某些载体上生长繁育，形成膜状生物聚集体——生物膜，如图 2-1、图 2-2 所示。

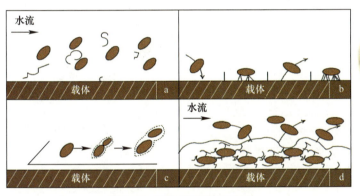

图 2-1 生物膜的形成过程

图 2-2 生物膜形成前（上）后（下）的滤料表面

净化机理概述

污水与生物膜接触，膜上的微生物摄取污水中污染物作为营养，进行繁衍增殖，同时污水得到净化。

生物膜的形成及其净化过程：

1. **接触**：污水与生物膜接触，进行固、液相物质交换。
2. **降解**：膜内微生物对污染物进行降解，净化污水。
3. **生长**：生物膜聚集的微生物不断生长与繁殖。

性能良好生物膜的形成及其生长
——实现污水有效处理的前提
——附着生长生物处理系统的关键

2.1.2 生物膜法的基本流程 <重要知识点>

污水经初沉池后进入生物膜反应器，经好氧降解去除污染物后，通过二沉池沉淀分离脱落的生物膜后排出（图2-3）。

初沉池作用： 去除大部分悬浮固体物质，防止生物膜反应器堵塞，尤其对孔隙小的填料是必要的

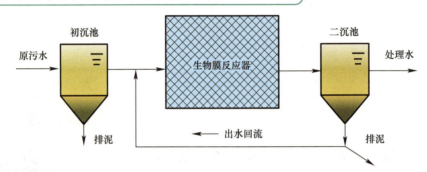

出水回流作用： 稀释进水有机物和提高水力负荷，加大冲刷，更新生物膜，避免生物膜过量累积，从而维持良好活性和合适的膜厚度

二沉池作用： 去除脱落生物膜，提高出水水质

图 2-3 生物膜法的基本流程

图2-4所示为生物膜反应器的发展沿革。

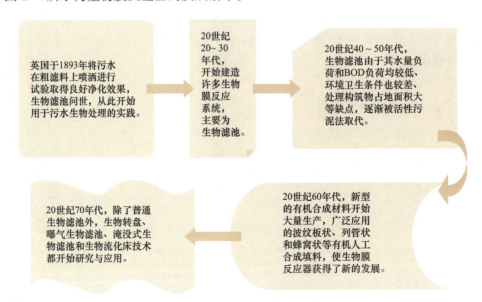

图 2-4 生物膜法的发展沿革

2.1.3 生物膜的构造与原理 重要知识点

生物膜的构造（图 2-5）

◆【流动水层】流动的污水包含丰富的有机质、溶解氧；

◆【附着水层】生物膜是高度亲水的物质，当污水不断在其表面更新的条件下，其外侧总是存在着一层附着水层；

◆【生物膜】微生物高度密集的物质；

组成：膜的表面和一定深度的内部生长繁殖着大量各种类型的微生物和微型动物；

形成食物链：污染物—细菌—原生动物（后生动物）。

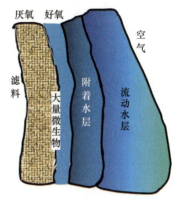

图 2-5 附着在滤料上的生物膜构造（剖面图）

生物膜的原理（图 2-6 为生物膜净化污水的反应过程）

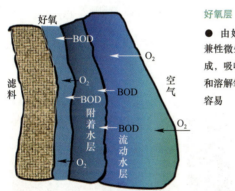

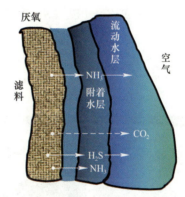

图 2-6 生物膜净化污水的反应过程

传递与传质

◆【氧】空气中的氧溶解于流动水层，通过附着水层传递给生物膜，供微生物呼吸。

◆【底物】污水中有机污染物由流动水层传递给附着水层，然后进入生物膜而被降解。

◆【产物】微生物的代谢产物通过附着水层进入流动水层，并随其排走，而 CO_2 和厌氧层分解产物如 H_2S、NH_3 以及 CH_4 等气态代谢产物则从流动水层逸出进入空气中。

2.1.4 生物膜载体的分类与特点 一般知识点

污水生物处理中所使用的载体材料有无机和有机两大类。

无机类载体

◆【种类】包括砂子、碳酸盐类、各种玻璃材料、沸石类、陶瓷类、碳纤维（图2-7）、矿渣、活性炭等；

◆【优点】机械强度高，化学性质相对稳定，可提供较大的比表面积；

◆【缺点】密度较大，使其在悬浮生物膜反应器中的应用受到限制。

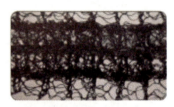
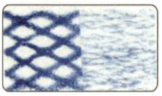

图 2-7 典型的无机载体

有机类载体

有机类载体（图2-8）是生物膜法中使用的主要载体材料

◆【材质】主要有PVC、PE、PS、PP、各类树脂、塑料、纤维以及明胶等。

◆【应用范围】有机高分子类载体适用于悬浮状态完全混合反应器工艺（生物流化床、生物移动床等）；塑料类载体多适用于固定床（普通生物滤池）或混合型（如生物接解氧化）工艺。

图 2-8 典型的有机载体

选择生物膜载体的基本原则

【机械强度】能够抵抗强烈的水流剪切力的作用；

【稳定性】生物、化学、热力学稳定性都较好；

【亲疏水性及表面带电特性】通常pH=7左右时，微生物表面带负电，而载体为带正电的材料时，有利于生物体与载体之间的结合；

【毒性或抑制性】应选择无毒、无抑制性的材料作为载体；

【物理性状】不同载体的形态、相对密度、孔隙率和比表面积不同，应根据实际情况选择；

【价格】尽量就地取材，选择价格合理的材料。

2.1.5 生物膜法的优缺点 重要知识点

微生物相方面

- 生物膜中微生物种类多样；生物膜上以细菌生长为主，虽然可能出现大量丝状菌，但不会发生污泥膨胀。线虫类、轮虫类以及寡毛虫类的微型动物出现的频率也较高；
- 生物的食物链长；在生物膜上能够栖息高营养水平的生物，形成的食物链要长于活性污泥上的食物链；
- 生物固体平均停留时间（污泥龄）较长，因此在生物膜上能够生长世代时间较长的微生物，如硝化菌等；
- 分段运行与优势菌属；多分段进行，每段都繁衍与进入本段污水水质相适应的微生物，并形成优势菌属。

处理工艺方面

- 耐冲击负荷，对水质、水量变动有较强的适应性；若有一段时间中断进水或工艺遭到破坏，对生物膜的净化功能也不会造成致命的影响，通水后恢复较快；
- 微生物量多，处理能力大、净化功能强；
- 污泥沉降性能良好，脱落下来的生物膜易于沉降分离；
- 能够处理低浓度的污水；可处理 BOD_5 为 20~30 mg/L 的污水，使其出水 BOD_5 降至 5~10 mg/L，而活性污泥法却不适宜处理低浓度污水，若原污水 BOD_5 长期低于 50mg/L，将影响活性污泥絮凝体形成和增长，净化功能降低；
- 易于运行管理、节能，无污泥膨胀问题。

生物膜法的不足

（1）与活性污泥法相比，生物膜法更易受到传质的限制。一般认为，2~3 mg/L 的溶解氧浓度对大多数活性污泥法已经足够，但是生物膜法在该溶解氧浓度下可能受到限制；

（2）需较多的填料和支撑结构，基建投资超过活性污泥法；

（3）生物膜法处理污水的 BOD 浓度不宜过高，通常在 30~50 mg/L。过高的 BOD 浓度导致生物膜过快生长，容易引起系统堵塞。而活性污泥法可处理较高 BOD 浓度的污水，去除效果也更好；

（4）生物膜法的活性生物量较难控制，运行灵活性差。出水携带脱落的生物膜，非活性细小悬浮物分散在水中使处理水的澄清度降低。

2.2 生物滤池

2.2.1 生物滤池的概念 一般知识点

生物滤池是以土壤自净原理为依据，在污水灌溉的实践基础上，经较原始的间歇砂滤池和接触池发展起来的人工生物滤池处理技术。生物滤池是生物膜反应器的最初形式，已有百余年的发展史（图2-9）。

常见的生物滤池包括普通生物滤池、高负荷生物滤池、塔式生物滤池及曝气生物滤池。生物滤池的工作原理如图2-10所示。

图 2-9 典型的生物滤池

图片来源：https://www.sohu.com/a/469759184_121063070.

工作原理

①污水通过布水器均匀分布在滤池表面，在重力作用下以滴状喷洒下落；

②一部分被吸附于滤料表面，成为呈薄膜状的附着水层

③另一部分则以薄膜的形式渗流过滤料，成为流动水层

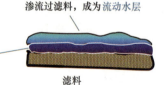

滤料

④污水流过滤床时，滤料截留了污水中的悬浮物，同时把胶体和溶解性物质吸附在表面，有机物被微生物利用以生长繁殖，逐渐形成了生物膜

⑤生物膜成熟后，栖息在生物膜上的微生物即摄取污水中的有机物作为营养，进行吸附氧化作用，因而污水在通过生物滤池时能得到净化

⑥当生物膜较厚、污水中有机物浓度较大时，空气中的氧将很快被表层的生物膜所消耗；靠近滤料一层生物膜因得不到充足氧的供应而使厌氧生物发展起来，形成厌氧层

图 2-10 生物滤池的工作原理

影响生物滤池的主要因素

生物滤池中同时发生着：

（1）有机物在污水和生物膜中的传质过程。

（2）有机物的好氧和厌氧代谢过程。

（3）氧在污水和生物膜中的传质过程。

（4）生物膜的生长和脱落过程。

2.2.2 普通生物滤池 一般知识点

普通生物滤池又名滴滤池（Trickling filter），是生物滤池早期出现的类型，即第一代生物滤池（图 2-11～图 2-13）。

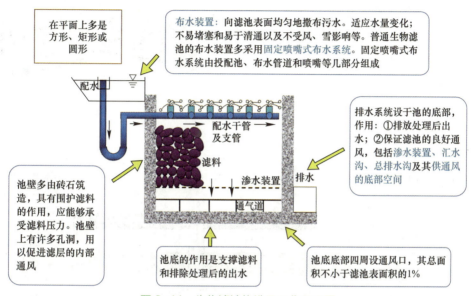

图 2-11 生物滤池构造及工作原理图

图 2-12 生物滤池滤床系统

图 2-13 脉冲式生物滤池配水系统

普通生物滤池负荷低，水力负荷只有 1～4 $m^3/[m^2（滤池）\cdot d]$，BOD_5 污泥负荷也仅为 0.1～0.4 $kg/[m^3（滤池）\cdot d]$。一般适用于处理每日污水量**不高于 1000 m^3** 的小城镇污水或有机性工业废水。

优点

易于管理、节省能源、运行稳定、剩余污泥少且易于沉降分离等。

缺点

占地面积大、不适合处理水量大的污水；滤料易于堵塞；滤池表面生物膜积累过多，易于产生滤池蝇，恶化环境卫生；喷嘴喷洒污水，散发臭味。

2.2.3 高负荷生物滤池 一般知识点

构造特征

高负荷生物滤池是生物滤池的第二代工艺，在构造上，与普通生物滤池略有不同。

高负荷生物滤池（图 2-14）在平面上多为圆形。如使用粒状滤料，其粒径较大，空隙率较高。滤料层高一般为 2.0 m。

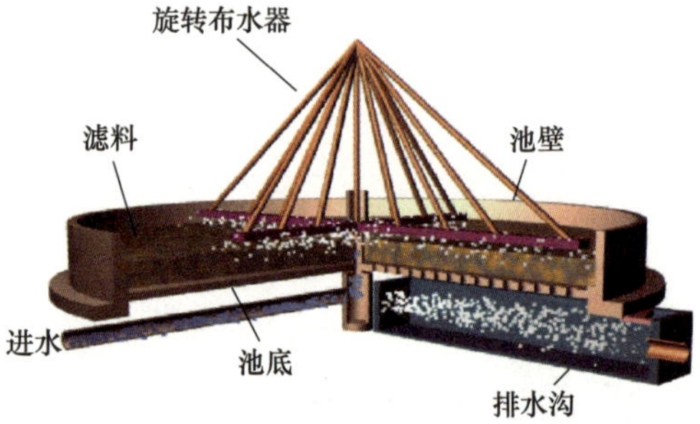

高负荷生物滤池多使用旋转布水器（图 2-15）。

图 2-14 高负荷生物滤池的内部构造

◆ 工艺特征

大幅度地提高了滤池的负荷率，其 BOD_5 容积负荷率高出普通生物滤池的 6~8 倍，高达 0.5~2.5 kg/[m^3（滤池）·d]。

◆ 供氧方式

氧在自然条件下，通过池内、外空气的流通转移到污水中，并通过污水扩散传递到生物膜内部。

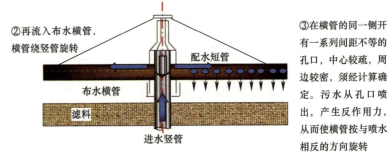

图 2-15 高负荷生物滤池的旋转布水器

高负荷滤池的特点

优点：
- 采用污水回流，增加进水量，稀释进水浓度，冲刷生物膜使其常保活性，且防止滤料堵塞，抑制臭味及滤池蝇的过度滋生。
- 增大滤料直径，以防止迅速增长的生物膜堵塞滤料。
- 水力负荷和 BOD_5 容积负荷大大提高。
- 占地面积小，卫生条件较好。

缺点：
- 出水较普通生物滤池差，出水 BOD_5 大于 30 mg/L，不硝化；
- 二沉池污泥呈褐色，氧化不充分，易腐化。

适用范围：适宜于处理浓度和流量变化较大的污水。

2.2.4 塔式生物滤池 一般知识点

◆ 塔式生物滤池是在生物滤池的基础上，参照化学工业中的填料洗涤塔方式发展而来的一种新型高负荷生物滤池。

◆ **构造特征**：在平面上塔式生物滤池多呈圆形。在构造上由塔身、滤料、布水系统以及通风和排水装置所组成（图 2-16）。

工艺特征

塔式生物滤池内部通风情况良好，污水从上向下滴落，水流紊动强烈，污水、空气、滤料上的生物膜三者接触充分，充氧效果良好，污染物质传质速度快（图 2-17）。

◆ **高负荷率**

◆ 水力负荷、BOD_5 容积负荷率高，生物膜生长迅速。

◆ 高水力负荷率使生物膜不断脱落、更新，生物膜能保持较好的活性。

◆ **滤层内部的分层**

◆ 在各层生长繁育着种属各异，但适应流至该层污水特征的微生物种群。

◆ 分层特征，使其能够承受较高的有机污染物冲击负荷。

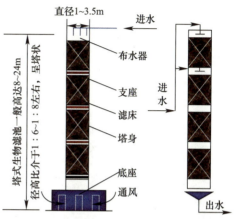

图 2-16 塔式生物滤池的构造特征

图 2-17 塔式生物滤池

适用条件与优缺点

适用条件

适于处理水量小的城市污水，一般不超过 1 万 m^3/d，也可处理各种有机工业废水。在一些有可资利用地形的城镇污水处理中具有一定优势。

优点：

◆ 可大大缩小占地面积。

◆ 对水质水量适应性强，受冲击负荷影响的只是上层滤料生物膜，能较快恢复正常。

缺点：

◆ 在地形平坦处需要的污水抽升费用较大。

◆ 池高使得运行管理不太方便。

2.2.5 生物滤池的影响因素 一般知识点

污水处理过程中影响生物滤池处理性能的主要因素包括负荷、滤池高度、供氧和回流设备等。

1. 负荷

生物滤池的负荷是一个集中反映生物滤池工作性能的参数，主要有水力负荷和有机负荷两种。

水力负荷	有机负荷
◇ 定义：单位面积的滤池或单位体积滤料每日处理的污水量；	◇ 定义：指单位时间供给单位体积滤料的有机物量；
◇ 单位：m^3（污水）/ $[m^2$（或 m^3）（滤池）·d]；	◇ 单位：kg（BOD_5）/ $[m^3$（滤料）·d]；
◇ 意义：表征滤池的接触时间和水流的冲刷能力；	◇ 意义：一定滤料具有一定比表面积，滤料体积可间接表示生物膜面积和生物数量，故有机负荷实质上表征了 F/M；
◇ 水力负荷太大则流量大，接触时间短，净化效果差；	◇ 有机负荷不能超过生物膜的分解能力，否则出水水质将相应有所下降。
◇ 水力负荷太小则滤料不能得到完全利用，冲刷作用小。	

2. 供氧

供氧是生物膜正常工作的必要条件，也有利于排除代谢产物。

◆ 在生物滤池中，微生物所需的氧一般来自大气，靠自然通风供给。

◆ 影响滤池自然通风的主要因素是自然拔风和风力；自然拔风的推动力是池内外的气温差以及滤池高度。温差越大，滤池内气流推动力越大，通风量也就越大。

3. 滤池高度

① 滤床的上层和下层相比，生物膜量、微生物种类和去除有机物的速率均不相同。② 滤床上层，污水中有机物浓度较高，微生物繁殖速率高，种属较低级，以细菌为主，生物膜量较多，有机物去除速率较高。③ 随着滤床深度增加，微生物从低级趋向高级，种类逐渐增多，生物膜量从多到少。

4. 回流设备

在高负荷生物滤池的运行中，多用处理水回流，其优点是：增大水力负荷，促进生物膜脱落，防止堵塞及滋生蚊蝇；可稀释污水，降低有机物浓度；可向生物滤池连续接种，促进生物膜的生长；增加进水溶解氧，减少臭味。但缺点是：缩短了污水的停留时间；降低进水的有机物浓度，降低传质和有机物的去除率；冬天使池中水温降低；增加能耗，增加运行费用。

2.2.6 生物滤池的滤料 一般知识点

滤料是滤池中生物膜的载体，同时兼有截留悬浮物质的作用，直接影响生物滤池的处理效果，滤料的粒径和系统处理效果、运行周期长短有显著关系。粒径越小，处理效果越好，但因其孔隙小容易堵塞，使运行周期缩短或反冲洗水量增加，给运行管理带来麻烦。表 2-1 总结了污水处理中理想滤料的特性。

理想滤料的特性　　　　　　　　　　　表 2-1

表面积	能为微生物附着提供大量的表面积
水力学特性	能使污水以液膜状态流过生物膜
孔隙率	有足够的孔隙率，保证通风和使脱落的生物膜能随水流出滤池
稳定性	不被微生物分解，也不抑制微生物生长，有良好的生物化学稳定性
机械强度	有一定机械强度
经济性	价格低廉

分类

◆ 根据采用原料，可分为无机滤料和有机高分子滤料。

◆ 根据滤料密度，可分为上浮式滤料和沉没式滤料。

◆ 无机滤料一般为沉没式滤料，有机高分子滤料一般为上浮式滤料。

◆ 常见的无机滤料有陶粒、火山岩、石英砂、活性炭和膨胀黏土等，有机高分子滤料有聚苯乙烯、聚氯乙烯及聚丙烯等。

典型生物滤料的特点：

◆ **火山岩滤料**：具有比表面积大、化学稳定性好、水流阻力小、表面粗糙、**挂膜快、反冲洗时微生物膜不易脱落**等特点（图 2-18）。

图 2-18　火山岩滤料

◆ **膨胀黏土**：采用黏土为原材料，加入适当的化工原料作为膨胀剂，经高温烧制而成。具有**强度大**、比表面积大、化学稳定性好、密度适宜、**生物附着性强**等特点。

◆ **陶粒**：具有**质量轻、强度高、隔热**等特点。陶粒滤料层孔隙分布均匀，表面孔径为适合微生物生长的中孔和大孔，克服了滤料层孔隙分布不均匀带来的水头损失大、易堵塞等问题（图 2-19）。

图 2-19　陶粒滤料

2.2.7 曝气生物滤池

2.2.7.1 曝气生物滤池的概述 重要知识点

工艺概述

曝气生物滤池（Biological Aerated Filter，简称 BAF）是集生物降解、固液分离于一体的污水处理工艺。如果将 BAF 的涵义扩展为生物活性滤池（Biological Active Filters），可将缺氧条件下运行的反硝化滤池包括在内。

【构造】污水从滤池上部流入，下向流出。在滤池的中下部设曝气管（一般距底部 25~40 cm 处）进行曝气，可采用石英砂砾等滤料（图 2-20）。实验室及中试规模的曝气生物滤池如图 2-21 和图 2-22 所示。

【反冲洗】滤料表面逐渐截留 SS 并生长生物膜，水头损失逐渐增加，达到设计值后，需反冲洗。一般采用气水联合反冲洗，底部设反冲洗气、水装置。

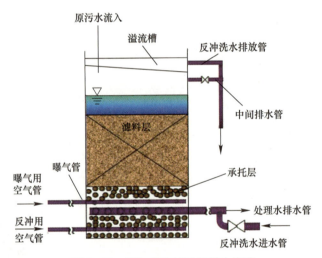

图 2-20 曝气生物滤池的基本构造

【特点】BAF 中的滤料作为生物生长的载体也起到过滤的作用，通过反冲洗再生，去掉 BAF 内积累的固体物质，实现滤池的周期运行，可不设二次沉淀池。

图 2-21 实验室规模的曝气生物滤池

图 2-22 中试规模的曝气生物滤池

2.2.7.2 曝气生物滤池的特点 `重要知识点`

曝气生物滤池主要分为三种（图 2-23），分别为 BIOCARBONE（滤料淹没型下向流 BAF）、BIOFOR（生物氧化过滤反应器）、BIOSTYR（轻质滤料生物滤池）。其主要特点如下：

1. 氧的传输效率很高，曝气量小，供氧动力消耗低

由于滤料比表面积大，对气泡产生切割和阻挡，加大了气液接触面积，氧的利用效率可达 20%～30%，曝气量明显低于一般生物处理法。

2. 占地面积小，基建投资省

◆ 滤池之后不设二次沉淀池，可省去二沉池的占地和投资；

◆ 由于采用的滤料粒径较小，比表面积大，生物量高，再加上反冲洗可有效更新生物膜，保持生物膜的高活性，这样就可在较短的时间内对污水进行快速净化；

◆ 水力负荷、容积负荷大大高于传统污水处理工艺，停留时间短（每级 0.5～0.66 h），因此所需生物处理面积和体积都很小，节约了占地和投资。

3. 出水水质较好

由于滤料本身截留及表面生物膜的生物絮凝作用，滤池出水的 SS 可以低于 10 mg/L。因周期性反冲洗，生物膜得以有效更新，表现为生物膜较薄，活性很高，并具有脱氮的效果。

4. 抗冲击负荷能力强，耐低温

国外运行经验表明，曝气生物滤池可在正常负荷 2～3 倍的短期冲击负荷下运行，其出水水质变化很小。

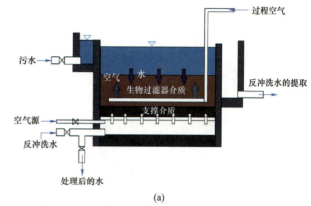
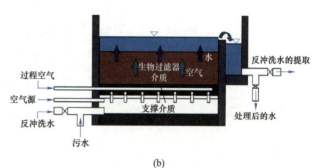
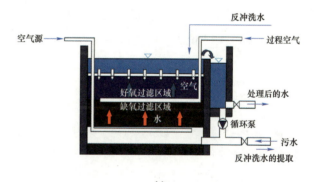

图 2-23 曝气生物滤池

（a）下向流，重介质（BIOCARBONE）；（b）上向流，重介质（BIOFOR）；（c）上升流，浮动介质（BIOSTYR）

2.2.7.3 曝气生物滤池的发展 BIOCARBONE 一般知识点

BIOCARBONE 【滤料淹没型下向流 BAF】

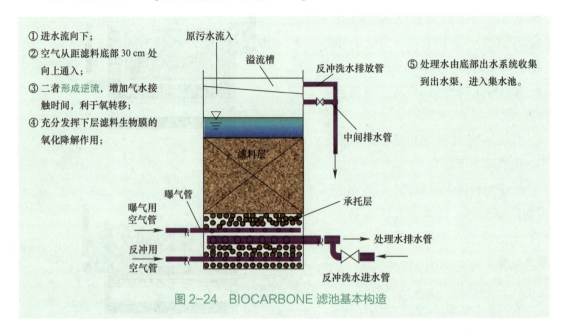

图 2-24 BIOCARBONE 滤池基本构造

> ◇ 由于滤料粒径小，比表面积大，使池中容纳着大量微生物，提高了整个曝气生物滤池的储污能力，延长反冲周期。

> ◇ 随着生物量和滤料中截留杂质的增加，滤料中水头损失增大，水位上升，此时需对滤料进行反冲洗，反冲洗水通过排水管回流到一级处理设施。

◆ 一般要求生物滤床进水悬浮物（SS）浓度在 50 mg/L 以下。污水进入生物滤床前，为了减少污水中的悬浮物需预处理。如果进水的悬浮物浓度过高，将频繁地更新生物滤床和增加冲洗次数。

◆ 将其应用于二级处理时，常规的初沉池很难保证进水悬浮物浓度在 50 mg/L 以下。为防堵，最好与一级强化处理相结合。

◆ 将其应用于三级处理时，进水悬浮物浓度一般不会影响生物滤床的效率。

【特点】：BIOCARBONE 属早期曝气生物滤池（图 2-24），其缺点是水力负荷低，且大量被截留的悬浮物集中在滤池上端几十厘米处，此处水头损失占整个滤池水头损失的绝大部分，滤池运行后期滤层内会出现负水头现象，进而引起沟流。

2.2.7.4 曝气生物滤池的发展 BIOFOR 【一般知识点】

BIOFOR（生物氧化过滤反应器）【滤料淹没型上向流 BAF】

法国 Degremont 公司开发的 BIOFOR 在一定程度上克服了 BIOCARBONE 容易堵塞和短流的缺点。

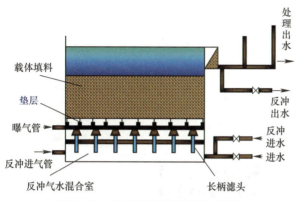

运行时一般采用上向流，污水从底部进入气水混合室，经长柄滤头配水后通过垫层进入滤料层，同时曝气管供气，在此进行 BOD、COD、氨氮、SS 的去除。

BIOFOR 工艺流程是一种组合方式，既可串联又可并联。图 2-25 为其基本构造，图 2-26 为工艺流程。

图 2-25　BIOFOR 滤池的基本构造

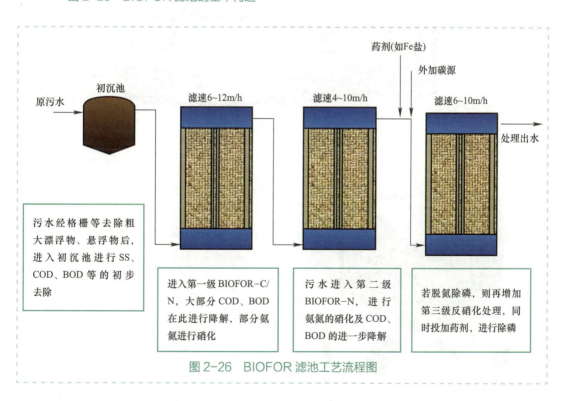

图 2-26　BIOFOR 滤池工艺流程图

缺点

上向流操作在空气和水的流速过高时，滤料膨胀会释放污泥，同向反冲洗由于污泥被分散到整个滤床，增加了反冲洗难度，使启动熟化期长。

2.2.7.5 曝气生物滤池的发展 BIOSTYR 一般知识点

BIOSTYR（轻质滤料生物滤池）【滤料漂浮型上向流 BAF】

法国 OTV 公司的注册工艺，由于采用了新型轻质悬浮填料——Biostyrene（主要成分聚苯乙烯且密度小于 1.0 g/cm³）而得名，硝化和反硝化反应在同一个反应池完成，其曝气管将滤床分隔为下部缺/厌氧区和上部好氧区，协同硝化液的内回流，可以实现脱氮除磷。图 2-27 所示为其基本构造，图 2-28 所示为其滤池单元立体图。

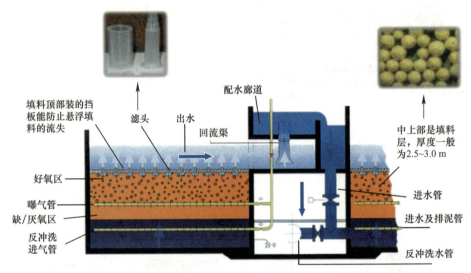

图 2-27 BIOSTYR 滤池的基本构造

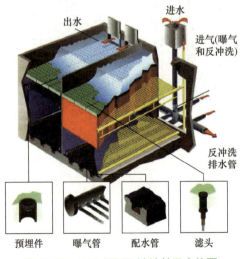

图 2-28 BIOSTYR 滤池单元立体图

与一般的 BAF 工艺不同之处是其滤头设在池子的上部，在上部挡板上均匀安装有出水滤头。

★ 重力反冲洗：

挡板上部空间用作反冲洗的储水区，其高度根据反冲洗水头而定，取消了反冲洗水泵；

该区设有回流泵用以将滤池出水抽送至配水廊道，继而回流到滤池底部实现反硝化。

2.2.8 反硝化滤池 一般知识点

反硝化滤池（DNBF）常用的构造形式如图 2-29 和图 2-30 所示。

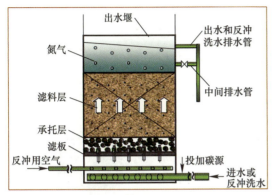

图 2-29 上流式反硝化滤池

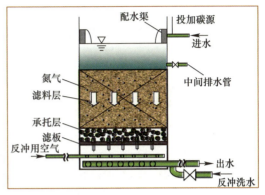

图 2-30 下流式反硝化滤池

◆ **反硝化深床滤池：**

❖ 系统结合了反硝化与深床过滤，具有生物脱氮及过滤的综合性功能。滤料不易流失且脱氮效率高、运行稳定、占地面积小、投资和运行成本低。但是存在池底滤砖冲刷不彻底、滤砖堵塞等问题（图 2-31）。

◆ **活性砂滤池：**

❖ 系统集混凝、澄清、过滤为一体。采用升流式流动床过滤和单一均质滤料，过滤与洗砂同时进行，能够 24 小时连续运行，巧妙的提砂和洗砂结构代替了传统大功率反冲洗系统，能耗极低（图 2-32）。

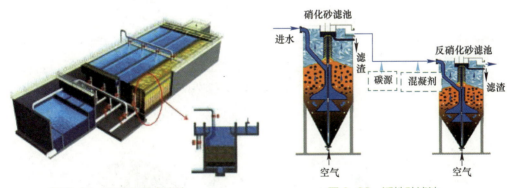

图 2-31 反硝化深床滤池　　　　图 2-32 活性砂滤池

反硝化滤池稳定运行的关键问题

- 硝酸盐和有机物在生物膜中的传质过程——滤池结构要求布水布气均匀。
- 有机物、硝酸盐的缺氧反硝化过程——合理的投加碳源。
- 通过生物膜的脱落更新，保证滤池正常运行——优化控制反冲洗。

2.3 生物转盘

2.3.1 生物转盘的构造 一般知识点

◆ 生物转盘（Rotating Biological Contactor，RBC）又称浸没式生物滤池，它由许多平行排列浸没在一个水槽（氧化槽）中的塑料圆盘（盘片）组成（图2-33）。

❖ 由盘片、接触反应器、转轴及驱动装置所组成（图2-34）。

❖ 盘片串联成组，中心贯以转轴，转轴两端安设在半圆形接触反应槽两端的支座上（图2-35）。

接触反应槽应呈与盘材外形基本吻合的半圆形，各部位尺寸和长度，应根据转盘直径和轴长决定，盘片边缘与槽内面应留有不小于100 mm 的间距。槽底应考虑设有放空管，槽的两侧面设有进出水设备，多采用锯齿形溢流堰。

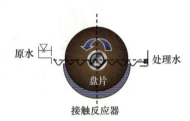

图 2-33 生物转盘的基本构造

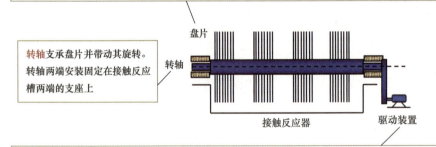

形状一般为圆形平板。近年来为了加大盘片的表面积，开始采用正多角形和表面呈同心圆状波纹或放射状波纹的盘片

转轴支承盘片并带动其旋转。转轴两端安装固定在接触反应槽两端的支座上

驱动装置包括动力设备、减速装置以及传动链条等。对大型转盘，一台转盘设一套驱动装置，对于中、小型转盘，可由一套驱动装置带动3～4级转盘转动

图 2-34 生物转盘构造原理图

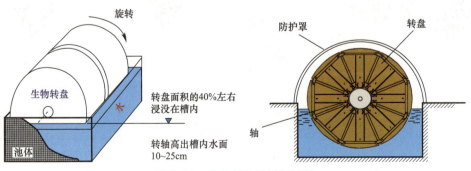

图 2-35 生物转盘及其剖面图

2.3.2 生物转盘的原理 一般知识点

◆ 生物转盘以较低的线速度在接触反应槽内转动。接触反应槽内充满污水，转盘交替地与空气和污水相接触（图 2-36）。

经过一段时间后，在转盘上**附着**一层栖息着大量微生物的**生物膜**。微生物的**种属组成逐渐稳定**，污水中的有机物为生物膜所吸附降解。实际工程中的生物转盘如图 2-38 所示。

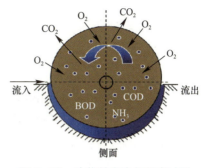

图 2-36 生物转盘净化反应过程

反应过程

◇ 转盘转动离开水面与空气接触。
◇ 通过附着水层从空气中吸收氧，并将其传递到生物膜和污水中。
◇ 生物膜与污水以及空气之间，除有机物与 O_2 的传递，还进行 CO_2、NH_3 等的传递（图 2-37）。

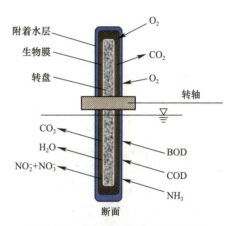

图 2-37 生物转盘物质传递示意图

图 2-38 实际工程中的生物转盘

生物膜的生长与剥落

◇ 在处理过程中，盘片上的生物膜不断地生长、增厚。
◇ 系统中过剩的生物膜靠盘片在污水中旋转时产生的剪切力剥落下来。
◇ 剥落的破碎生物膜在二次沉淀池内被截留。

2.3.3 生物转盘的工艺流程 　一般知识点

生物转盘的工艺流程如图 2-39 所示。

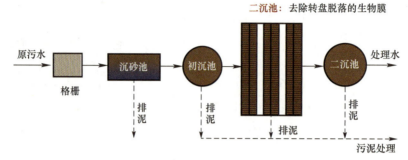

图 2-39　生物转盘处理系统的基本工艺流程

生物转盘宜于采用多级处理方式

◇ 处理同一种污水，如盘片面积不变，分多级串联运行，能提高出水水质。

◇ 第一级盘片上生物膜最厚，后几级盘片上生物膜逐渐变薄。

根据转盘和盘片布置形式，分为**单轴单级**、**单轴多级**和**多轴多级**等，如图 2-40 所示。

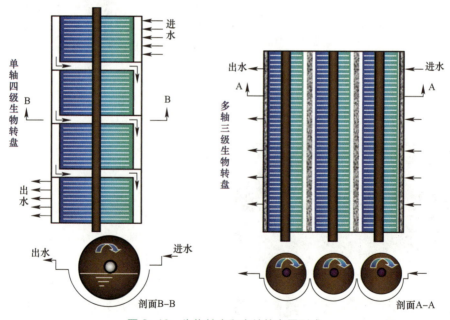

图 2-40　生物转盘和盘片的布置形式

设计时应特别注意第一级，它承受高负荷，如供氧不足，可能形成厌氧状态。

分级的依据

- 水质
- 水量
- 应达到的处理程度
- 现场条件等

2.4 生物接触氧化法

2.4.1 生物接触氧化法的原理及发展 `重要知识点`

◆ **定义**

生物接触氧化池亦称淹没式生物滤池（Submerged Biofilm Reactor），由生物滤池和接触曝气氧化池演变而来（图2-41）。

◆ 该工艺介于活性污泥法与生物滤池两者之间，是具有活性污泥法特点的生物膜法，在一定意义上兼有两者的优点。

● **方式**

池内充填一定密度的填料，从池下通入空气曝气，污水浸没全部填料并与填料上的生物膜广泛接触；生物接触氧化池属于固定床生物膜反应器。

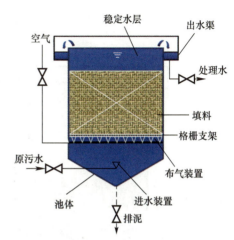

图2-41 生物接触氧化池

● **原理**

微生物降解有机物获得能量并增殖，污水得到净化。

● **生物接触氧化法的发展沿革**

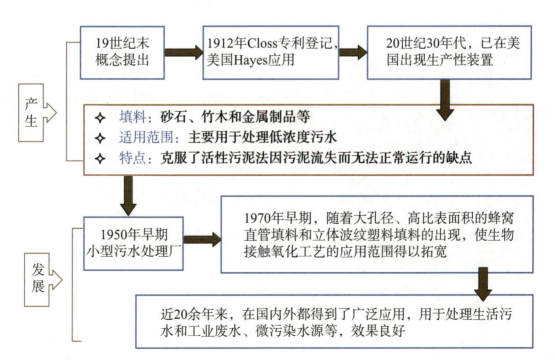

2.4.2 生物接触氧化池的构造 　一般知识点

构造：

由池体、填料、支架及曝气装置、进出水装置以及排泥管道等组成；池体平面上多呈圆形、矩形或方形，用钢板焊接制成或用钢筋混凝土浇筑砌成（图2-42）。

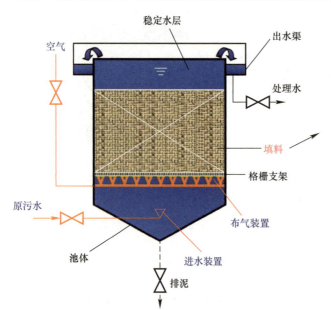

◆ 进水装置一般布置在池底。

◆ 布气装置根据工艺形式的不同可以布置在池底、池子中心、侧面或全池。

填料的作用
- ◆ 微生物栖息的场所，生物膜的载体。
- ◆ 截留悬浮物质。
- ◆ 填料特性直接影响处理效果。
- ◆ 填料费用在系统建设费用中占较大比例。

图2-42　生物接触氧化池的基本构造

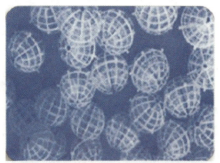

图2-43　生物接触氧化池常用的填料类型

填料分类方式：

◇ 按形状

分为蜂窝状、筒状、波纹状、盾状、圆环辐射状、不规则粒状以及球状等（图2-43）。

◇ 按性状

有硬性、半软性、软性等。

◇ 按材质

有塑料、玻璃钢、纤维等。

填料选择原则：

- ◇ 比表面积大、空隙率大。
- ◇ 水力阻力小。
- ◇ 强度大、能经久耐用。
- ◇ 化学和生物稳定性好。

2.4.3 不同种类的生物接触氧化法填料 一般知识点

1. 蜂窝状填料

【优点】
- 比表面积大，空隙率高。
- 质轻但强度高。
- 管壁光滑无死角，衰老生物膜易于脱落等（图2-44）。

图2-44 蜂窝状填料

【缺点】
- 蜂窝孔径与BOD_5污泥负荷不相适应时，生物膜生长与脱落失去平衡，填料易于堵塞；
- 曝气方式不适宜时，蜂窝管内的流速难以达到均一流速等。

2. 波纹板状填料

我国采用的波纹板状填料（图2-45），是以英国"Flocor"填料为基础，用硬聚氯乙烯平板和波纹板相隔粘接而成。

【优点】
- 孔径大，不易堵塞。
- 结构简单，可单片保存，现场粘合，便于运输、安装。
- 质轻强度高，防腐性能好。

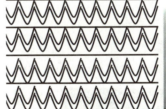

图2-45 波纹板状填料

3. 软性纤维状填料

用尼龙、维纶、涤纶、腈纶等化纤编结、成束并用中心绳连结而成（图2-46）。

【优点】比表面积大、质量轻、强度高、物理、化学性能稳定、运输方便、组装容易等。

【缺点】易于结块，并在结块中心形成厌氧状态。

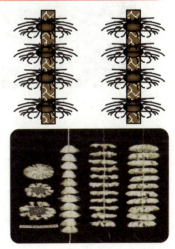

图2-46 常见的软性纤维状填料

4. 半软性填料

特点

◇ 既有一定的刚性，也有一定的柔性（图2-47）。

◇ 具有良好的传质效果，对有机物去除效果好。

◇ 耐腐蚀、不堵塞、易于安装。

图2-47 变性聚乙烯塑料制成的半软性填料

5. 不规则粒状填料、碳纤维填料

早期使用至今仍在沿用的填料，如砂粒、碎石、无烟煤、焦炭以及矿渣等，粒径一般几毫米到数十毫米，碳纤维填料如图2-48所示。

【优点】表面粗糙、易于挂膜、截留悬浮物的能力较强、易于就地取材、价格便宜。

【缺点】水流阻力大，易于产生堵塞现象。

图2-48 新型的三维立体网状碳纤维填料

6. 盾形填料

由纤维束和中心绳组成，而纤维束由纤维及支架所组成，支架上留有孔洞，可通水、气（图2-49）。中心绳中间嵌套塑料管，用以固定距离及支承纤维束。

图2-49 常见的盾形填料

7. 球形填料

【形状】呈球状，直径不一，在球体内设多个呈规律或不规律的空间和小室，使其在水中能够保持动态平衡（图2-50）。

【特点】便于充填，但要防止其向出口处集结的现象。

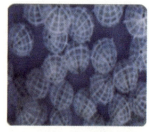

图2-50 SQC型丝球形悬浮填料

2.4.4 生物接触氧化池的形式 `一般知识点`

生物接触氧化池按曝气装置的位置，可分为**分流式**与**直流式**；国外多采用分流式，国内一般多采用直流式的接触氧化池。

标准分流式接触氧化池

- ◆ 污水在单独隔间内充氧。
- ◆ 充氧后污水缓缓地流经另一隔间的填料，与生物膜充分接触。
- ◆ 外循环使污水反复地通过**充氧**与**接触**两个过程，有利于微生物生长（图 2-51）。

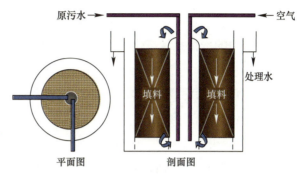

图 2-51　标准分流式接触氧化池

特点

1. 填料间水流缓慢，冲刷力小，**生物膜更新慢**。
2. 生物膜逐渐增厚易形成厌氧层，**产生堵塞**。
3. 高 BOD_5 污泥负荷率下不宜采用。

分流式单侧曝气型接触氧化池

- ◆ 填料设在池的一侧，另一侧为曝气区，原污水经曝气充氧流经填料。
- ◆ 污水反复在填料区和曝气区循环往复。
- ◆ 处理水沿设于曝气区外侧的间隙上升进入沉淀池（图 2-52）。

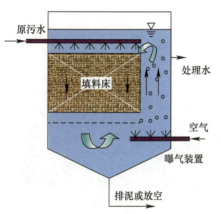

图 2-52　分流式单侧曝气型接触氧化池

鼓风曝气直流式接触氧化池

- ◆ **特点**：直接在填料底部曝气，在填料上产生上向流，生物膜受到气流的冲击、搅动，**加速脱落、更新**，使生物膜经常保持较高的活性，避免堵塞。上升气流不断地与填料撞击，使气泡破碎，直径减小，增加了气泡与污水的接触面积，**提高了氧的转移率**（图 2-53）。

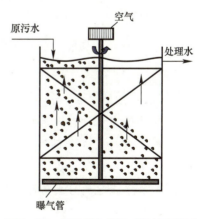

图 2-53　鼓风曝气直流式接触氧化池

2.4.5 生物接触氧化法的特点与适用范围 一般知识点

在运行方面

◆ 操作简单

运行方便、易于维护管理，无需污泥回流；实际工程中的生物接触氧化池如图 2-54、图 2-55 所示。

◆ 不发生污泥膨胀现象，也不产生滤池蝇。

◆ 污泥生成量少，污泥颗粒较大，易于沉淀。

◆ 抗冲击负荷

对冲击负荷有较强的适应能力，间歇运行仍能保持良好的处理效果，对排水不均匀的企业，更具有实际意义。

图 2-54　实际工程中的生物接触氧化池

图片来源：https://mp.weixin.qq.com/s/3VDlrhwy0SxMt-aBnqN1Vg.

在工艺方面

◆ 使用多种形式的填料，填料表面布满生物膜，微生物丰富，能生长氧化能力较强的球衣菌属的丝状菌。正是由于丝状菌的大量滋生，形成一个呈立体结构的密集的生物网，污水在其中通过，起到类似"过滤"的作用，提高净化效果。

◆ 通过曝气，在池内形成液、固、气三相共存体系，有利于氧的转移，适于微生物存活增殖，使池内保持较高浓度的活性生物量。

图 2-55　采用波纹板填料的生物接触氧化池

图片来源：https://mp.weixin.qq.com/s/3VDlrhwy0SxMt-aBnqN1Vg.

在功能方面

具有多种净化功能，可去除有机污染物，如运行得当可脱氮，可作为三级处理技术。

缺　点

- 去除有机污染物效率不如活性污泥法高，工程造价也较高。
- 如设计或运行不当，填料可能堵塞。
- 布水、曝气不易均匀，可能在局部出现死角。
- 大量产生的后生动物易造成生物膜瞬时大量脱落，影响出水水质。

2.5 生物流化床

2.5.1 生物流化床的构造 　一般知识点

生物流化床（Biological Fluidized Bed）是以**砂、活性炭、焦炭**等较小惰性颗粒为载体充填在床体内，因载体表面覆盖着生物膜而使其质变轻，污水以一定流速从下而上流动，**使载体处于流化状态**。

生物流化床由床体、载体、布水装置、充氧装置和脱膜装置等组成（图2-56）。

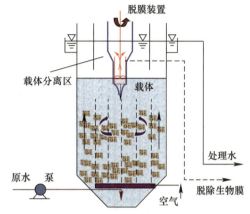

图 2-56　生物流化床的基本构造

床体

平面多呈圆形，由钢板焊制，需要时也可以由钢筋混凝土浇筑砌制。

载体

石英砂、无烟煤、焦炭、颗粒活性炭、聚苯乙烯球等。

布水装置

均匀布水是流化床能够发挥正常功能的重要环节（图2-57），特别是对液动流化床（二相流化床）更为重要。布水装置又是填料的承托层，在停水时，载体不流失，并易于再次启动。

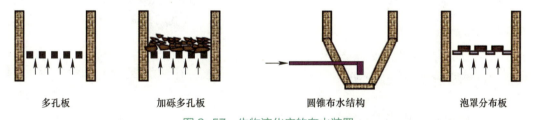

图 2-57　生物流化床的布水装置

脱膜装置

及时脱除老化的生物膜，使生物膜经常保持一定的活性，是生物流化床维持正常净化功能的重要环节。

脱膜装置（图2-58）主要用于液动流化床，可单独另行设立，也可设在流化床的上部。

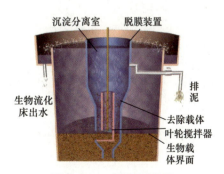

图 2-58　叶轮脱膜装置

2.5.2 生物流化床的分类

◆ **液流动力流化床（二相流化床）** 一般知识点

以液流（污水）为动力使载体流化，在流化床内只有污水（液相）与载体（固相）相接触（图 2-59）。

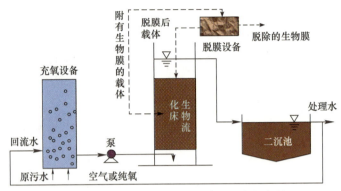

图 2-59 液流动力流化床（二相流化床）

◆ **气流动力流化床（三相流化床）**

❖ 以气体为动力使载体流化，液、气、固相三相相互接触。

❖ 空气由输送混合管的底部进入，在管内形成气、液、固混合体，空气起到扬水作用，混合液上升，气、液、固三相间产生强烈的混合与搅拌作用（图 2-60）。

载体之间产生强烈的摩擦作用，外层生物膜脱落，输送混合管起到脱膜作用。

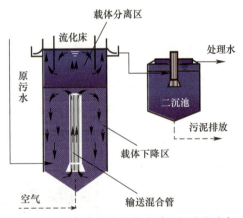

图 2-60 气流动力流化床（三相流化床）

◆ **机械搅拌流化床（悬浮粒子生物膜处理工艺）**

❖ 结构：分反应室与固液分离室两部分，中央接近于处理水底部安装有叶片搅拌机，由电机驱动，带动载体转动，使其呈流化悬浮状态（图 2-61）。

❖ 载体：粒径为 0.1~0.4 mm 的砂、焦炭或活性炭，粒径小于一般载体。

❖ 充氧：采用普通的空气扩散装置。

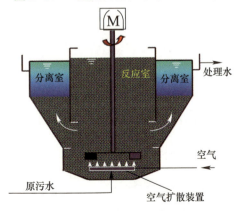

图 2-61 机械搅拌流化床
（悬浮粒子生物膜处理工艺）

2.5.3 生物流化床的特点 一般知识点

生物流化床具备悬浮生长法的一些特征,实际工程中的高效内循环流化床如图 2-63 和图 2-65 所示。

生物膜随载体颗粒在水中呈悬浮状态。

反应器中同时存在或多或少的游离生物膜和菌胶团,生物流化床内挂膜前后的活性炭载体颗粒如图 2-62 所示。

图 2-62 生物流化床内挂膜前(左)后(右)的活性炭载体颗粒

从本质上讲,生物流化床是一类既有固定生长法特征又有悬浮生长法特征的反应器,在微生物浓度、传质条件、生化反应速率等方面有一些优点。

◆ **生物量大,容积负荷高**

小粒径固体颗粒作载体,为微生物提供巨大的表面积,使微生物浓度可达 4～10 g/L,容积负荷可达 3～6 kg/($m^3 \cdot d$),甚至更高。

◆ **微生物活性高**

由于不断相互碰撞和摩擦,生物膜厚度较薄,一般在 0.2 μm 以下,且较均匀。在相同条件下,生物膜呼吸率约为活性污泥的两倍,微生物活性较强,故流化床负荷较高。

图 2-63 高效内循环流化床

◆ **传质效果好**

流态化为反应器创造了良好的传质条件,气—固—液界面不断更新,氧与基质的传递速率均明显提高,有利于污染物吸附降解,加快反应速率(图 2-64)。

对于像食品、酿造废水这类可生化性较好的工业废水,生化反应速率较快,在传质上的优势体现明显。

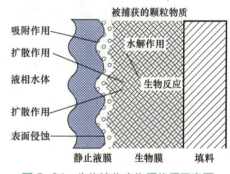

图 2-64 生物流化床物质传质示意图

◆ **反应器容积小及占地面积小,节省投资**

仅相当于传统活性污泥曝气池的 70% 和 50%。

缺点

❖ 运转费用相对较高,主要缘于载体流化的动力消耗。
❖ 普及程度远不及活性污泥法、生物接触氧化法。

图 2-65 高效内循环流化床(4组)

2.6 其他新型生物膜反应器

2.6.1 移动床生物膜反应器 重要知识点

工艺原理

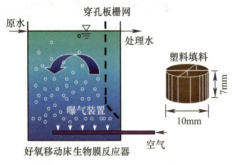

图 2-66 移动床生物膜反应器

将密度接近于水、可悬浮载体填料投加到曝气池中作为微生物生长载体,填料通过曝气作用可与污水充分接触,微生物处于气、液、固三相生长环境中,此时载体内厌氧菌或兼性厌氧菌大量生长,外部则为好氧菌,每个载体均形成一个微型反应器,使硝化反应和反硝化反应同时存在(图 2-66)。

在稳态运行条件下,当反应器承受较高的有机负荷时,表现出良好的有机物去除速率。

特点

◆ **填料特点**:填料多为聚乙烯、聚丙烯及其改性材料等制成,相对密度接近于水,以圆柱状和球状为主,易于挂膜,不结团、不堵塞、脱膜容易。移动床生物膜反应器(MBBR)中常用的塑料填料如图 2-67 所示。

  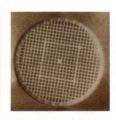 

图 2-67 MBBR 常用的塑料填料

◆ **良好的脱氮能力**:填料上形成好氧、缺氧和厌氧环境,硝化和反硝化反应能够在一个反应器内发生,对氨氮的去除具有良好的效果。

◆ **去除有机物效果好**:反应器内污泥浓度较高,污泥浓度一般为普通活性污泥法的 5~10 倍,可高达 30~40 g/L。提高了对有机物的处理效率,同时耐冲击负荷能力强。

◆ **易于维护管理**:曝气池内无需设置填料支架,对填料以及池底的曝气装置的维护方便,同时能够节省投资及占地面积。

缺点:① 反应器中的填料依靠曝气和水流的提升作用处于流化状态,在实际工程中,容易出现局部填料堆积的现象;② 反应器出水往往设置栅板或格网以避免填料流失,但容易造成堵塞。

适用范围:适用于小型污水处理厂或超负荷运转活性污泥处理系统的改造。

2.6.2 序批式生物膜反应器 一般知识点

序批式生物膜反应器（Sequencing Biofilm Batch Reactor，简称 SBBR）。

根据填料形式和工艺运行模式的不同，SBBR 工艺一般分为 3 类：① 序批式流动床生物膜反应器，也叫流动填料式（图 2-68a）。② 序批式固定床生物膜反应器，又叫固定填料式（图 2-68b）。③ 序批式微孔膜生物反应器，又称为微孔膜式（图 2-68c）。

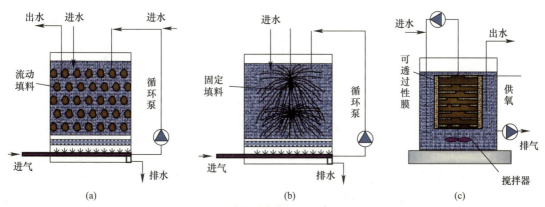

图 2-68　不同填料和运行模式的序批式生物膜反应器
（a）流动填料式；（b）固定填料式；（c）微孔膜式

载体有软纤维填料、聚乙烯填料和活性炭等。在净化功能方面，该工艺可用于脱氮除磷和去除难降解有机物，并具有更强的抗冲击负荷能力等。

特点

在 SBR 中引入生物膜，兼具 2 种反应器的优点。

◆ **工艺过程稳定**，间歇式的运行方式使生物膜内外层的微生物达到了最大的生长速率和最好的活性状态，提高了系统对水质水量的应变能力，增强了系统的抗冲击负荷能力。

◆ **不需要污泥回流**，因而不需要经常调整污泥量和污泥排出量，易于维护管理，不需设搅拌器，能耗小，运行费用较低。

◆ **生物量多而复杂、剩余污泥量少，动力消耗少**。生物膜固定在填料表面，生物相多样化，硝化菌能够栖息生长，故 SBBR 法具有很强的脱氮能力。

◆ SBBR 单位体积的生物量可高达活性污泥法的 5～20 倍，具有较大的处理能力。

◆ 但是随着填料的增加，反而会影响氧气的传递，降低反应器中的溶解氧，因此，SBBR 法中必须注意填料量的选择。

2.6.3 复合式生物膜反应器 `一般知识点`

◆ **工艺原理**

将传统的活性污泥法与生物膜法（如接触氧化法）进行有机结合的一种 新型高效的污水处理工艺。充分发挥活性污泥法和生物膜法的优越性，使之扬长避短，相互补充（图2-69）。

❖ 在活性污泥曝气池中投加（如粉末活性炭、无烟煤、多孔泡沫塑料等）载体，在悬浮MLSS的基础上，可固定的MLSS达2～19 g/L，提高了生物量。

❖ 活性污泥和生物膜 共同去除 污染物。

❖ 生物膜的 厚度 很大程度上取决于曝气强度或由曝气引起的水力剪切力。

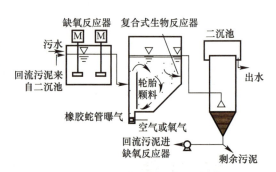

图2-69 缺氧－复合式生物反应器组合反应系统

图片来源：赵庆良，黄汝常. 复合式生物膜反应器中生物膜的特性［J］. 环境污染与防治，2000（01）：4-7. DOI:10.15985/j.cnki.1001-3865.2000.01.002.

2.6.4 附着与悬浮生长联合处理工艺 `一般知识点`

活性生物滤池（ABF）

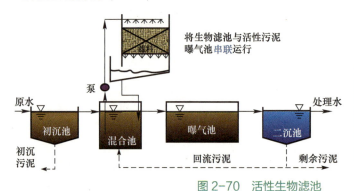

图2-70 活性生物滤池

特点：将生物滤池的部分出水回流，汇同二沉池的回流污泥一起进入生物滤池（图2-70）。

普通生物滤池/活性污泥（TF/AS）工艺

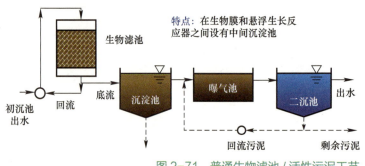

图2-71 普通生物滤池/活性污泥工艺

特点：在生物膜和悬浮生长反应器之间设有中间沉淀池

在生物膜反应器底流进入悬浮生长反应器之前，中间沉淀池去除脱落的生物膜污泥（图2-71）。

2.7 生物膜系统的培养驯化和运行管理

2.7.1 生物膜系统的培养驯化 一般知识点

> 生物膜培养常称为**挂膜**
> 菌种来源：挂膜菌种多采用**生活污水**、粪便水和活性污泥混合液。

固定特异菌种

- ◆ 附着生长适宜于特殊菌种的生存，故挂膜也可用纯培养的特异菌种菌液。
- ◆ 特异菌种可单独使用，也可同活性污泥混合使用。
- ◆ 因特异菌种比一般自然筛选的微生物更适宜于污水环境，故在混合使用时，仍可保持特异菌种在生物相中的优势。

挂膜方法一：闭路循环法

- ◆ 使菌液和营养液从设备的一端流入（或从顶部喷淋下来），从另一端流出，将流出液收集在一水槽内；
- ◆ 槽内不断曝气，使污泥处于悬浮状态；
- ◆ 曝气一段时间后，进入分离池进行沉淀（0.5～1 h）；
- ◆ 适当添加营养物或菌液，再回流入生物膜反应器，如此形成一个闭路系统；
- ◆ 直到发现载体上长有黏状污泥，即开始连续注入污水。

挂膜方法二：连续法

- ◆ 特点：营养物供应良好，只需控制挂膜液的流速，以保证微生物的吸附；
- ◆ 挂膜时的水力负荷约为正常运行的50%～70%。待挂膜完成后再逐步提高水力负荷至满负荷；
- ◆ 注意事项：为尽量缩短挂膜时间，应保证具有适宜细菌生长的pH、温度、营养比等。

驯化

- ◆ 在挂膜过程中，应经常采样进行显微镜检验，观察生物相的变化；
- ◆ 挂膜后应对生物膜进行驯化，使之适应所处理城镇或工业废水的环境；
- ◆ 驯化后，系统即可进入试运行，摸索生物膜反应设备的最佳工作运行条件，并在最佳条件转入正常运行。

2.7.2 生物膜系统的运行管理

生物膜法运行中应注意的问题

◆ 防止生物膜过厚

❖ 产生原因

负荷过高，使生物膜增长过多过厚。

❖ 解决的办法

①加大回流量，借助水力冲脱过厚的生物膜；②二级滤池串联，交替进水；③低频加水，使布水器转速减慢。

◆ 减少出水悬浮物浓度

❖ 产生原因

生物膜系统在正常运行条件下，生物膜中微生物会不断增长繁殖，使膜逐渐增厚，并最终脱落，随出水进入二沉池。

❖ 注意事项

在设计生物膜系统二沉池时，表面负荷小一些，在必要时，可投加低剂量的絮凝剂，以减少悬浮物，提高处理效果。

◆ 维持较高的 DO

❖ 原因

① 曝气池内溶解氧小于 4 mg/L 时，处理效率可能会大幅度下降；② 适当地提高 DO，可减少厌氧层厚度，增大好氧层比例，提高活性；③ 剪切力有助于老化生物膜脱落，使生物膜厚度不致过厚，并防止堵塞；④ 加大气量后，强化扩散，改善系统内传质条件比活性污泥系统差的缺点。

❖ 缺点

① 无限制地加大曝气量，增加曝气电耗；② 冲击力使附近生物膜过量脱落。

生物膜法的日常管理

生物膜法的操作简单，只要控制好进水量、浓度、温度及营养（N、P）等，处理效果一般较稳定，微生物生长情况良好。在污水水质变化、形成冲击负荷情况下，出水水质恶化，但很快就能恢复。

> 在正常运转过程中，除了应测定有关物理、化学参数外，还应对不同厚度、级数的生物膜进行微生物检验，观察分层及分级现象。

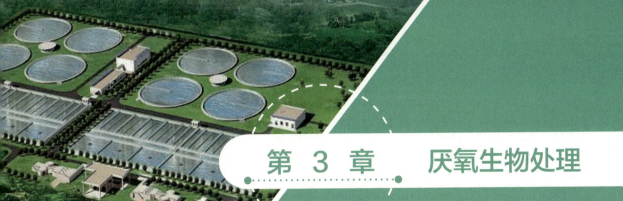

第 3 章　厌氧生物处理

【主线】厌氧生物处理的整体思路

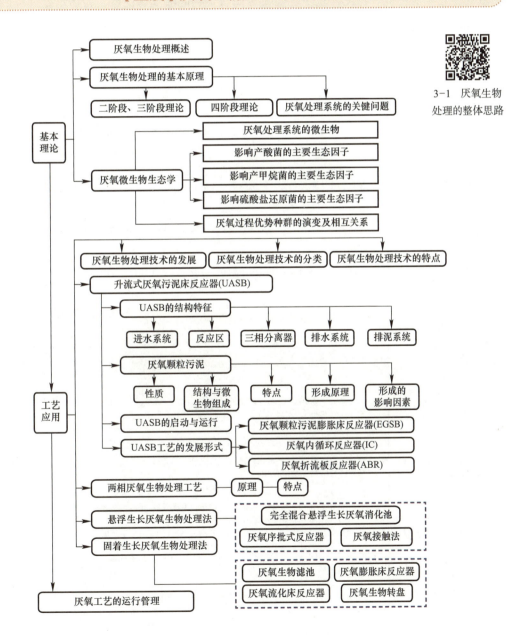

3-1　厌氧生物处理的整体思路

3.1 概　　述

厌氧生物处理工艺（anaerobic bio-treatment process）是在无氧条件下，利用厌氧微生物对有机物的代谢作用达到有机废水或污泥处理的目的，并获取沼气过程的统称。与好氧微生物相比，厌氧微生物的代谢水平较低，厌氧生物处理系统的处理效能受到一定的限制。

20世纪70年代以来，随着全球性能源问题、资源问题及环境问题的日益突出，研究开发高效率、低能耗的新型污水处理技术成为大势所趋，厌氧生物处理技术重新受到人们的重视，它以能耗低、污泥产量少、同时可回收生物能沼气等优点，为污水处理提供了一条高效低耗且符合可持续发展原则的治理途径。厌氧处理的发展历程如下：

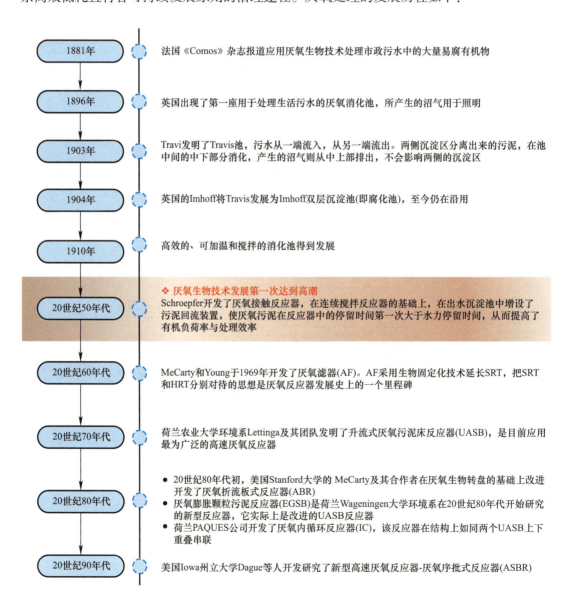

1881年　法国《Comos》杂志报道应用厌氧生物技术处理市政污水中的大量易腐有机物

1896年　英国出现了第一座用于处理生活污水的厌氧消化池，所产生的沼气用于照明

1903年　Travi发明了Travis池，污水从一端流入，从另一端流出。两侧沉淀区分离出来的污泥，在池中间的中下部分消化，产生的沼气则从中上部排出，不会影响两侧的沉淀区

1904年　英国的Imhoff将Travis发展为Imhoff双层沉淀池(即腐化池)，至今仍在沿用

1910年　高效的、可加温和搅拌的消化池得到发展

❖ **厌氧生物技术发展第一次达到高潮**
20世纪50年代　Schroepfer开发了厌氧接触反应器，在连续搅拌反应器的基础上，在出水沉淀池中增设了污泥回流装置，使厌氧污泥在反应器中的停留时间第一次大于水力停留时间，从而提高了有机负荷率与处理效率

20世纪60年代　MeCarty和Young于1969年开发了厌氧滤器(AF)。AF采用生物固定化技术延长SRT，把SRT和HRT分别对待的思想是厌氧反应器发展史上的一个里程碑

20世纪70年代　荷兰农业大学环境系Lettinga及其团队发明了升流式厌氧污泥床反应器(UASB)，是目前应用最为广泛的高速厌氧反应器

20世纪80年代
- 20世纪80年代初，美国Stanford大学的MeCarty及其合作者在厌氧生物转盘的基础上改进开发了厌氧折流板式反应器(ABR)
- 厌氧膨胀颗粒污泥反应器(EGSB)是荷兰Wageningen大学环境系在20世纪80年代开始研究的新型反应器，它实际上是改进的UASB反应器
- 荷兰PAQUES公司开发了厌氧内循环反应器(IC)，该反应器在结构上如同两个UASB上下重叠串联

20世纪90年代　美国Iowa州立大学Dague等人开发研究了新型高速厌氧反应器-厌氧序批式反应器(ASBR)

3.2 厌氧生物处理的基本原理

3.2.1 厌氧生物处理原理的二阶段、三阶段理论 一般知识点

参加厌氧生物处理过程的微生物主要分为两大类群，即包括产酸发酵细菌在内的非产甲烷菌（non-methanogens）和产甲烷菌（Methanogenic Bacteria，简记 MB）。

二阶段理论

1930 年 Buswell 和 Neave 肯定了 Thumm 和 Reichie（1914）与 Imhoff（1916）的看法，有机物厌氧消化过程分为酸性发酵和碱性发酵两个阶段（图 3-1）。

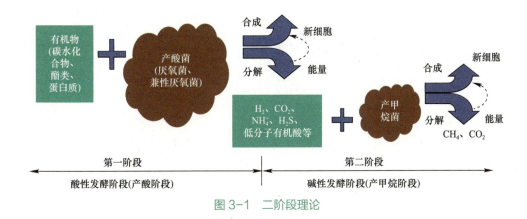

图 3-1　二阶段理论

三阶段理论

Bryant（1979）根据对产甲烷菌和产氢产乙酸的研究结果，认为二阶段理论不够完善，提出三阶段理论（图 3-2）。该理论认为产甲烷菌不能利用除乙酸、H_2/CO_2 和甲醇等以外的有机酸和醇类，长链脂肪酸和醇类必须经过产氢产乙酸菌转化为乙酸、H_2 和 CO_2 等后，才能被产甲烷菌利用。

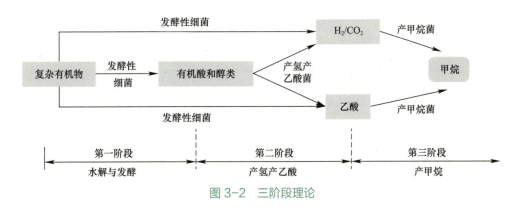

图 3-2　三阶段理论

3.2.2 厌氧生物处理原理的四阶段理论 重要知识点

四阶段理论（图 3-3）

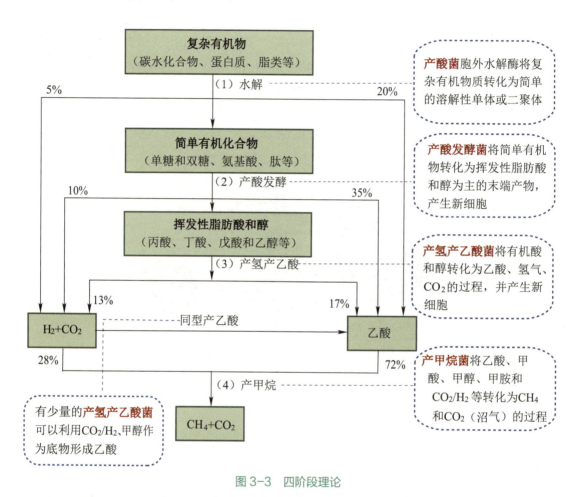

图 3-3　四阶段理论

◆ 在厌氧条件下，同型产乙酸菌既可以利用有机基质产生乙酸，又可以利用 H_2 和 CO_2 产生乙酸，这加大了乙酸作为形成甲烷的直接前体的意义。

◆ 重要的产甲烷过程：

$$4HCOO^- + 2H^+ \rightarrow CH_4 + CO_2 + 2HCO_3^-$$
$$4CH_3OH \rightarrow 3CH_4 + CO_2 + 2H_2O$$
$$CH_3COO^- + H_2O \rightarrow CH_4 + HCO_3^-$$
$$HCO_3^- + H^+ + 4H_2 \rightarrow CH_4 + 3H_2O$$

在厌氧条件下，除以上这些过程之外，当废水中含有硫酸盐时还会存在硫酸盐还原过程，含有硝酸盐和亚硝酸盐时还会发生反硝化以及厌氧氨氧化等作用。

3.2.3 厌氧处理系统的关键问题 `重要知识点`

1. 限速步骤

一个过程由一系列相互联系的反应组成，某一阶段的反应速率常比其他阶段更慢，这一最慢的阶段即为控制、决定或限制反应速率的步骤，一般称为**限速步骤**。

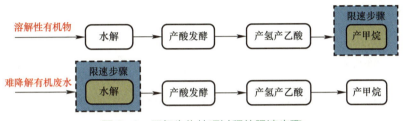

图 3-4　厌氧生物处理过程的限速步骤

在厌氧生物处理过程中的限速步骤如图 3-4 所示：

（1）在参与厌氧消化的各类微生物菌群中，由于产甲烷细菌代谢水平低，对生态条件要求苛刻且对环境改变较敏感，产甲烷阶段一般被认为是厌氧生物处理的限速步骤。

（2）对于难降解有机废水的处理，如含木质素和纤维素废水的处理，如何有效提高废水的可生化性是主要矛盾，此时，水解阶段是限速步骤。

2. pH 控制

◆ 厌氧消化需要一个相对稳定的 pH 范围。

◆ 非产甲烷菌（如发酵细菌等）对 pH 的变化不如产甲烷菌敏感，产甲烷菌适宜的 pH 为 6.5～7.5。

◆ 非产甲烷菌将有机物转化为脂肪酸等，导致系统内酸碱平衡失调，使产甲烷菌的活性受到抑制。

◆ 在利用厌氧工艺时，有时需投加酸或碱来调节反应器内的 pH。

> **有机负荷过高，会发生什么现象？**
>
> 　　由于产酸菌的生长较快且对环境条件的变化不太敏感，会造成挥发性脂肪酸的累积，体系的 pH 会下降，造成"酸化"，甚至使系统崩溃。

高有机负荷对厌氧系统的冲击可通过负荷调整、pH 管理、微生物活性强化和反应器优化综合解决。预防措施（如预处理和分段负荷提升）比事后补救更经济、高效。长期运行中需结合实时监测数据动态调整策略，确保系统的稳定性。

3.3 厌氧微生物生态学

微生物生态学（microbial ecology）是研究微生物群体（微生物区系或正常菌群）与其周围的生物及非生物环境间相互作用规律的科学。重点讨论厌氧生物处理系统中主要微生物类群的生理生态特性、影响厌氧生物处理的生态因子，对优化厌氧生物处理系统运行控制问题做一一讨论。

3.3.1 厌氧处理系统的主要微生物类群 一般知识点

参与厌氧消化的微生物类群总体上可以分为两大类，既包括发酵细菌、产氢产乙酸菌和同型产乙酸菌在内的非产甲烷菌和产甲烷菌，还包括硫酸盐还原菌等其他微生物。

发酵细菌群
- 这一菌群里专性厌氧的有梭菌属、拟杆菌属和丁酸弧菌属等；
- 除丁酸发酵不受氢分压（pH_2）的影响，其他反应均受pH_2的控制，即使氢分压很高也能自发进行

产氢产乙酸菌群
- 这类细菌大多数为发酵细菌，亦有专性产氢产乙酸细菌；
- 产氢产乙酸过程均受氢分压调控

同型产乙酸菌群
- 这一菌群有伍迪乙酸杆菌、威格林乙酸杆菌和乙酸梭菌等；
- 同型产乙酸细菌可以利用H_2/CO_2，因而可保持系统中较低的氢分压有利于厌氧发酵过程的正常进行

产甲烷菌群
① 生理特性：a.严格的专性厌氧菌；b.生长特别缓慢；c.对环境影响非常敏感；d.属古细菌，细胞壁不含肽聚糖；② 形态特征：可分为杆状、球状、螺旋状和八叠球状；③ 营养特征：在厌氧生物处理中，绝大多数产甲烷菌都能利用甲醇、甲胺和乙酸

硫酸盐还原菌
- 无芽孢的脱硫弧菌属和形成芽孢的脱硫弧菌属均为专性厌氧、化能异氧型；
- 硫酸盐还原菌的作用是将SO_4^{2-}还原为H_2S

3.3.2 影响产酸菌的主要生态因子　一般知识点

① **pH**：影响发酵类型的限制性生态因子。影响产酸发酵的代谢速率、生长速率及发酵类型
- 范围宽，在 pH 为 3.5~8 时均可生存，最适宜 pH 一般为 6~7，但随不同发酵类型细菌种类差异大。
- 正常厌氧条件下不同 pH 对应不同的发酵类型：

pH	4~4.5	4.5~5	5 左右	5.5 左右	6 以上
发酵类型	乙醇型	丁酸型	混合型（乙酸、丙酸、丁酸和乙醇等产物的产量相差无几）	丙酸型	丁酸型

② **氧化还原电位（ORP）**：影响发酵类型的限制性生态因子。ORP 的高低影响着生物种群中专性厌氧和兼性厌氧细菌的比例
- 产酸菌最适 ORP 为 -300~-200 mV。ORP 的高低与进水的废水种类、反应器密闭性等有关。

③ **碱度**：厌氧生物处理中重要的控制参数
- 水中碱度是中和酸能力的一个指标，主要来源于弱酸盐，在厌氧生物处理中主要形成碳酸氢盐碱度，而在 pH 较低的体系（产酸反应器）中还存在乙酸盐碱度。在产酸发酵过程中，足够的碱度可以保证系统中具有良好的缓冲性能，避免 pH 迅速降低而导致某些厌氧细菌受到抑制。
- 厌氧微生物代谢过程中所产生的 CO_2、挥发性脂肪酸、氨以及硫酸盐等对环境中的酸碱平衡起到了不同方向和程度的作用（图 3-5）。

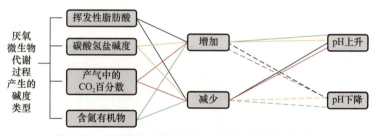

图 3-5　厌氧微生物代谢产物对系统碱度平衡的影响

④ **温度**：对厌氧微生物的生长和代谢速率有较大的影响
- 最佳工作温度 35℃，低于 25℃时，产酸速率迅速降低，20℃以下将降低 50% 以上。

⑤ **水力停留时间（HRT）和有机负荷（OLR）**
- 当 OLR 为 5~60 kg COD/($m^3 \cdot d$) 时，产酸菌可发挥良好的作用。一般来说，当 OLR 超过 100 kg COD/($m^3 \cdot d$) 时，由于渗透压（水活度）等影响，产酸菌所形成的活性污泥易发生解体，并且污泥颜色变浅，生物活性迅速降低。
- HRT 过短将影响底物的转化程度，出水中含有较多的未完全降解的底物。

3.3.3 影响产甲烷菌的主要生态因子 一般知识点

1. pH：产甲烷菌对环境 pH 变换的适应性很差

- ◆ 产甲烷菌的最适 pH 随菌种的不同而异；
- ◆ 一般来说，产甲烷菌的最适 pH 为 6.5～7.5，但也有研究表明，pH 为 5.5 或 8.0 时产甲烷菌也能生存。

2. ORP：无氧环境是严格厌氧的产甲烷细菌繁殖的最基本条件之一

- ◆ 专性厌氧的产甲烷细菌对于介质分子态氧的存在是极为敏感的；
- ◆ 在厌氧发酵全过程中，非产甲烷阶段的 ORP 为 -250～$+100$ mV；产甲烷阶段最适 ORP 为 -500～-300 mV。

因此，在初始富集产甲烷菌阶段，应尽可能保持介质 pH 接近中性，并保持反应装置的密封性。

3. 有机负荷率：直接反映了底物与微生物之间的平衡关系

- ◆ 有机负荷率较高时导致系统内酸碱平衡失调，使产甲烷菌受到抑制。有机负荷率对于维持产酸发酵与产甲烷发酵的平衡起到了重要作用；
- ◆ 在污泥厌氧消化中，习惯以投配率表达，即每日投加的生污泥容积占反应器容积的百分数。投配率的倒数相当于污泥在反应器中的平均停留时间。

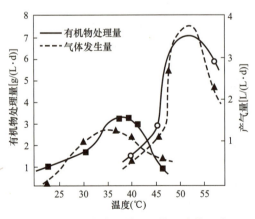

图 3-6 厌氧生物处理系统温度的影响

4. 温度：厌氧微生物适应温度较宽，一般为 5～83℃

其中产甲烷菌最适温度有两个区（图 3-6）：
- ◆ 中温区：30～39℃。
- ◆ 高温区：50～60℃。

最适温度之所以出现两个区，主要原因是作为限速步骤的产甲烷阶段中，产甲烷菌主要分为嗜中温菌和嗜高温菌。一般来说，40～50℃不利于产甲烷菌生长。

5. 污泥浓度

生物反应器中的活性微生物保有量高，反应器的转化率及允许承受的有机负荷率就高

◆ 如产甲烷效率较高的升流式厌氧污泥体反应器（UASB）平均污泥浓度可达到30～50 g/L，比好氧曝气池中生物量高10～20倍，从而使厌氧生物处理效率显著提高。

6. 碱度：对产甲烷菌有较大的影响

◆ 特别是产甲烷菌的生存条件一般为pH≥6，所以碳酸氢盐碱度也起着非常重要的作用。

7. 接触与搅拌：搅拌是提高传质速率的重要因素

◆ 对于产甲烷菌来说，缓慢的混合与急剧搅拌对于不同的反应器形式可产生不同的效果。一般认为，产甲烷菌的生长需要相对稳定的环境，当混合强度较大，可能会影响产甲烷菌的活性。

8. 营养：COD∶N∶P 控制在 500∶5∶1 左右适宜

◆ 对氮、磷等营养盐的需求较少。

◆ 在厌氧装置启动时，可稍微增加氮素，有利于微生物增殖及提高反应器的缓冲能力。

9. 激活剂与营养剂

◆ 污水中常含有对于产甲烷菌生长可能起到抑制作用的物质，如重金属、氨氮、硝酸盐和一些复杂有机物等。

◆ 一些物质对产甲烷菌的生长都有两方面的作用，既有激活作用又有抑制作用，关键在于它们的浓度界限，即毒阈浓度，如图3-7所示。

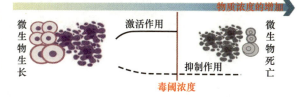

图 3-7 物质对微生物的作用

◆ 表3-1是部分有机物在厌氧处理中的容许浓度，表3-2列出了一些物质对厌氧处理的激活作用浓度范围，这些起到激活作用的物质能提高产甲烷效率。

部分有机物在厌氧处理中的容许浓度 表 3-1

种类	浓度（mg/L）
酚	686（1600）
氨（NH_4^+、NH_3）	2000（6000）
苯	440
甲醇（驯化27 d）	800（1500）

注：括号中的数值均为微生物经过一系列驯化后的容许浓度。

一些物质对厌氧处理的激活作用浓度范围 表 3-2

种类	浓度（mg/L）	效果
甲醇	0.25～0.5（%）	提高产气量
Na	100～200	刺激发酵过程
K	200～400	刺激发酵过程
醋酸钠	0.25～0.5（%）	提高产气量

3.3.4 影响硫酸盐还原菌的主要生态因子 `一般知识点`

> 硫酸盐还原菌（SRB）比产甲烷菌有较高的生长速率、较好的底物亲和能力和较高的细胞产率。影响其活性的因素有很多，主要有以下几方面：

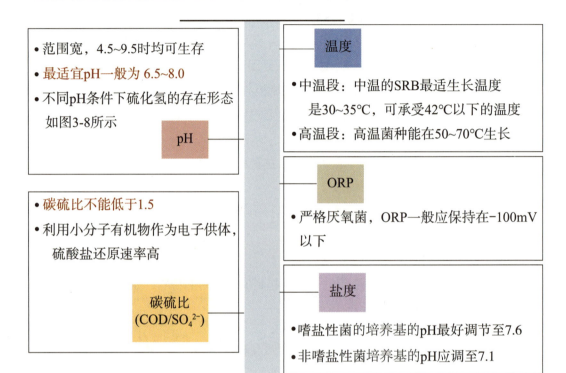

◆ **其他影响因素**

① **碳源**：不同碳源对 SRB 的生长促进作用不同。

② **氧气浓度**：属于严格厌氧菌，氧气对 SRB 生长抑制作用较强。

③ **可见光**：SRB 对光很敏感，日光下会抑制 SRB 的生长，故 SRB 需要在黑暗中培养。

④ **金属浓度**：不同金属对 SRB 生长的作用不同，二价铁离子在一定浓度下可以促进 SRB 生长。

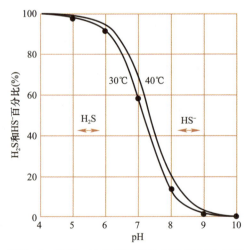

图 3-8 不同 pH 条件下硫化氢的存在形态图

3.3.5 厌氧过程优势种群的演变及相互关系 **重要知识点**

厌氧微生物的相互关系包括： 非产甲烷菌与产甲烷菌之间的相互关系、非产甲烷菌之间的相互关系、产甲烷菌之间的相互关系。**非产甲烷菌与产甲烷菌之间的相互关系最为重要。**

厌氧反应过程中微生物的相互关系（图 3-9）

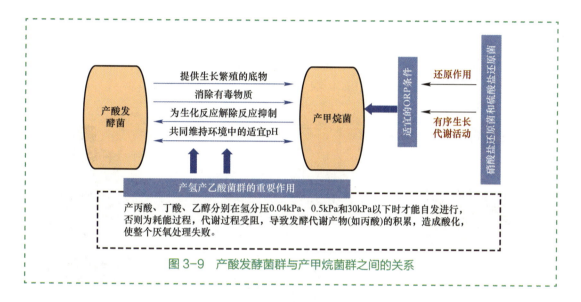

图 3-9　产酸发酵菌群与产甲烷菌群之间的关系

厌氧生物处理系统中主要微生物群落的更迭规律

甲烷的产生是这个微生物区系中各种微生物相互平衡、协同作用的结果。

在厌氧生物处理系统中，由于内部各区域生态环境差异，造成产酸菌、产甲烷菌中各类细菌有规律的更迭。

推流式反应器中，优势种群沿水流方向的典型更迭规律如图 3-10 所示。

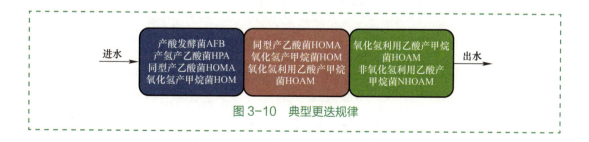

图 3-10　典型更迭规律

3.4 厌氧生物处理的工艺应用

3.4.1 厌氧生物处理技术的发展　一般知识点

厌氧反应器的发展经历了三个阶段

1. 第一代反应器，以厌氧消化池为代表，污水与厌氧污泥完全混合，属低负荷系统。

◆ 最初的厌氧反应器采用污泥与污水完全混合的模式，SRT=HRT，厌氧微生物浓度低，处理效果差。

◆ 第一代厌氧反应器主要用于污泥和粪肥的消化以及生活污水的处理。

◆ 典型代表包括普通厌氧消化池（图 3-11）和厌氧接触工艺。

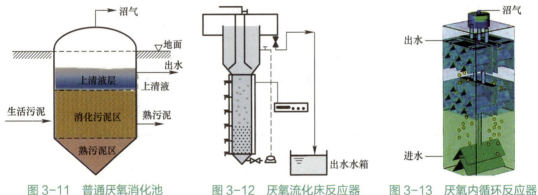

图 3-11　普通厌氧消化池　　图 3-12　厌氧流化床反应器　　图 3-13　厌氧内循环反应器

2. 第二代反应器，将固体停留时间和水力停留时间分离，能保持大量的活性污泥和足够长的污泥龄，并注重培养颗粒污泥，属高负荷系统。

◆ 以提高系统内生物量、强化传质作用、延长 SRT、缩短 HRT。

◆ 典型代表包括厌氧滤器（AF）、厌氧流化床反应器（AFB，图 3-12）、上流式厌氧污泥床反应器（UASB）。

3. 第三代反应器，虽然第二代厌氧生物反应器在应用中取得了很大的成功，但为了解决 UASB 在运行中出现的短流、死角和堵塞等问题，人们在第二代厌氧反应器基础上继续研究和开发了第三代厌氧反应器。

◆ 进一步增强了厌氧微生物与污水的混合与接触，提高负荷及处理效率，扩大适用范围。

◆ 典型代表包括厌氧颗粒污泥膨胀床（EGSB）、厌氧内循环反应器（IC，图 3-13）、厌氧折流板反应器（ABR）、厌氧序批式反应器（ASBR）、厌氧膜生物系统（AMSB）。

> 厌氧生物处理工程技术的应用与发展，厌氧反应器的推陈出新是其核心

3.4.2 厌氧生物处理技术的分类 一般知识点

1. 按微生物在反应器内的生长情况分

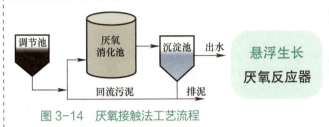

图 3-14 厌氧接触法工艺流程

悬浮生长厌氧反应器

- 传统消化池、厌氧接触法（图 3-14）和 UASB 等；
- 厌氧活性污泥以絮体或颗粒状悬浮于反应器液体中生长，称为悬浮生长厌氧反应器。

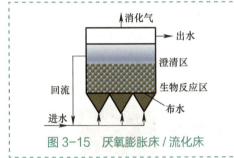

图 3-15 厌氧膨胀床/流化床

附着生长厌氧反应器

- 厌氧滤池、厌氧膨胀床（图 3-15）、厌氧流化床和厌氧生物转盘等；
- 微生物附着于固定载体或流动载体上生长，称为附着生长厌氧反应器。

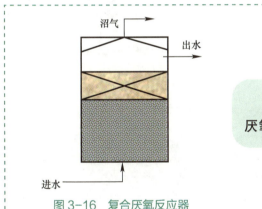

图 3-16 复合厌氧反应器

复合厌氧反应器

- 如 UBF，其下面是升流式污泥床，上面是厌氧滤池，两者结合在一起，故称为升流式污泥床-过滤反应器；
- 把悬浮生长与附着生长结合在一起的厌氧反应器称为复合厌氧反应器（图 3-16）。

2. 按厌氧消化阶段分

单相厌氧反应器：把产酸与产甲烷阶段结合在一个反应器中。

两相厌氧反应器：产酸阶段和产甲烷阶段分别在两个互相串联反应器进行。

3. 按反应器流态分

可分为活塞流型厌氧反应器和完全混合型厌氧反应器，或介于活塞流和完全混合两者之间的厌氧反应器。

3.4.3 厌氧生物处理技术的特点 `重要知识点`

与好氧生物处理相比（图3-17），厌氧生物处理尽管存在系统启动慢、污染物降解不彻底和调控运行技术要求高等不足，但因其有机负荷高、能耗低、剩余污泥产量少和可回收沼气等优点，得到了广泛的研究和应用，其优缺点如下：

优点

1. 能耗少、运行费用低
2. 污泥产量少
3. 营养盐需要少
4. 产生甲烷，可作为潜在的能源
5. 能处理高浓度的有机废水
6. 可承受较高的有机负荷和容积负荷
7. 厌氧污泥可长期贮存，添加底物后可实现快速响应

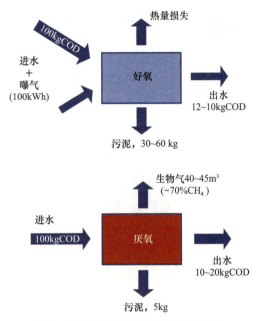

图3-17 厌氧处理和好氧处理对比

缺点

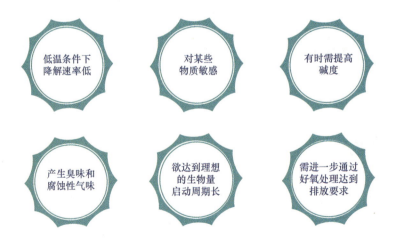

3.4.4 升流式厌氧污泥床反应器 `重要知识点`

1974年 **Wageningen** 农业大学的莱廷格（G. Lettinga，图3-18）等人成功开发了高效UASB反应器，**获得广泛应用，对污水厌氧生物处理具有划时代意义**。后人尊称莱廷格教授为"UASB之父"。

图3-18　Prof.dr. G. Lettinga

升流式厌氧污泥床反应器（Up-flow Anaerobic Sludge Bed）

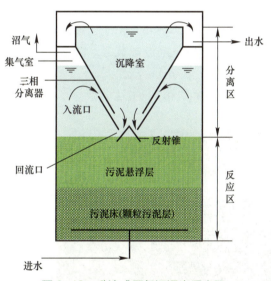

图3-19　升流式厌氧污泥床反应器

UASB反应器（图3-19）分为5个部分
1. 进水分配系统
2. 反应区
3. 气、液、固分离器
4. 出水系统
5. 排泥系统

UASB工艺多用于处理高浓度有机废水，在实际工程中（图3-20），小型UASB反应器多为钢制圆柱结构，大型UASB均采用矩形钢结构或混凝土方形结构（便于施工及分离器设置），反应器高度一般为3.5~6.5 m，最高可达10 m。池顶可以密闭也可以敞开。

图3-20　UASB处理造纸厂废水

3.4.4.1 UASB 的结构特征 _{一般知识点}

UASB 的进水分配系统

位置： 反应器底部（图 3-21）

功能： 均匀配水、搅拌

要点：

◆ 使分配到各点流量相同，确保单位面积的进水量基本相同，防止发生短路。

◆ 易于观察进水管堵塞情况，堵塞后须易于清除。

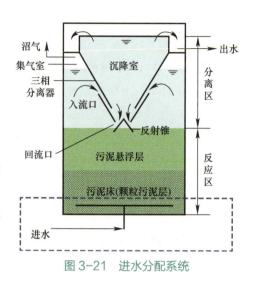

图 3-21 进水分配系统

● 尽量满足污泥床水力搅拌，保证泥水迅速混合，防止局部产生酸化现象。
● 为使进水均匀分布，应采用将进水分配到多个进水点的分配装置。

进水分配系统的形式：（1）树枝管状；（2）穿孔管式；（3）多管多点式

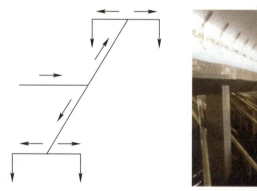

图 3-22 树枝管状

（1）树枝管状（图 3-22）

◆ 为了配水均匀一般采用对称布置，各支管出水口向着池底，出水口距池底约 **20 cm**，位于所服务面积的中心点。

◆ 管口对准的池底设反射锥，使射流向四周均匀散布于池底，出水口支管直径约 **20 mm**。

◆ 只要施工安装正确，配水可基本达到均匀分布。

（2）穿孔管式（图3-23）

为使配水均匀，配水管之间的中心距可采用1～2 m，进水孔距也可采用1～2 m，**孔口朝向池底，或与铅垂线成45°方向开孔。**

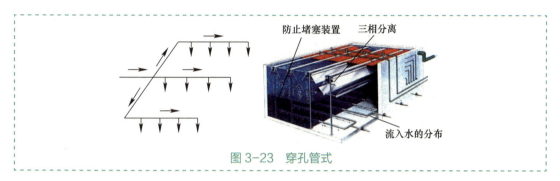

图3-23　穿孔管式

（3）多管多点式

◆ 用于高反应器的水箱式（或渠道式）进水分配系统。
◆ 一根配水管服务一个配水点，即配水管数与配水点数相同。

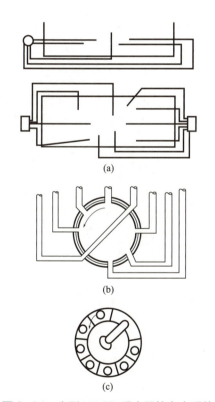

图3-24 为德国专利中介绍的布水系统

◆ 反应器底部均匀设置许多布水点（布水点高度不同，如图3-24a所示）。
◆ 从水泵来的水通过配水设备流进布水管，从管口流出。配水设备是由一根可旋转的配水管与配水槽构成（图3-24b）。
◆ 配水槽为一圆环形，配水槽被分割为多个单元，每个与一通进水反应器的布水管相连。从水泵来的水管与可旋转的配水管（图3-24c）相连接。

工作时配水管旋转，在一定的时间间隙内，污水流进配水槽的一个单元，由此流进一根布水管进入反应器。这种布水对反应器来说是连续进水，而对每个布水点而言，则是间歇（脉冲）进水，布水管的瞬间流量与整个反应器流量相等。

图3-24　大型UASB反应器的布水系统
（a）进水系统立面与平面图；（b）配水设备；（c）旋转配水管

UASB 反应器的反应区 　一般知识点

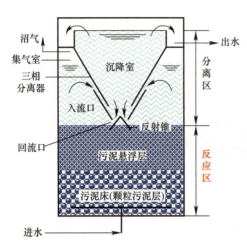

图 3-25　UASB 反应器

【组成】根据污泥的分布状况和密实程度可分为下部的污泥层（床）和上部的污泥悬浮层。

【功能】UASB 反应器（图 3-25）的核心，培养和富集厌氧微生物，泥、水在这里充分接触、反应，有机物被厌氧菌分解。

◆ **污泥层**：由大量的颗粒污泥构成，污泥层的颗粒随着颗粒表面气泡的生成向上浮动，当浮到一定高度由于减压使气泡释放，颗粒再回到污泥层。

◆ **悬浮层**：很小的颗粒或絮状污泥一般存在污泥之上，形成悬浮层。悬浮层生物量较少，由于相对密度小，上升流速较大时易流失。

污泥在 UASB 反应器的分布规律如图 3-26 所示。

当反应器运行时，污水自下部进入反应器，以一定上升流速通过污泥层向上流动。进水底物与厌氧活性污泥充分接触而得到降解，并产生沼气。产生的沼气形成小气泡，由于小气泡上升将污泥托起，即使在低负荷下也能看到污泥层有明显的膨胀。随着产气量增加，这种搅拌混合作用更强，气体从污泥层内不断逸出，引起污泥层呈膨胀状态。

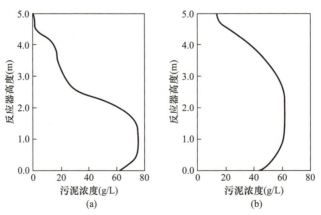

图 3-26　UASB 反应器中沿高度的污泥浓度分布示意图
（a）较低水力负荷；（b）较高水力负荷

三相分离器的组成和基本原理　**重要知识点**

UASB 反应器的特点是在反应器上部配有气-液-固三相分离系统（简称三相分离器），不配污泥回流装置。

（1）三相分离器的组成和功能

◆【组成】沉淀区、集气室（或称集气罩）和气封（图 3-27）。

◆【功能】气体（沼气）、固体（微生物）和液体分离。

◆【过程】气体被分离后进入集气室（罩），固液混合液在沉淀区进行分离，下沉的固体由回流缝返回反应区。

◆【重要性】分离效果直接影响反应器的处理效果。

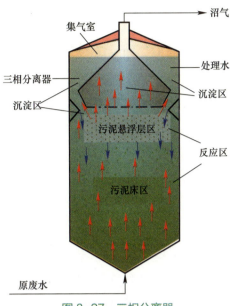

图 3-27　三相分离器

（2）三相分离器的基本原理（图 3-28）

反应器上部形成无紊流区域

◆ 厌氧状态下产生的气体引起内部的循环。

◆ 在污泥层形成的一些气体附着在污泥颗粒上，向反应器顶部上升。

◆ 碰击到反射板，附着的气体脱离，在集气室收集。

◆ 在重力的作用下，水与污泥分离，上清液在沉淀区上部排出，颗粒沉淀到污泥床层。

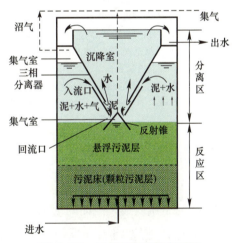

图 3-28　三相分离器基本原理

要具备三相分离的功能，需满足的条件
1. 水和污泥的混合物进入沉淀区，必须首先将气泡分离出来。
2. 为避免在沉淀区里产气，污泥在沉淀器里的滞留时间必须短。
3. 由于厌氧污泥形成积聚的特征，沉淀器内存在的污泥层对液体通过它向上流动的影响不大。

三相分离器的设计 —般知识点

不同形式三相分离器的设计参数（图3-29）

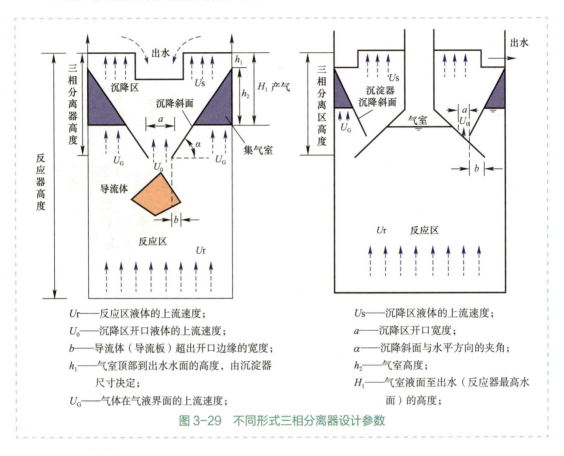

U_r——反应区液体的上流速度；
U_0——沉降区开口液体的上流速度；
b——导流体（导流板）超出开口边缘的宽度；
h_1——气室顶部到出水水面的高度，由沉淀器尺寸决定；
U_G——气体在气液界面的上流速度；

U_s——沉降区液体的上流速度；
a——沉降区开口宽度；
α——沉降斜面与水平方向的夹角；
h_2——气室高度；
H_1——气室液面至出水（反应器最高水面）的高度；

图3-29 不同形式三相分离器设计参数

三相分离器的设计要点——推荐参数

1. 由于厌氧污泥较黏，沉淀器底部倾角应较大，可选 $\alpha=45°\sim60°$；
2. 沉淀器内最大截面的表面水力负荷应保持在 $U_s=0.7\ m^3/(m^2\cdot h)$ 以下，水流通过液-固分离孔隙（a值）的平均流速应保持在 $U_0=2\ m^3/(m^2\cdot h)$ 以下；
3. 气体收集器间缝隙的截面面积不小于总面积的 15%～20%；
4. 反应器高为 5～7 m，气室高度 h_2 应为 1.5～2 m；
5. 气室与液-固分离交叉板应重叠 $b=100\sim200$ mm，以避免气泡进入沉淀区；
6. 应减少气室内产生大量泡沫和浮渣，通过水封控制气室的液-气界面产生气囊，压破泡沫并减少浮渣的形成。

三相分离器的不同形式 `一般知识点`

图 3-30 为可供参考的典型三相分离器。

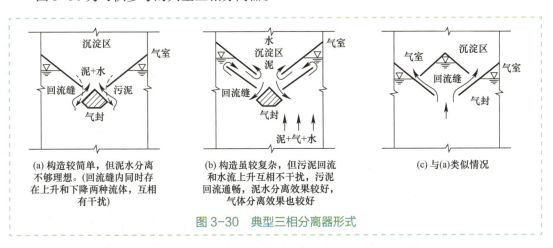

图 3-30 典型三相分离器形式

欲满足设计因素，小型 UASB 反应器的三相分离器较易设计，通常采用圆柱形钢结构，大型设备的设计难度较大，通常采用矩形钢结构或钢筋混凝土结构，但遵循的原则保持一致，图 3-31 提供了不同设计结构的多种三相分离器。

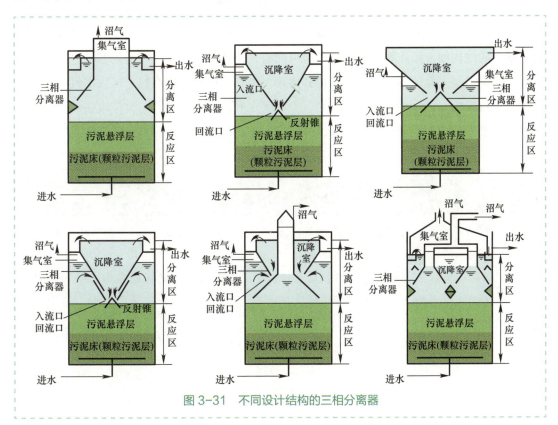

图 3-31 不同设计结构的三相分离器

三相分离器的布置形式 一般知识点

对容积较大的UASB，如图3-32所示，由多个三相分离器单元组成来共同完成。同时受容积和其他因素的共同影响，三相分离器的数量和排列方式也不尽相同，需结合实际问题具体分析。

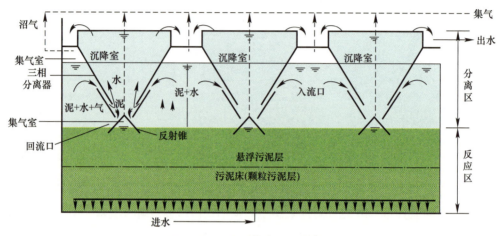

图3-32　三相分离器的布置形式

在设计中考虑到三相分离器的结构与环境条件要求，反应器池顶密闭（也可敞开），池顶敞开式结构便于操作管理与维修，但可能有少量逸出。基于三相分离器的原理，在实验室出现了丰富多彩的各种类型的三相分离器。但在生产实践中有趋于一致的倾向，特别是生产实践中的三相分离器要考虑放大、安装固定和结构比例以及与其他设备的关系问题等。在大型UASB反应器合理安排上述因素较为复杂，本质上不同三相分离器并无优劣之分。

设计与运行的注意事项

1. 气体不得进入沉淀区，即泥水混合物在进入沉淀区之前，必须进行有效的分离去除，避免干扰固、液分离效果。
2. 保持沉淀区液流稳定，流态接近塞流状，使其具有良好的固液分离效果。
3. 被沉淀分离的污泥能迅速返回到反应区内，以维持反应器内污泥浓度。

排水系统 **一般知识点**

◆ 即使有浮渣挡板也会使部分出水槽被漂浮固体堵塞，引起出水不均。

◆ 避免出水堰过多、堰上水头低和安装不平，较小的水头会引起相对大的误差。

排水系统设计原则

1. 出水堰汇水槽上所设三角堰（与沉淀池相同），出水负荷参考二沉池负荷。
2. 出水设施应设在顶部，尽可能均匀地收集处理过的污水。
3. 矩形反应器采用几组平行出水堰的多槽出水方式。
4. 圆形反应器采用放射状的多槽出水。
5. 堰上水头应大于 25 mm，水位于齿 1/2 处。

排泥系统 **一般知识点**

UASB 反应器内的污泥拥有量一般占反应器容积的 60%，即污泥床区的体积占总容积的 60%，污泥床的厚度以 2～3 m 为宜，如果太厚会加大沟流和短路问题。改善配水系统后，还可增大污泥拥有量，从而得到更高的 COD 去除率和 COD 容积负荷。随着厌氧过程微生物不断增长、进水不可降解悬浮固体的积累，必须在污泥床区定期排除剩余污泥。UASB 系统应包括剩余污泥的排除设施。

排泥系统的常见位置（图 3-33）

◆ 底部污泥床层污泥浓度一般为 60～80 g/L，污泥悬浮层污泥浓度一般为 5～7 g/L。

◆ 一般排泥位置在反应器的 1/2 高度处。

◆ 如果在三相分离器下 0.5 m 处设排泥管，以排除污泥床上面部分的剩余絮体污泥，而不会把颗粒污泥排走。

◆ 也有设计者推荐把排泥设备安装在靠近反应器的底部。

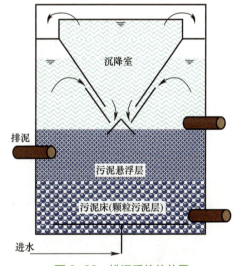

图 3-33 排泥系统的位置

设 计 原 则

● 须同时考虑上、中、下不同位置设排泥设备，应根据生产运行中的具体情况确定在什么位置排泥。

● 设置在池底的排泥设备，由于污泥流动性差，必须考虑排泥均匀。

● 大型 UASB 一般不设污泥斗，而池底面积较大，必须进行均布多点排泥。

3.4.4.2 厌氧颗粒污泥

颗粒污泥（Anaerobic granular sludge）是厌氧微生物自固定化形成的一种结构紧密的污泥聚集体。图 3-34 所示为其 SEM 扫描电镜照片。

Alphenaar 认为，可将厌氧颗粒污泥定义为由产甲烷菌、产乙酸菌和水解发酵菌等形成的自我平衡的微生物生态系统，它具有良好的沉淀性能和规则的外形结构，物理形状稳定，比产甲烷活性高。

厌氧颗粒污泥的性质

颗粒化污泥的形成是微生物固定化的一种形式，但与其他类型的固定化不同，它的形成与存在不必依赖惰性载体，而是可以自行成团，形成颗粒。

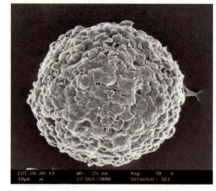

图 3-34 颗粒污泥的 SEM 扫描电镜照片

物 理 性 质

- 相对规则的外观一般接近球形（图 3-34），粒径一般在 0.14~2 mm，大的可达 3~5 mm，粒径大小决定于污水性质、有机物浓度、反应器负荷、运行条件等。
- 湿密度为 1.03~1.08 g/cm³，一般约为 1.05 g/cm³，通常随颗粒粒径的增大而变低。
- 抗压机械强度为 (0.26~1.51)×10^5N/m²。
- 体积指数在 10~20 mL/gSS，沉降速度为 18~100 m/h。
- 颗粒表面灰黑色，其内部呈深黑色。

化 学 性 质

- 无机成分含量较大，其灰分含量在 10%~20%，一般不同厌氧反应器中的灰分含量在 11%~55%。
- 另一重要的化学组分是胞外聚合物，如胞外多糖、胞外多肽等，其总量约占颗粒干重的 1%~2%，但它们在颗粒污泥的形成与稳定中起十分重要的作用。
- 有生物吸附作用、生物降解作用和絮凝作用，有一定的沉降性能。

厌氧颗粒污泥的结构与微生物组成　一般知识点

◆ 利用扫描电镜，颗粒表面常可观察到洞穴和小孔，有可能是气体或基质传递的通道。

◆ 较大颗粒污泥的空间结构好像一个空心的多孔丸（图 3-35）。

◆ 与接种絮状污泥相比，颗粒污泥中的三大类群微生物在数量上有很大增加。发酵细菌约增加了 3 个数量级；产氢产乙酸菌约增加了 4 个数量级；尤以产甲烷菌数的增加更为明显，约增加了 4～5 个数量级。

◆ 对于较大的颗粒污泥，因基质传递的限制，位于中心的细菌因得不到足够养料而死亡。从颗粒剖面切片电镜照片可知，位于中心的细菌细胞已死亡，残留着细胞壁。

厌氧颗粒污泥的结构与微生物组成

- 在颗粒的较外部分，水解和产酸菌占优势
- 介于两者之间的为互营菌
- 在颗粒的较内部分，产甲烷菌占优势

图 3-35　厌氧颗粒污泥

产甲烷性能

- 产甲烷菌约增长了 4～5 个数量级。
- 产甲烷菌在颗粒的内部占优势。
- 厌氧颗粒污泥微生物组成与分布有良好的微生态环境，有利于对基质的代谢，所以颗粒污泥比絮体污泥有更高的产甲烷活性，其中部分产甲烷菌和混合菌种如图 3-36、图 3-37 所示。

图 3-36　以蔗糖为底物的混合菌种

图 3-37　以醋酸为底物的产甲烷菌

厌氧颗粒污泥的特点 一般知识点

沉 降 性 能

- 污泥颗粒化前，悬浮层区的污泥以絮状污泥为主，污泥的沉降过程为拥挤沉淀。
- 厌氧颗粒污泥的 SVI = 10～20 mL/g。
- 据报道厌氧颗粒污泥的沉降速度为 18～100 m/h，一般为 18～50 m/h。
- 沉降速度慢于 20 m/h 的颗粒污泥认为沉降性能较差。快于 50 m/h 的颗粒污泥认为沉降性能良好。

厌氧颗粒污泥化的优点

① 细菌形成颗粒状聚集体形式的一个微生物生态系统，其中不同类型的微生物种群组成共生或互生体系，有利于形成适合细菌选择并栖息生长的理论条件，有利于有机物的降解。

② 颗粒的形成有利于其中的细菌对营养的吸收，增强微生物活性。

③ 颗粒化使发酵中间产物向产氢产乙酸及产甲烷菌的扩散距离大大缩短，这对强化"序贯性"厌氧生物降解过程具有重要意义。

④ 在污水性质突然变化时（例如 pH、毒物的进入等），颗粒污泥能维持一个相对稳定的环境，通过协同及负反馈作用，削弱影响，使代谢过程继续进行。

⑤ 颗粒污泥通常具有一定的机械强度，可以避免因水流的剪力、内部产气的压力而破碎，被带出反应器的危险，增加了固体停留时间。

颗粒污泥的特性和某种特定条件下对颗粒污泥的要求，取决于工艺运行参数和污水的组成。关系如图 3-38 所示。

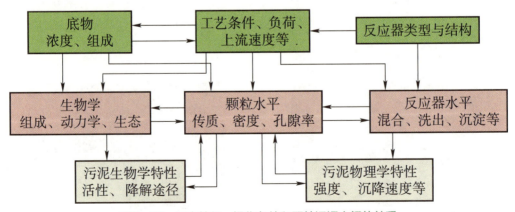

图 3-38 污水特征、操作条件和颗粒污泥之间的关系

厌氧颗粒污泥形成原理 一般知识点

（1）"spaghetti"（意大利面）理论（图 3-39）

（2）钙晶核理论

（3）选择压理论

> 微生物聚集体在适宜条件下，各种微生物竞相繁殖，最终形成沉降性能良好、产甲烷活性较高的颗粒污泥。

◆ "spaghetti"（意大利面）理论

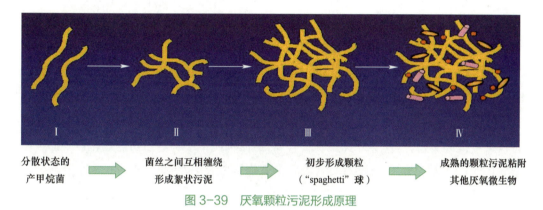

Ⅰ 分散状态的产甲烷菌 → Ⅱ 菌丝之间互相缠绕形成絮状污泥 → Ⅲ 初步形成颗粒（"spaghetti"球）→ Ⅳ 成熟的颗粒污泥粘附其他厌氧微生物

图 3-39 厌氧颗粒污泥形成原理

◆ 钙晶核理论

由一些无机物的晶体（$CaCO_3$）形成颗粒污泥的中心，微生物和有机物在上面发生沉积和自凝聚，从而形成颗粒污泥。

◆ 选择压理论

在 UASB 的启动阶段，由于升流式污泥床的水力筛分作用将一部分分散悬浮的生物絮体排出反应器，使相对密度大的污泥颗粒保持在反应器内。

厌氧颗粒污泥形成条件

（1）污水性质。

（2）污泥负荷率 0.3 kgCOD/（kgVSS·d）以上。

（3）升流条件：水力负荷率和产气负荷率。

（4）碱度。

（5）接种污泥。

（6）环境条件。

厌氧污泥颗粒化的影响因素 一般知识点

由单一分散厌氧微生物聚集生长成颗粒污泥，污泥颗粒化过程是一个复杂而且持续时间较长的历程。

◆ 营养条件

配制营养 $BOD_5：N：P=100：5：1$，添加适量的钙、钴、钼、锌、镍等离子，将 pH 调到 7～7.2，可接种厌氧颗粒污泥或其他活性污泥，亦可取河塘底部淤泥，接种量 10%。污水中含有碳水化合物易形成颗粒污泥，含脂类较多的污水不易形成颗粒污泥。

◆ 控制运行条件

进水 COD 浓度最好为 1500～4000 mg/L，启动时，表面水力负荷稍低些，控制在 $0.25～0.3\ m^3/(m^2·h)$，COD 负荷在 $0.6\ kgCOD/(kgVSS·d)$，启动过程中既不能突然提高负荷以免造成负荷冲击，也不能在长期低负荷下运行。当出水较好时，COD 去除率较高时，逐渐提高负荷，否则，污泥易板结，对污泥颗粒化不利。当污泥颗粒出现时，需在较适宜的负荷下稳定运行一段时间以培养出沉降性能良好的和产甲烷菌活性很高的颗粒污泥。在培养期间需严防有毒物质进入反应器。

◆ 环境条件

要求严格厌氧，温度控制在 35～40℃或 50～55℃，pH 应该保持为 7～7.2，碱度一般不低于 750 mg/L。

◆ 某些元素和金属离子对污泥颗粒化的影响

Ca^{2+} 是影响污泥颗粒化的重要因素，当加入 80 mg/L Ca^{2+} 时，可促进污泥颗粒化的形成。当加入 Co^{2+} 0.05 mg/L、Zn^{2+} 0.5 mg/L、$FeSO_4$ 1.0 mg/L 时，对培养颗粒污泥也有好处。同时有磷酸盐存在也可促进颗粒化污泥的形成。

> 在上述条件情况下，一般高温 55℃运行 100 d，中温 30℃运行 160 d，低温 20℃运行 200 d，颗粒化污泥才能培养完成。

3.4.4.3 UASB 的启动 〖一般知识点〗

◆ **启动阶段目的**：其一，使污泥适应水质。
　　　　　　　　其二，使污泥具有良好的沉降性能。

◆ **UASB 初次启动的操作原则**
1. 最初污泥负荷应为 0.1～0.2 kgCOD/(kgSS·d)。
2. 污水中原有的和反应产生出来的各种挥发酸分解后再增加负荷。
3. 环境条件控制在有利于产甲烷菌繁殖的范围内。
4. 接种泥量应尽可能多，一般为 10～15 kgVSS/m³。
5. 控制上升流速，允许多余的（稳定性差的）污泥冲洗出来，截留住重质污泥。

在接种污泥充足、操作控制得当的情况下，形成具有一定高度的颗粒污泥层需要 3～4 个月时间，分以下三个阶段。

UASB 颗粒污泥形成过程

第1阶段：启动与提高污泥活性阶段。有机负荷≤1 kgCOD/(m³·d)，时间约1~1.5个月，负荷逐步增加，水力筛选将细小污泥洗出，较重的污泥成分留在反应器内，最终沉淀性能较好的污泥不被冲洗流失。

第2阶段：形成颗粒污泥阶段。根据废水性质，有机负荷选择 1～3 kgCOD/(m³·d)，颗粒逐渐成长为直径1～3 mm左右的颗粒污泥。此阶段约需1~1.5个月，污泥的活性(产甲烷能力)得到提高。

第3阶段：逐渐形成颗粒污泥层阶段。反应器的有机负荷大于 3～5 kgCOD/(m³·d)，随着负荷的提高，反应器的污泥总量逐渐增加，污泥层逐渐增高。

◆ 成熟的颗粒污泥，产甲烷菌应占 40%～50%，反应器在颗粒污泥培养成熟后可连续运行。

3.4.4.4　UASB 工艺的发展形式

厌氧颗粒污泥膨胀床反应器　一般知识点

厌氧颗粒污泥膨胀床（Expanded Granular Sludge Bed，EGSB）是升级的 UASB 反应器，该系统与 UASB 相比具有更高的负荷潜力（图 3-40）。

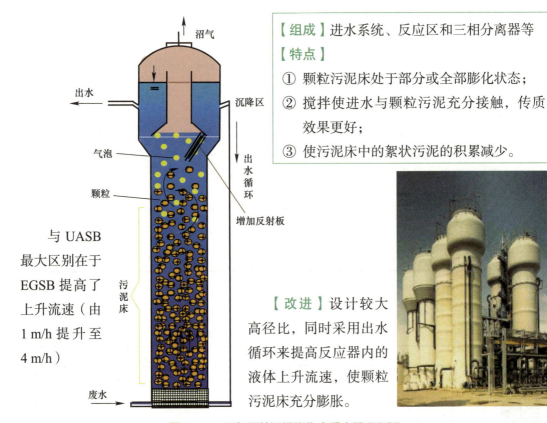

【组成】进水系统、反应区和三相分离器等

【特点】
① 颗粒污泥床处于部分或全部膨化状态；
② 搅拌使进水与颗粒污泥充分接触，传质效果更好；
③ 使污泥床中的絮状污泥的积累减少。

与 UASB 最大区别在于 EGSB 提高了上升流速（由 1 m/h 提升至 4 m/h）

【改进】设计较大高径比，同时采用出水循环来提高反应器内的液体上升流速，使颗粒污泥床充分膨胀。

图 3-40　厌氧颗粒污泥膨胀床反应器 EGSB

【运行】

污水从底部配水系统进入反应器，很高的上升流速使废水与 EGSB 反应器中的颗粒污泥充分接触

↓

有机废水及其所产生的沼气自下而上地流过颗粒污泥床层时，污泥床层与液体间会出现相对运动，导致床层不同高度呈现出不同的工作状态

↓

在反应器内的底物、各类中间产物以及各类微生物间的相互作用下，有机物被降解，同时产生气体

厌氧内循环反应器 IC 【一般知识点】

IC 反应器是由荷兰 Paques 公司 1985 年在 UASB 基础上推出的第三代高效厌氧反应器。

IC 反应器可看作由 2 个 UASB 反应器串联构成,具有很大的高径比,直径一般为 4~8 cm,高度可达 16~25 m,反应器的结构如图 3-41 和图 3-42 所示。

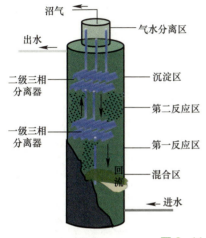

【组成】
① 【二级三相分离器】包括集气管和沉淀区
② 【精处理区】第二反应室具有较低的有机容积负荷率,相当于"精"处理作用
③ 【颗粒污泥膨胀床区】第一反应室有很高的有机容积负荷率,相当于"粗"处理作用
④ 【内循环系统】工艺核心构造。由一级三相分离器、沼气提升管、气液分离器和泥水下降管组成
⑤ 【混合区】进水与回流污泥混合

图 3-41 厌氧内循环反应器 IC(一)

【运行】

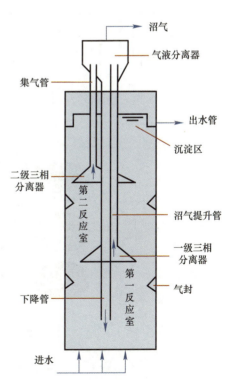

由反应器底部的配水系统分配进入膨胀床室,**与厌氧颗粒污泥均匀混合**

大部分有机物在这里被转化成沼气,所产生的沼气被第一级三相分离器收集

沼气将沿着上升管上升,沼气上升的同时把颗粒污泥膨胀床反应室的混合液提升至反应器顶部的气液分离器

被分离出的沼气从气液分离器的顶部的导管排走,分离出的泥水混合液将沿着下降管返回到膨胀床室的底部,并与底部的颗粒污泥和进水充分混合,**实现了混合液的内部循环**

图 3-42 厌氧内循环反应器 IC(二)

厌氧折流板反应器 ABR　一般知识点

原　理

在反应器内设置一系列垂直的折流板使污水沿折板上下折流运动，依次通过每个格室的污泥床直至出口（图3-43）。在此过程中，污水中的有机物与厌氧活性污泥充分接触而逐步得到去除。

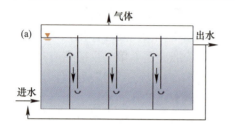

厌氧折流板反应器（ABR）是一类源于SMPA理论的第三代新型厌氧反应器

分阶段多相厌氧反应器-SMPA
(Staged Multi-Phase Anaerobic Reactor)

SMPA是Lettinga(1995)提出的一种新工艺思想，并非特指某个反应器，主要观点如下：
① 将传统的厌氧反应器分隔成多个串联的格室，或将多个独立的厌氧反应器串联，并在各级分隔的单体中培养出相应的细菌群落，以适应相应的底物组分和环境因子；
② 在运行中，应防止各个单体中独立发展而形成污泥的互相混合；
③ 将各个单体或隔室内产气互相隔开；
④ 整体工艺的运行，更接近于推流式，以追求系统更高的去除率和更好的出水水质。

改良

◆增加机械搅拌，保证系统中污泥不沉降
◆实行进、出水位置交替转换，保证反应器中污泥层生物基本相同

厌氧往复层反应器（AMBR）

图3-43　厌氧折流板反应器
（a）改进前；（b）改进后

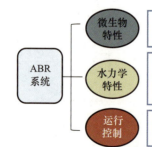

ABR系统

- 微生物特性
  - ◆影响因素：各格室的基质类型、浓度、pH和温度
  - ◆产酸菌和产甲烷菌的分布规律与反应器的运行条件有关
- 水力学特性
  - ◆污泥与废水充分接触，反应器的容积利用率提高，死区体积较小
  - ◆介于推流与完全混合流态之间
- 运行控制
  - ◆截留生物固体能力强；泥龄长；污泥产率低
  - ◆分室结构减弱了低pH对产甲烷菌的抑制作用

影响 ABR 水力特性的因素

随着HRT的增大，ABR的流态趋于推流流态；HRT的减少，ABR流态趋于完全混合流态。

3.4.5 两相厌氧生物处理

3.4.5.1 两相厌氧生物处理原理 `一般知识点`

【两相厌氧生物处理（two-phase anaerobic biotreatment）】采用 2 个串联的反应器，分别富集产酸发酵菌群和产甲烷菌群，先后完成产酸发酵作用和产甲烷作用，前者被称作产酸相，后者叫作产甲烷相，此种厌氧生物处理系统称之为两相厌氧生物处理。其流程图如图 3-44 所示。

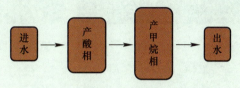

图 3-44　两相厌氧生物处理流程图

两相厌氧生物处理工艺的本质特征是实现相的分离

最常用的相分离技术是动力学控制法，即利用发酵细菌和产甲烷菌生长速率的差异，控制进水流量、调节水力停留时间。产酸相的水力停留时间远小于产甲烷相，通常是产甲烷相的 1/3。

两相厌氧生物处理工艺中根据两相是否采用相同的工艺可分为两相均为 UASB 的反应器（国内常被采用）以及两相采用不同反应器的 Anodek 工艺，具体内容见图 3-45。

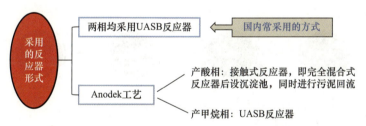

图 3-45　不同两相厌氧生物处理工艺中反应器的形式

表 3-3 列举了这两种不同工艺处理部分不同来源污水的部分参数。

不同几种污水两相和单相厌氧生物处理工艺的结果对比　　　　表 3-3

污水来源	Anodek 工艺			单相 UASB 反应器		
	进水 COD (mg/L)	COD 去除率 (%)	UASB 负荷 [kgCOD/(m³·d)]	进水 COD (mg/L)	COD 去除率 (%)	UASB 负荷 [kgCOD/(m³·d)]
浸、沤麻	6500	85~90	9~12	6000	80	2.5~3
甜菜加工	7000	92	20	7500	86	12
酵母、酒精	28200	67	21	27000	90~97	6~7
啤酒	2500	80	10~15	2500	86	14
霉和酒精	7500	84	14	5300	90	10
纸浆生产	16600	70	17	15300	63	2~2.5

3.4.5.2 两相厌氧生物处理特点及末端发酵产物的选择 一般知识点

两相厌氧生物处理的特点

运行效果提升	抗冲击负荷	效率提高
◆ 提供产酸菌、产甲烷菌各自最佳生长条件； ◆ 各反应器达到最佳运行效果； ◆ 产甲烷菌活性得到提高，产气量增加	◆ 酸化反应器对进水负荷变化有一定缓冲作用； ◆ 能缓解对后续产甲烷反应器的影响，耐冲击负荷	◆ 反应快，水力停留时间短，负荷率高； ◆ 能够减轻产甲烷反应器的负荷； ◆ 可提高对复杂有机物的水解速率

产酸相最适液相末端发酵产物的选择

为了提高两相厌氧生物处理能力，需要通过控制产酸相的产物或发酵类型来提供易于产甲烷细菌利用的底物。

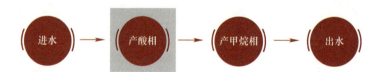

◆ **易于发生产氢产乙酸转化**

产甲烷菌能直接利用的底物种类很少，仅有二碳的乙酸和一碳的甲酸、甲醇、甲胺、二氧化碳，而厌氧发酵过程中不可避免地会产生丙酸、丁酸、戊酸、乳酸、乙醇等，而这些有机酸和醇能否被产甲烷菌利用，主要取决于产氢产乙酸菌能否将其转化，因此末端产物的选择应有利于产氢产乙酸菌的转化。

◆ **减少末端发酵产物转化为丙酸的可能性**

丙酸的产氢产乙酸速率很低，它很容易在产甲烷相积累，导致 pH 降低，影响产甲烷菌的活性。

末端发酵产物选择的主要依据

产酸相提供的最适液相末端产物为：乙酸＞乙醇＞丁酸。
最适液相末端发酵类型：乙醇型发酵、丁酸型发酵。

3.4.6 悬浮生长厌氧生物处理法

常见的悬浮生长的厌氧处理法有：（1）完全混合悬浮生长厌氧消化池；（2）厌氧序批式反应器；（3）厌氧接触法。

3.4.6.1 完全混合悬浮生长厌氧消化池 〔一般知识点〕

完全混合悬浮生长厌氧消化池（complete-mix suspended growth anaerobic digester）属完全混合搅拌槽式反应器（图 3-46）。

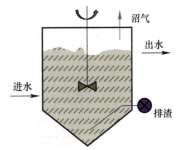

图 3-46 完全混合悬浮生长厌氧消化池

- 没有污泥回流，HRT 和 SRT 相等，HRT 一般为 15~20 d。完全混合消化池适用于处理固体含量高以及溶解性有机物浓度非常高的污水。
- 典型的有机负荷和水力停留时间见表 3-4。

30℃时悬浮生长厌氧处理法典型运行参数　　　　表 3-4

工艺方法	有机容积负荷 [kgCOD/(m³·d)]	HRT（d）
完全混合法	1.0~5.0	15~30
厌氧接触法	1.0~8.0	0.5~5
ASBR	1.2~2.4	0.25~0.50

3.4.6.2 厌氧序批式反应器 〔一般知识点〕

厌氧序批式反应器（ASBR）可看作是反应和泥水分离在同一装置的悬浮生长厌氧工艺。

- 分进水、反应、沉淀和排水几个阶段（图 3-47）。

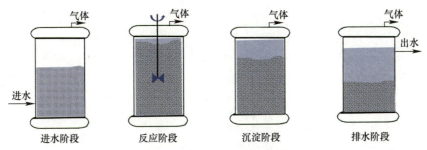

图 3-47 厌氧序批式反应器不同反应阶段

- **成功的关键之一**是能否形成沉降性能良好的颗粒污泥
- ◆ Dague 研究小组的小试研究成果表明，ASBR 工艺有可能突破在低温下低浓度污水的处理难题。

3.4.6.3 厌氧接触法 一般知识点

厌氧接触工艺又称厌氧活性污泥法，在消化后设沉淀。经消化池厌氧消化后的混合液排至沉淀池分离装置进行泥水分离，澄清水由上部排出，污泥回流至厌氧消化池（图 3-48）。

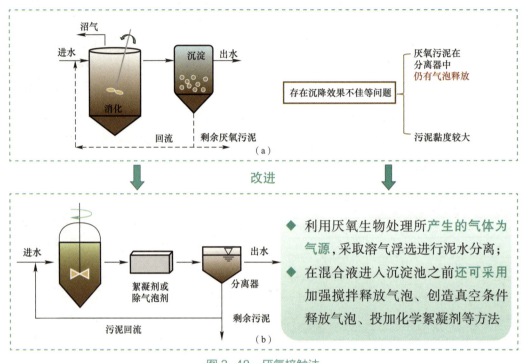

图 3-48 厌氧接触法
（a）改进前；（b）改进后

厌氧接触法的特点

1. 污泥浓度高，一般为 5~10 gVSS/L，抗冲击负荷能力强。

2. 有机容积负荷高，中温时，COD 负荷 1~6 kgCOD/(m^3·d)，去除率 70%~80%；BOD 负荷 0.5~2.5 kg BOD/(m^3·d)，去除率 80%~90%。

3. 出水水质较好。

4. 流程较复杂，增加了沉淀池、污泥回流系统、真空脱气设备。

5. 适合于处理悬浮物和有机物浓度均很高的污水。

厌氧接触法典型的运行参数见表 3-5。

厌氧接触法典型的运行参数			表 3-5
表面水力负荷 [m^3/(m^2·h)]	VSS（mg/L）	HRT（d）	有机容积负荷 [kgCOD/(m^3·d)]
0.5~1.0	4000~8000	0.5~5	1.0~8.0

3.4.7 固着生长厌氧生物处理法

3.4.7.1 厌氧生物滤池 一般知识点

厌氧生物滤池（Anaerobic Biofilter，简称 AF）是一种内部装填有微生物载体（即滤料）的厌氧生物反应器。其分类如图 3-49 所示。

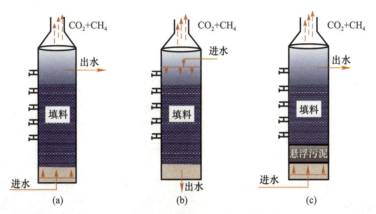

图 3-49 厌氧生物滤池的分类方式
（a）升流式；（b）降流式；（c）升流式混合型

原理

◆ 厌氧微生物**部分附着**生长在滤料上，形成厌氧生物膜，**部分**在滤料孔隙间**悬浮**生长。

◆ 污水流经挂有生物膜的滤料时，水中的有机物扩散到生物膜表面，并被生物膜中的微生物降解转化为沼气。

◆ 净化后的水通过排水设备排至池外，所产生的沼气被收集利用。

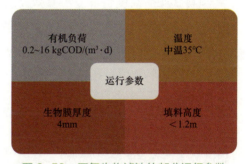

图 3-50 厌氧生物滤池的部分运行参数

厌氧生物滤池的运行参数如有机负荷、温度、填料高度等如图 3-50 所示。

缺点

◆ 启动时间长，对进水 SS 要求较高。

◆ 滤池易堵塞，需经常更换填料。

◆ 滤池清洗复杂。

优点

◆ 生物量浓度高，可获得较高的有机负荷。

◆ 能耗低，耐冲击负荷强。

◆ 稳定性较强，运行管理方便，无需回流污泥。

3.4.7.2 厌氧膨胀床反应器 一般知识点

厌氧膨胀床反应器（Anaerobic Expanded Bed Reactor，AEBR）

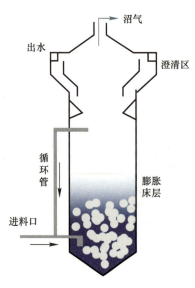

图 3-51　厌氧膨胀床反应器

AEBR 工艺（图 3-51）中污水从床底部进入，为使填料层膨胀，需将部分出水用循环水泵进行回流，提高床内水流的上升速度；颗粒互相接触频繁，同时也加快了生物膜的脱落。

◆ AEBR 的工艺参数见图 3-52。

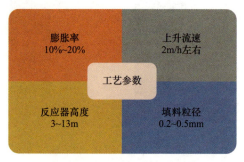

图 3-52　AEBR 的工艺参数

填料膨胀后高度为反应器有效高度的 50%，常用填料为相对密度 2.56 的石英砂，但也采用活性炭颗粒、陶粒和沸石等。不管对于厌氧膨胀床反应器还是流化床反应器，填料的选择十分重要，为达到预期效果需考虑填料的粒径、密度、粒径分布等（表 3-6），但如此细小的填料和填料孔隙率，仍需考虑床体堵塞的问题。

> **适用范围**
>
> 既可用于高浓度有机废水的厌氧处理，也可用于低浓度的城市污水处理。

AEBR 反应器的特点：

◆ 由于填料粒径较小，并且在反应器中处于悬浮状态，既缓解了污泥堵塞，又大大增加了微生物固着生长的表面积。

◆ 提高了反应器中微生物浓度（一般为 30 gMLVSS/L 左右），从而大幅提高了有机容积负荷。

◆ 运行稳定，耐冲击负荷能力强。

◆ 由于床内生物固体停留时间较长，剩余污泥量少。

填料物理性质对膨胀和流化特性的影响

表 3-6

		过大时	过小时
粒径与密度		1. 颗粒沉降速度大，欲达到一定接触时间需增加床体高度 2. 因水流剪切力，生物膜易脱落 3. 比表面积下降，容积负荷低 4. 膜厚度大的颗粒移到床上部，使颗粒分层倒过来	1. 操作困难 2. 颗粒的雷诺数小于 1 时，液膜阻力增加
粒径分布		1. 上部孔隙增大 2. 生物膜厚度不均匀	有助于颗粒混合，使床内生物膜厚度均匀

3.4.7.3 厌氧流化床反应器 `一般知识点`

厌氧流化床反应器（Anaerobic Fluidized Bed Reactor，AFBR）

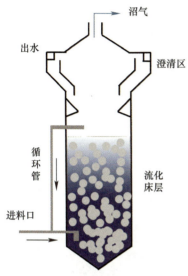

图 3-53 厌氧流化床反应器

AFBR 工艺反应器（图 3-53）的形式和运行方式与 AEBR 基本相同，填料种类亦相同。

◆ AFBR 的工艺参数见图 3-54。

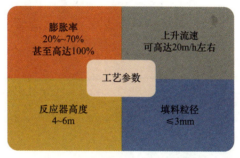

图 3-54 AFBR 的工艺参数

适用范围

与膨胀床相同，流化床可以用于处理各种浓度的有机废水。

在 35℃条件下，AFBR 工艺的有机负荷一般为 10～40 kgCOD/(m^3·d)，参见表 3-7。

实验室 AFBR 的运行参数举例　　　　表 3-7

废水	温度（℃）	COD 负荷 [kgCOD/(m^3·d)]	HRT（h）	COD 去除率（%）
柠檬酸	35	42	24	70
淀粉、乳清	35	8.2	105	99
乳品	37	3～5	18～12	71～85

AFBR 反应器的特点：

◆ 流化床中颗粒在床中做无规则自由运动，由于上升流速较大，水流的剪切力使颗粒液膜阻力减小，与 AEBR 相比底物在生物膜表面的传质速率提高。

◆ 流化床的比表面积大，可保证较高的生物量。

◆ AFBR 反应器的效率很高，并且弥补了 AEBR 的不足。

但由于实现流化的动力消耗较大，实际过程应用受到一定的限制。

3.4.7.4 厌氧生物转盘 一般知识点

厌氧生物转盘（Anaerobic Rotating Biological Contactor Process）是 Pretorius 等人于 1975 年在进行污水反硝化脱氮处理时提出来的。构造与好氧生物转盘相似，不同之处是反应器是密封的，而且圆盘全部浸没在水中（图 3-55 和图 3-56）。

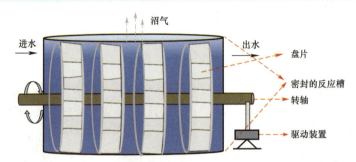

图 3-55 厌氧生物转盘

运 行

- 反应器的进出水是水平流向；
- 盘片转动时，作用在生物膜上的剪切力将老化的生物膜剥下，在水中呈悬浮状态，随水流出槽外，沼气从槽顶排出。盘片的具体参数见图 3-57。

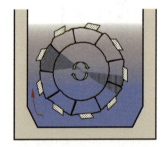

图 3-56 厌氧生物转盘剖面图

特点

① 微生物浓度高，可承受较高的有机负荷。
② 污水在反应器内按水平方向流动，无须提升污水和回流。
③ 可处理悬浮固体较高的污水，不存在堵塞问题。
④ 生物膜能保持较高的活性。
⑤ 具有承受冲击负荷的能力，处理过程稳定性较强。

厌氧生物转盘可以是一级也可以是多级串联，级数为 4~10。一般认为，多级串联可以提高系统的稳定性，增强系统运行的灵活性。

厌氧生物转盘与其他的厌氧生物膜工艺相比，最大的特点是转盘缓慢转动产生了搅拌混合反应，使其流态接近于完全混合反应器。

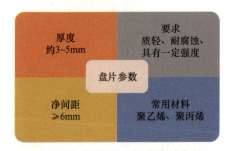

图 3-57 厌氧生物转盘盘片参数

影响厌氧生物转盘运行的主要因素有：水力停留时间、进水水质、有机负荷率及系统的分级等。

3.5 厌氧工艺的运行管理

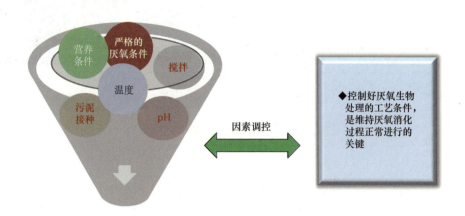

- 控制好厌氧生物处理的工艺条件，是维持厌氧消化过程正常进行的关键

运行调整

营养条件
- C∶N∶P控制在200~300∶5∶1为宜；
- 在反应器启动时，适当增加氮素，有利于微生物的增殖，有利于提高反应系统的缓冲能力

搅拌
- 搅拌可增加微生物与底物接触的机会，加速传质过程，提高处理效率，同时也可防止大量浮渣产生

pH
- 产甲烷菌的最适pH是6.5~7.5；
- 在一定负荷范围内，厌氧消化池内的pH是自然平衡的，一般无需调节

温度
- 厌氧处理常采用中温(35~40℃)消化；
- 水温的变化对微生物细胞的增殖、内源代谢过程和群体组成的变化，以及污泥沉降性能都有很大的影响

接种污泥
- 为了加速厌氧反应器的启动，使其尽早进入正常运行状态，一般均需人为地接种微生物，主要是接种产甲烷菌

严格的厌氧条件
- 最关键的条件。所以必须修建严格密闭的构筑物或反应器以保证厌氧过程的正常进行

第 4 章　自然生物处理系统

【主线】自然处理系统的整体思路

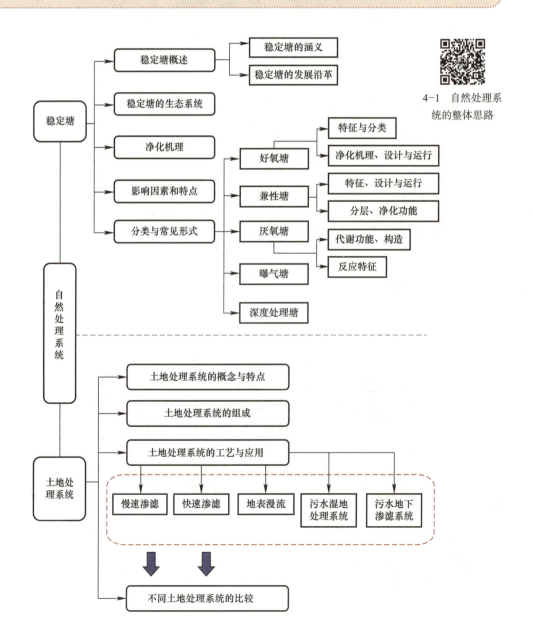

4-1　自然处理系统的整体思路

4.1 稳定塘

4.1.1 稳定塘概述

4.1.1.1 稳定塘的涵义 `一般知识点`

稳定塘（Stabilization lagoon），又称氧化塘（Oxidation lagoon）或生物塘（图4-1）。

图4-1 稳定塘

涵义

稳定塘的名称来源于它的构建方式。稳定塘是采用人工适当修整或人工修建的设有围堤和防渗层的污水池塘，主要依靠自然生物净化功能来稳定化处理污染物。

污水从一端进入，在塘内缓慢流动，从另一端出水，以太阳能为初始能源，通过污水中的微生物和包括水生植物在内的多种生物综合作用，使有机物得以降解。稳定塘内一般不采取保留生物量的措施，因此水力停留时间接近于污泥停留时间，贮存时间较长，一般为数天。

稳定塘处理系统与常规污水处理技术的比较如表4-1所示。

稳定塘处理系统与常规污水处理技术的比较　　　　表4-1

A/A/O 活性污泥法	氧化沟法	稳定塘
工艺流程复杂、处理构筑物多，运行麻烦	工艺流程简单、处理构筑物少，运行简单	工艺流程简单、处理构筑物少，运行稳定可靠，操作简单，无污泥回流，可连续多年不排出污泥
基建投资高	基建投资能节省15%～20%	基建投资最低，占地面积大
运行费用高	运行费用高	运行费用很低，其出水可作为农灌用水
难以同时高效脱氮除磷，低浓度污水处理效果差	能脱氮除磷，低浓度污水处理效果差	能脱氮除磷，适应污水浓度范围大，抗冲击负荷能力强，处理与利用相结合，能实现污水资源化，可处理低浓度污水

4.1.1.2 稳定塘的发展沿革 一般知识点

最早的塘系统

修建于 1901 年，美国得克萨斯州的圣安东尼奥市。

最大的塘系统

世界最大的沃尔比稳定塘 1928 年在墨尔本投入使用。

新的发展

随着活性污泥法的发展，稳定塘由于占地过大、产生气味等原因，发展进入低谷。1960 年后，因能源紧张等问题，稳定塘技术表现出基建投资省、运行费用低、操作简单、净化效果好等优点，作为"革新－替代技术"得以迅速发展。

世界范围的推广应用

至 1980 年，40 多个国家应用了稳定塘，其中美国有 7000 多座，德国 3000 多座，法国 2000 多座，加拿大 1000 多座。

我国的应用情况

我国从 20 世纪 50 年代开始稳定塘处理污水的研究，80～90 年代发展迅速，目前有几百座稳定塘用于处理城市污水和工业废水，农村和城镇有数万座的污水净化—养鱼塘（图 4-2）。从分布的地区来看，从新疆维吾尔自治区到滨海地区，从北部内蒙古到南部省份四川，几乎遍布全国。王宝贞教授是我国开展稳定塘研究的先驱（图 4-3）。

图 4-2　污水净化—养鱼塘

图 4-3　我国稳定塘研究先驱——王宝贞教授（1932-2022）

应用领域与功能

各国的实践证明，稳定塘能用于生活污水和各种工业废水的处理。能适应各种气候条件，如热带、高纬度的寒冷地区；

稳定塘现多作为二级处理技术，也可以作为活性污泥法或生物膜法后的深度处理技术。

4.1.2 稳定塘的生态系统 一般知识点

在稳定塘存活并对污水起净化作用的生物有：细菌、藻类、微型动物、水生植物以及其他水生动物。稳定塘生态系统的组成如图 4-4 所示。

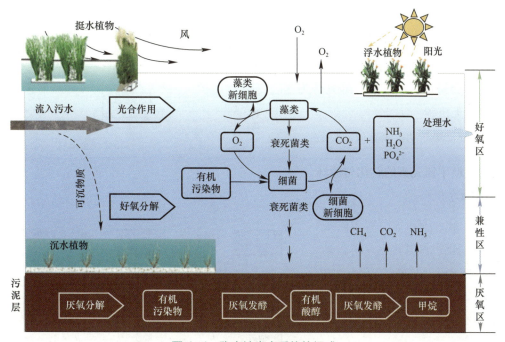

图 4-4 稳定塘生态系统的组成

稳定塘中的食物链（图 4-5）及其净化作用

◆ 细菌

兼性异养菌、厌氧菌、产酸菌和硝化菌等，分解者，降解塘中的有机物。

◆ 藻类

绿藻、蓝藻、褐藻等，塘中溶解氧的主要提供者。

◆ 水生植物

浮水植物（水葫芦、浮萍、水浮莲和水花生）；沉水植物（马来眼子菜），沉于底泥中，浅水中生长；挺水植物（水葱、芦苇），优良的护堤植物。

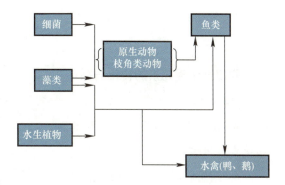

图 4-5 稳定塘中的食物链

◆ 水生动物

原生动物、后生动物、其他鱼类和动物。原生动物和后生动物等浮游生物可蚕食藻类、细菌及呈悬浮状有机物不仅是塘中藻类和细菌的最终消费者，也是鱼类的饵料。

4.1.3 稳定塘生态系统的净化机理 一般知识点

稳定塘中碳元素的转化与循环（图 4-6）

- 细菌代谢（分解、合成）。
- 藻类光合作用和呼吸作用。
- 池底不溶性有机物及沉积的细菌、藻类机体，经厌氧发酵分解为有机碳和无机碳。
- 菌、藻活动影响昼夜 pH 变化。

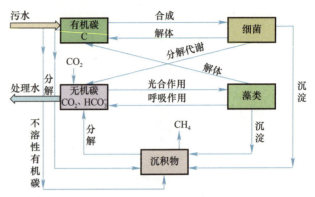

图 4-6 碳元素的转化与循环

稳定塘中氮元素的转化与循环（图 4-7）

- 氨化：有机氮分解为氨氮。
- 硝化：氨氮转化为硝态氮。
- 反硝化：将硝态氮转化为氮气。
- 挥发：在 pH 较高、水力停留时间较长、温度较高时，氨向大气挥发。
- 吸收：微生物及水生植物吸收氨氮或硝态氮。
- 分解：沉积层中有机氮厌氧分解。

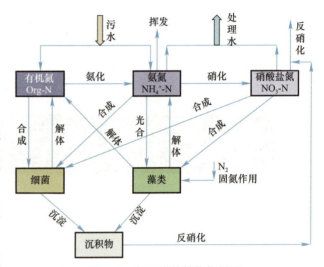

图 4-7 氮元素的转化与循环

稳定塘中磷元素的转化与循环（图 4-8）

- 细菌藻类吸收无机磷化合物，转化为有机磷。
- 溶解磷和不溶磷的转化：白昼 pH 高，磷酸盐易沉淀，夜间 pH 降低，部分已沉淀磷酸盐重新溶解；水中三氯化铁等物质，形成磷酸铁沉淀；水中硝酸盐促使沉淀转化为溶解性磷。
- 有机磷在细菌作用下分解。

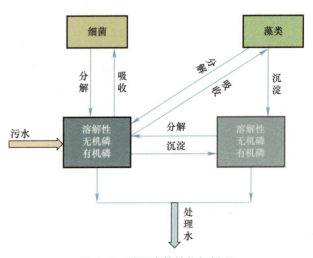

图 4-8 磷元素的转化与循环

4.1.4 稳定塘的影响因素与特点 一般知识点

稳定塘对污水的净化过程（图4-9）

（1）稀释作用　　　　　　　　　（2）沉淀和絮凝作用
（3）好氧微生物的代谢作用　　　（4）厌氧微生物的代谢作用
（5）浮游生物的作用　　　　　　（6）水生维管束植物的作用

稳定塘对污水净化过程的影响因素

（1）温度：热源为阳光，塘内温度分层　　（2）光照：藻类对光的利用存在限值
（3）混合：风力为主，人工为辅　　　　　（4）营养物质：要适当
（5）有毒物质：要加以限制　　　　　　　（6）蒸发量和降雨量
（7）污水的预处理：悬浮物、油脂、pH

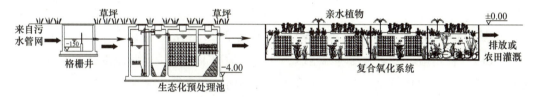

图 4-9　复合稳定塘工艺流程图

稳定塘生态系统的特点

优点：
- ✓ **建设投资省**：能够充分利用（废河道、沼泽地、山谷、河漫滩等）地形，工程简单
- ✓ **维护简单、成本低**：风能自然曝气充氧，处理能耗少
- ✓ **实现污水资源化**：可用于农业灌溉、种植业、养殖业
- ✓ 美化环境：形成景观
- ✓ 污泥产量少
- ✓ **适应能力强**：能承受水质和水量大范围波动

缺点：
- ✗ **占地面积大**，没有空闲的余地不宜采用
- ✗ **污水净化效果不稳定**，在很大程度上受季节、气温、光照等自然因素的影响
- ✗ 防渗处理不当，地下水可能遭到污染
- ✗ 易于散发臭气和滋生蚊蝇等

4.1.5 稳定塘生态系统的分类与常见形式 一般知识点

根据塘水中微生物优势群体类型和塘水的溶解氧工况分

- 好氧稳定塘，简称好氧塘
- 兼性稳定塘，简称兼性塘
- 厌氧稳定塘，简称厌氧塘
- 曝气稳定塘，简称曝气塘
- 深度处理塘

图 4-10 贮存塘

根据处理水的出水方式，稳定塘又可分为连续出水塘、控制出水塘与贮存塘（图 4-10）3 种类型。上述的几种稳定塘，在一般情况下，都按连续出水塘方式运行，但也可按控制出水塘和贮存塘（包括季节性贮存塘）方式运行。

控制出水塘
主要特征：人为控制塘的出水。某个时期内，如结冰期，只有污水流入，而无处理水流出，此时起蓄水作用。在某个时期内，如在灌溉季节，又将塘水大量排出，出水量远超过进水量。控制出水塘多为兼性塘。
适用地区：①结冰期较长的寒冷地区；②干旱缺水，需要季节性利用塘水的地区；③塘处理水季节性达不到排放标准或水体只能在丰水期接纳塘出水的地区。

贮存塘
原理：只进水而无处理水排放的稳定塘，靠蒸发和微量渗透来调节容积。
特点与适应范围：需要的水面积很大，只适用于蒸发率高的地区。塘水中盐类物质将与日俱增，最终将抑制微生物的增殖、导致有机物降解效果变差。

4.1.5.1 好氧塘 重要知识点

特征

- ◆ **深度较浅**，一般不超过 0.5～1.0 m，阳光能够透入塘底（图 4-11）。
- ◆ 主要由**藻类供氧**，全部塘水都呈好氧状态。
- ◆ 好氧**微生物**起有机污染物的**降解**与污水的净化作用。
- ◆ 采用较低的有机负荷值，塘内存在着**藻/菌**及原生动物的**共生系统**。

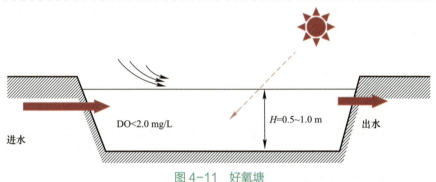

图 4-11 好氧塘

好氧塘的优缺点

优点：
- ✓ **净化功能强**，污染物降解速率高
- ✓ 污水在塘内**停留时间短**，进水应进行比较彻底的预处理去除可沉悬浮物，以防形成污泥沉积层
- ✓ **生物相**比较**丰富**

缺点：
- × 占地面积大
- × 处理水中含有大量藻类，需进行除藻
- × 对细菌的去除效果也较差

分 类

（1）高负荷好氧塘，有机物负荷率高，污水停留时间短，塘水中藻类浓度很高，这种塘仅适于气候温暖、阳光充足的地区采用。

（2）普通好氧塘，一般指以处理污水为主要功能的好氧塘，有机负荷率较前者低。

（3）深度处理好氧塘，以处理二级处理工艺出水为目的的好氧塘，有机负荷率很低，一般其进水水质 BOD_5 不大于 30 mg/L，COD 不大于 120 mg/L，而 SS 则为 30～60 mg/L。

净化机理

◆ **良好的好氧状态：**阳光照射时间内，藻类在光合作用下，释放出大量的氧，塘表面也由于风力的搅动进行自然复氧。

◆ 好氧微生物对有机物进行氧化分解，代谢产物 CO_2 作为藻类光合作用的碳源。

◆ 藻类摄取 CO_2 及 N、P 等无机盐类，利用太阳光能合成其本身的细胞质，并释放出氧。

> 在好氧塘内同时进行着光合成反应和有机物的降解反应，但溶解氧、pH 等在一日内是变化的。

好氧塘的日变化

白昼
◆ **溶解氧：**藻类光合作用放出的氧远远超过藻类和细菌所需要的，塘水中氧的含量很高，可达到饱和状态。
◆ **pH：**在白昼上升。

晚间
◆ **溶解氧：**光合作用停止，生物呼吸使溶解氧减少，凌晨时最低，阳光开始照射，光合作用开始，水中溶解氧再上升。（藻类过度繁殖会造成夜间塘内缺氧）。
◆ **pH：**在夜晚下降。

设计与运行

● 好氧塘可作为独立的污水处理技术，也可以作为深度处理技术，好氧塘分格，不宜少于两格，可串联或并联运行。

● 塘表面以矩形为宜，长宽比取值 3∶1～2∶1，塘堤外坡 5∶1～4∶1，内坡 3∶1～2∶1，堤顶宽度取 1.8～2.4 m。

● 塘底有污泥沉积，应定期清除。处理水含有藻类，必要时应进行除藻处理。

4.1.5.2 兼性塘 重要知识点

特征

- ◆ 塘水较深，一般深 1.0~2.0 m，存在好氧层、兼性层、厌氧层三个区域（图 4-12）。
- ◆ 污水净化是由好氧、兼性、厌氧微生物协同完成的。
- ◆ 城市污水处理最常用的一种稳定塘，应用广泛。

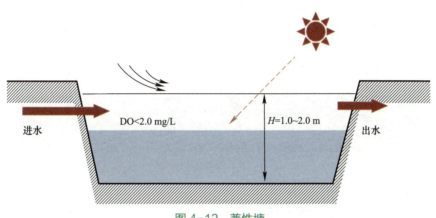

图 4-12　兼性塘

兼性塘的优缺点

优点：
- ✓ 对水量、水质的冲击负荷的适应能力强。
- ✓ 同等的处理效果条件下，其建设投资与维护管理费用低于其他生物处理工艺。

缺点：
- ✗ 池容大，占地多。
- ✗ 可能有臭味，夏季运转时经常出现漂浮污泥层。
- ✗ 出水水质有波动。

设计与运行

● 兼性塘深为 1.2~2.5 m，北方地区应考虑冰盖厚度及保护厚度，还有污泥层的厚度。污泥层厚一般为 0.3 m，保护厚度为 0.5~1.0 m，冰盖厚度由地区气温而定，一般为 0.2~0.6 m。

● 以矩形为宜，长宽比以 2∶1 或 3∶1 为宜。池一般不少于 2 座，宜采用多级串联，第一塘面积大，占总面积的 30%~60%，采用较高的负荷率，以不使全塘都处于厌氧状态为宜。

兼性塘的分层如图 4-13 所示。

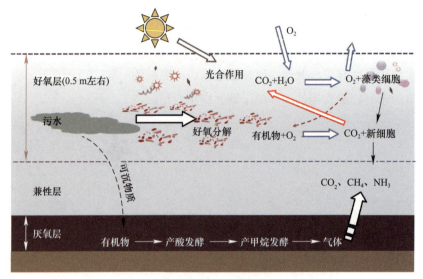

图 4-13　兼性塘的分层

好氧层

在塘的上层，阳光能够照射透入的部位，类似好氧塘，好氧异养菌降解有机污染物；藻类光合作用旺盛，释放大量的氧。

兼性层

好氧与厌氧层之间，溶解氧低，白天的各项反应与好氧层类似，夜间与厌氧层类似，多存活兼性菌。

厌氧层

在塘的底部，由沉淀的污泥、衰亡藻类和菌类形成污泥层，厌氧微生物进行厌氧发酵。

> **净 化 功 能**
>
> - 主要处理对象为城市污水、生活污水中的有机污染物。
> - 比较有效地去除某些较难降解的有机化合物，如木质素、合成洗涤剂、农药以及氮、磷等植物性营养物质。
> - 可用于处理木材化工、制浆造纸、煤化工、石油化工等工业废水。

4.1.5.3 厌氧塘 重要知识点

◆ **代谢功能**

依靠厌氧菌使有机污染物得到降解。

◆ **功能**

受厌氧发酵的特征所控制（图 4-14）。

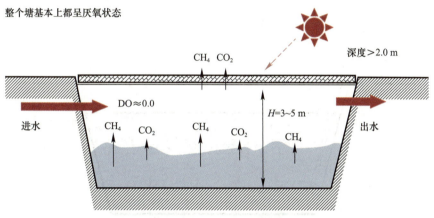

图 4-14 厌氧塘功能模式图

◆ **构造**

应服从厌氧反应的要求，深度大于 2 m，一般在 3~5 m。

1. 污染地下水

厌氧塘内污水的污染浓度高，深度大、易污染地下水，因此，必须做好防渗措施。

2. 散发臭气

应使其远离住宅区，一般应在 500 m 以上。

3. 浮渣

水面上可能形成浮渣层，浮渣层对保持塘水温度有利，但有碍观瞻，且浮渣上易滋生小虫，环境卫生条件差，应设于偏僻处或采取适当的措施。

对周围环境的不利影响和注意问题

适用范围
- 多用于处理高浓度、水量不大的有机废水，如肉类加工、食品工业、牲畜饲养场等废水。
- 城市污水有机污染物含量较低，一般很少采用厌氧塘处理。
- 厌氧塘出水有机物含量仍很高，需进一步通过兼性塘或好氧塘处理。此时以厌氧塘为首塘无须进行预处理，以厌氧塘代替初次沉淀池。

反应特征

◆ 细菌

只有细菌无其他生物，产酸菌、产氢产乙酸菌和产甲烷菌共存。

◆ 反应

产甲烷菌增殖慢，产酸菌和产氢产乙酸菌增殖较快。三种菌应保持动态的平衡关系；否则有机酸大量积累，使产甲烷受到抑制（图4-15）。

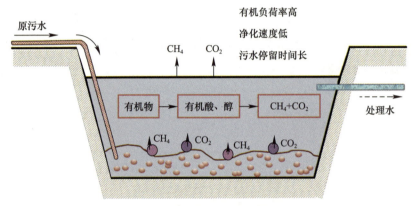

图 4-15　厌氧塘净化机理图

◆ 能量

反应过程释放能量较少，用于菌体增殖的能量也较少。最终产物 CH_4 可作为能量而加以回收。

厌氧塘在功能上受厌氧发酵的特征所控制，应创造适应产甲烷菌要求的条件。

控 制 条 件

1. 有机负荷

避免负荷过高，有机酸在系统中的浓度应控制在 3000 mg/L 以下。

2. pH

6.5～7.5。

3. C∶N

一般约 20∶1，但这个数值不是绝对的，可以根据不同的具体条件确定。

4. 有毒物质

污水中不得含有过量的能够抑制细菌活动的物质，如重金属和有毒物质。

5. 温度

产甲烷菌对温度较敏感，应使塘内温度不要剧烈变动。

4.1.5.4 曝气塘 重要知识点

曝气塘是经过人工强化的稳定塘

◆ 曝气塘虽属于稳定塘的范畴，但又不同于其他以自然净化过程为主的稳定塘，介于活性污泥延时曝气法与稳定塘之间。

◆ 采用人工曝气装置向塘内污水充氧，并搅动塘水。

◆ 塘深在 2.0 m 以上，多采用表面机械曝气，也可采用鼓风曝气。在曝气条件下，藻类的生长与光合作用受到抑制。

> 曝气塘又可分为好氧曝气塘（图 4-16）及兼性曝气塘（图 4-17）两种。
> 主要取决于曝气装置数量、安设密度和曝气强度。

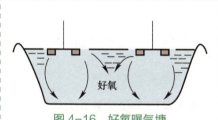

图 4-16 好氧曝气塘

曝气装置功率较大，全部污泥都处于悬浮状态，溶解氧充足。与活性污泥法的延时曝气法相近。

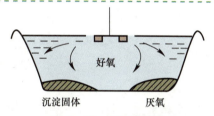

图 4-17 兼性曝气塘

曝气装置仅能使部分污泥处于悬浮状态，溶解氧不足，部分固体物质沉积塘底，进行厌氧分解。

曝气塘的优缺点

● 优点

由于经过人工强化，曝气塘的净化功能、效果以及工作效率都明显地高于一般类型的稳定塘。污水在塘内的停留时间短，曝气塘所需容积及占地面积均较小。

● 缺点

由于采用人工曝气措施，耗能增加，运行费用也有所增加。

4.1.5.5 深度处理塘 一般知识点

◆ **定义**

深度处理塘又称三级处理塘、熟化塘。专门用以处理二级处理出水及与二级处理技术相当的稳定塘出水。

◆ **形式**

一般多采用好氧塘的形式，也有采用曝气塘的形式，用兼性塘形式的较少。

◆ **供氧方式**

一般采用大气复氧或藻类光合作用。

◆ **设置原则**

设置在二级处理工艺之后或稳定塘系统的最后。进入深度处理塘进行处理的污水水质，一般 BOD 不大于 30 mg/L，COD 不大于 120 mg/L，SS 为 30～60 mg/L。

◆ **作用**

进一步降低污染物，以适应受纳水体或回用对水质的要求。在污水处理厂和接纳水体之间起到缓冲作用。

净化功能

1. BOD、COD 去除

二级出水中残余的 BOD、COD 都是难于降解的，深度处理塘对这些指标的去除效率不可能太高，一般 BOD 的去除率是 30%～60%，COD 的去除率更低，一般仅为 10%～25%。

2. 细菌的去除

深度处理塘对大肠杆菌、结核杆菌、葡萄球菌属以及酵母等都有良好的去除效果。除菌受到水温、光照强度、光照时间的影响，高温除菌效果好于低温。阳光中的紫外线有较强的灭菌效果。

3. 藻类的去除

未经除藻处理的深度处理塘出水，仍含有大量藻类。通过养鱼使塘水中藻类含量降低，又可从养鱼中取得效益。

4. 氮磷的去除

主要依靠塘水中的藻类吸收氮磷。氮还能够通过反硝化反应而去除。磷酸盐通过沉淀可进入底污泥中，但可能重新返溶。

在德国的鲁尔河和尼尔斯河协会，熟化塘不仅被广泛地应用于污水处理厂中，而且还采取了很多工程化措施，塘的设计和建造都能保证污水具有良好的水力流动状态和很好的处理效果，图 4-18 展示了鲁尔河污水处理厂中的净化塘。

图 4-18 鲁尔河污水处理厂中的净化塘

4.2 土地处理系统的概述

4.2.1 土地处理系统的概念与特点 重要知识点

属于污水自然生物处理范畴；污水土地处理系统是人工规划、设计与自然净化相结合，水处理与利用相结合的环境系统工程技术。

【原理】将污水**有节制**地投配到土地上，通过**土壤－植物系统**物理、化学、生物的吸附、过滤与净化作用和自我调控功能，使污水中可生物降解的污染物得以降解、净化，氮、磷等营养物质和水分得以再利用，促进绿色植物生长并获得增产。

优　点

1. 促进污水中植物营养素的循环，污水中的有用物质通过作物的生长而获得再利用。
2. 可利用废劣土地、坑塘洼地处理污水，基建投资省。
3. 使用机电设备少，运行管理简便、成本低廉，节省能源。
4. 绿化大地，增添风景美色，改善地区小气候，促进生态环境的良性循环。

缺　点

1. 污染土壤和地下水，特别是造成重金属污染、有机毒物污染等。
2. 导致农产品质量下降。
3. 散发臭味、滋生蚊蝇，危害人体健康。

【分类】污水土地处理系统可分为慢速渗滤、快速渗滤、地表漫流、湿地处理和地下渗滤 5 种工艺，其工艺条件与工程参数见表 4-2。

土地处理系统的工艺条件与工程参数　　　　　表 4-2

处理类型	水力负荷 $[m^3/(m^2·d)]$	土壤渗透系数 (m/d)	土层厚度（m）	地下水位（m）	地面坡度（%）
慢速渗滤	0.6～6	0.036～0.36	>0.6	0.6～0.3	≤30
快速渗滤	6～150	0.36～0.6	>1.5	1.0	<15
地表漫流	3～21	≤0.12	>0.3	不限	<15
湿地处理	3～20	≤0.12	>0.3	不限	<2
地下渗滤	0.4～3	0.036～1.2	>0.6	>1.0	<15

4.2.2 土地处理系统的组成 一般知识点

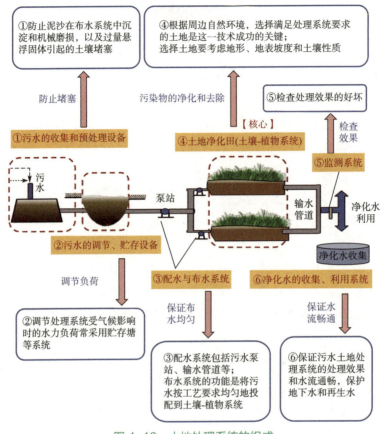

图 4-19 土地处理系统的组成

◆ 污水土地处理系统（图 4-19）在某种意义上源于传统的污水灌溉，但绝不等于污水灌溉。

主要从设计目标与利用方向、污染负荷控制、生态结构、保护承接水体四个方面加以区分：

（1）设计目标与利用方向：传统污水灌溉主要目的是利用污水提高作物产量，很少考虑系统的连续运行；而土地处理则强调处理与利用相结合，终年连续运行。

（2）污染负荷控制：传统的污水灌溉只注意水质和水量；而土地处理则重视单位面积污染负荷与同化容量。

（3）生态结构：传统污水灌溉通常是单一种植；而土地处理系统则考虑设计多样化种植的生态结构。

（4）保护承接水体：经土地处理后的出水，作为再生水资源可以重复利用。

4.2.3 土地处理系统的工艺与应用

4.2.3.1 慢速渗滤 一般知识点

概念

将污水投配到种有植物的土地表面，污水缓慢地在土地表面流动并向土壤中渗滤，一部分污水直接被植物吸收，一部分渗入土壤中，从而使污水达到净化的效果（图4-20）。

图4-20 慢速渗滤

原理

污水垂直向下缓慢渗滤，土地净化田上的作物可吸收水分和养分，通过土壤—微生物—作物对污水进行净化，部分污水蒸发和渗滤（图4-21）。

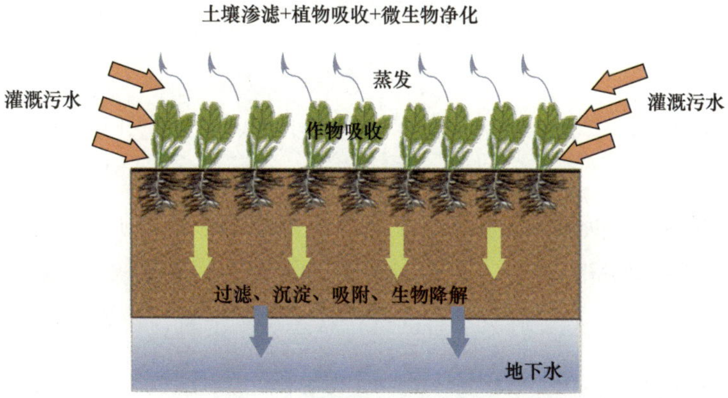

图4-21 慢速渗滤净化污水原理图

> **特 点**
>
> ● 严格要求对污水进行预处理，一般采用一级处理水进入慢速渗滤系统，并对工业污水的成分加以限制。
> ● 污水投配负荷低，渗滤速度慢，水质净化效果好，处理水可补充地下水。

4.2.3.2 快速渗滤 一般知识点

概念

将污水有控制地投配到渗滤性能良好的土地表面，向下渗滤过程中，在过滤、沉淀、氧化还原以及生物氧化、硝化反硝化等一系列物理、化学及生物的作用下净化污水（图4-22）。

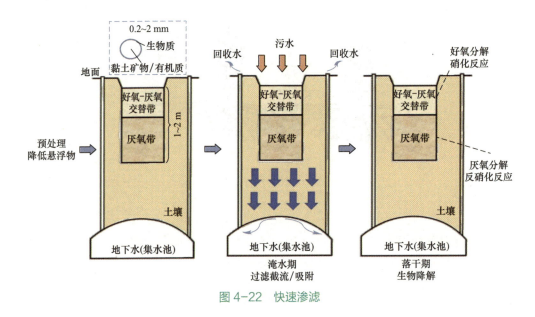

图 4-22 快速渗滤

原理

◆ 污水周期性地向渗滤田灌水和休灌，表层土壤周期性地处于淹水/干燥，即厌氧、好氧交替运行状态。

◆ 落干期表层土壤恢复好氧状态，发生好氧降解反应，被土壤层截留的有机物被降解；落干期土壤层脱水干化有利于下一个灌水周期水的下渗和排除。

◆ 在土壤层形成的厌氧、好氧交替的运行状态有利于氮、磷的去除。

特　点

● 负荷率（有机及水力负荷率）高于其他的土地处理系统，但如严格控制灌水-休灌周期，对有机物及氮磷的净化效果仍然很好。

● 耐冲击负荷能力强。

适用于渗水性能良好的土壤，土层厚度大于1.5 m，地表坡度小于15%的农业区或开阔地带。进入快速渗滤系统的污水应当经过适当的预处理，一般经过一级处理即可。

4.2.3.3 地表漫流 一般知识点

概念

将污水有控制地投配到多年生牧草、坡度和缓、土壤渗透性差的土地上，污水以薄层方式沿土地缓慢流动，流动过程中得到净化。净化出水大部分以地面径流汇集、排放或利用（图4-23）。

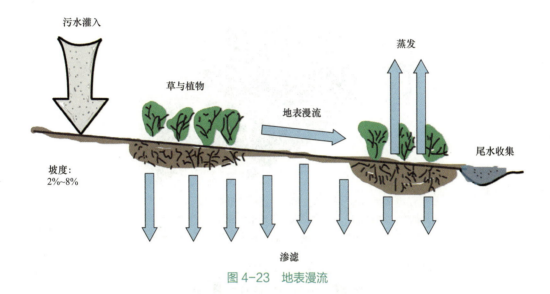

图4-23 地表漫流

原理

以处理污水为主，兼行生长牧草；机理与生物膜法相似；污水在地表漫流的过程中，少部分蒸发和渗入地下，大部分汇入建于低处的集水沟。

> **特　点**
> - 地表径流收集处理水，对地下水的污染较轻。
> - 处理效果好：BOD去除率可达90%；总氮去除率为70%~80%；悬浮物去除率较高，一般达90%~95%。
> - 在污水漫流地域可种植作物，如牧草等，具有一定的经济效益。

适用于渗透性较低的黏土、粉质黏土，最佳坡度为2%~8%；进水须经适当的预处理，如格栅、筛滤等，但程度要求低，其出水水质则相当于传统生物处理。

4.2.3.4 湿地处理系统 重要知识点

湿地处理系统的概念与原理

【概念】湿地处理是将污水投放到土壤常处于水饱和状态且生长有芦苇、香蒲等耐水植物的沼泽地上，污水沿一定方向流动，在流动过程中，在耐水植物和土壤联合作用下，污水得到净化的一种土地处理工艺（图4-24、图4-25）。

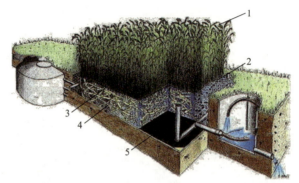

图4-24 基质－植物－微生物复合生态系统
1-湿地植物；2-水体层；3-腐质层（湿地植物的落叶及生物代谢物等组成）；
4-基质层（由填料、土壤和植物根系组成）；5-底部的防渗层

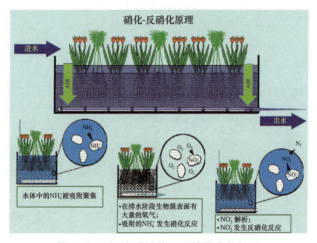

图4-25 污水湿地处理系统的净化机理

【原理】
- 物理沉降作用
- 植物根系阻截作用
- 化学沉淀作用
- 微生物代谢作用等
- 土壤及植物表面吸附与吸收作用
- 植物根系的某些分泌物对细菌和病毒有灭活作用
- 细菌和病毒也可能在对其不适宜环境中自然死亡

湿地处理系统的分类

> 分类：天然湿地（沼泽地－咸水、淡水）、自由水面人工湿地、人工潜流湿地

◆ 天然湿地（图 4-26）

利用天然洼淀、苇塘，并加以人工修整而成。中设导流土堤，使污水沿一定方向流动，水深一般在 30～80 cm，不超过 1.0 m，净化作用类似好氧塘，宜作污水深度处理。

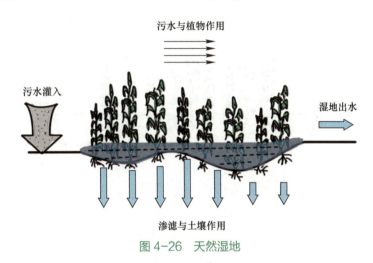

图 4-26　天然湿地

◆ 人工湿地系统：为处理污水而人为设计的工程化湿地系统

自由水面人工湿地（图 4-27）

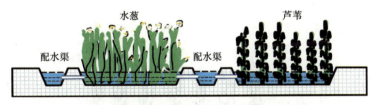

图 4-27　自由水面人工湿地

用人工筑成水池或沟槽状，地面铺设隔水层以防渗漏，再充填一定深度的土壤层，在土壤层种植芦苇一类的维管束植物。污水由湿地的一端通过布水装置进入，并以较浅的水层在地表上以推流方式向前流动，从另一端溢入集水沟，在流动的过程中保持着自由水面。

> **特　点**
>
> ● 除具有天然湿地的主要特征外，还辅以必要的工程措施。
> ● 缓冲容量大、处理效果好、工艺简单、投资省、运行费用低等。

◆ 人工潜流湿地

人工筑成床槽，床内充填介质支持芦苇类的挺水植物生长。

床底设黏土隔水层，并具有一定的坡度。污水从沿床宽度设置的地下布水装置进入，水平流动通过介质，与布满生物膜的介质表面和溶解氧充分的植物根区接触，得到净化。

人工苇床（图4-28）

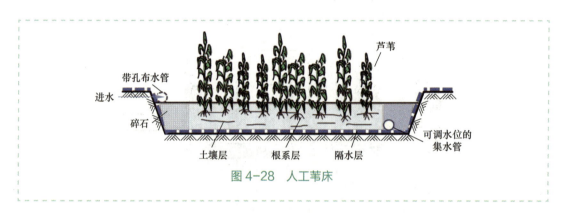

图4-28 人工苇床

人工苇床内介质上层为土壤（种植芦苇等耐水植物）；下层为易于使水流通的介质，如粒径较大的土壤、碎石等，是植物根系深入的根系层。

碎石床（图4-29）

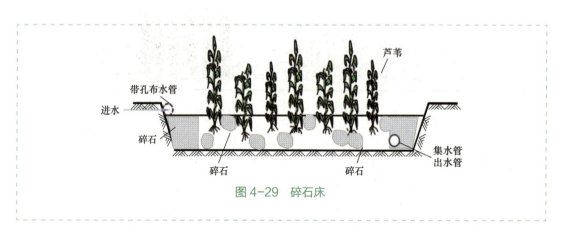

图4-29 碎石床

碎石床只充填碎石、砾石一种介质，耐水性植物直接种植在介质上。

碎石床适用于中、小城镇的污水处理，且具有广泛适用性。处理重金属废水、垃圾渗滤液等都能达到很好的效果。

4.2.3.5 地下渗滤处理系统 一般知识点

将经过腐化池（化粪池）或酸化水解池预处理后的污水有控制地通入设于地下距地面约 0.5 m 深处的渗滤田，在土壤的渗滤和毛细管作用下，污水向四周扩散，通过过滤、沉淀、吸附和在微生物作用下的降解作用，使污水得到净化（图 4-30）。

【毛管浸润渗滤沟】污水通过细孔下渗至厌氧槽中，在槽中积存到一定程度后，在基质水吸力和毛细力作用下向上爬升扩散。在此过程中，污水中大部分悬浮物被厌氧槽中的砂子吸附、截留，使其在厌氧槽中积累进而提高了系统对污染物的去除，并可预防系统堵塞的发生（图 4-31）。

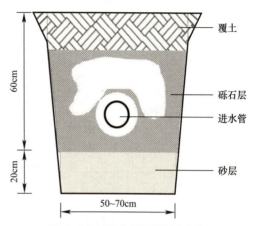

图 4-30 污水土壤渗滤净化沟

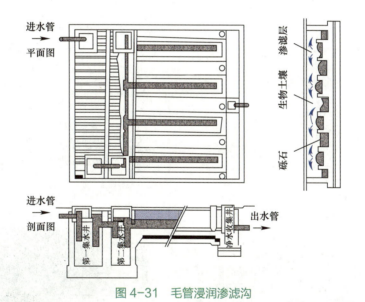

图 4-31 毛管浸润渗滤沟

特 点

优点：运行管理简单，停留时间长，负荷低，处理出水水质好，处理出水可回用，受气温变化影响较小；卫生条件好，不影响当地景观。

缺点：受场地和土壤条件的影响较大，如果负荷控制不当，土壤会堵塞；进出水设施埋于地下，工程量较大，建设费用高。

毛管浸润渗滤沟适用于处理小流量的居住小区、旅游点、度假村、疗养院等未与城市排水系统接通的分散建筑物排出的污水。

4.2.4 不同土地处理系统的比较 　重要知识点

土地处理工艺	可能的限制组分或设计参数	是否有植物净化作用、尾水是否收集	适用性	工艺流程图/示意图
慢速渗滤（SR）	土壤的渗透性，地下水硝酸盐	● 种植农作物，有植物净化作用 ● 不收集处理后尾水	适用于渗水性能良好的土壤、砂质土壤及蒸发量小、气候湿润的地区	
快速渗滤（RI）	水力负荷	● 没有植物净化作用 ● 收集处理后尾水	适用于渗水性能良好的土壤、土层厚度大于1.5 m，地表坡度小于15%的农业区或开阔地带	
地表漫流（OF）	BOD、SS 或 N	● 种植牧草，有植物净化作用 ● 收集处理后尾水	渗透性较低的黏土、粉质黏土，最佳坡度为2%～8%	
湿地处理	BOD、SS 或 N	● 种植耐水植物，有植物净化作用 ● 收集处理后尾水	人工湿地一般适用于生活污水深度处理，湖泊水体循环净化及生态维护，河流水体达标处理及生态维护，小区中水回用等四个方面	
地下渗滤	土壤的渗透性，地下水硝酸盐	● 没有植物净化作用 ● 收集处理后尾水	处理小流量的居住小区、旅游点、度假村、疗养院等未与城市排水系统接通的分散建筑物排出的污水	

第 5 章 污泥处理、处置与利用

【主线】污泥处理、处置与利用的整体思路

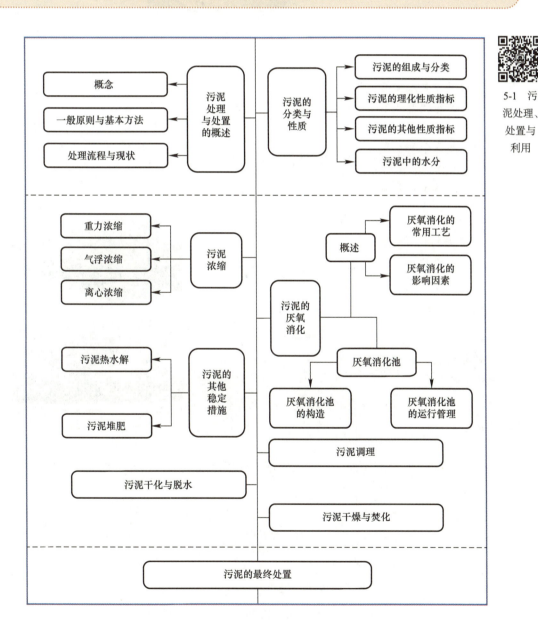

5-1 污泥处理、处置与利用

5.1 污泥处理与处置的概述

5.1.1 污泥处理与处置的概念　一般知识点

◆ 污水处理厂中的污泥是由原污水中通过格栅、沉砂、沉淀、气浮等工艺分离出来的和在生物处理工艺中所产生的固体物质所组成的

◆ 污泥数量约占处理水量的 0.3%～0.5%（以含水率 97% 计）

污泥中含有大量的有害有毒物质，如寄生虫卵、病原微生物、合成有机物及重金属离子等，若处理处置不当，会对环境造成严重污染

污泥处理和处置已成为社会难题

污泥处置（图 5-1）:
- 污泥以某种形态在环境中消纳的方式。
- 常见的处置方式：
在填埋场填埋、在土地中加以利用（如制成有机肥）、制成建材后利用等。

污泥处理:
- 指为满足污泥进入环境消纳要求，而要采取的必要措施，以使其在处置中不会对环境产生有害的影响。
- 其目的是使污泥减量化、稳定化、无害化和资源化。

图 5-1　污泥处置过程

对现代化的污水处理厂而言，污泥处理与处置已经成为污水处理系统中运行复杂、投资大、运行费用高的一部分。

污泥处理与处置的目的：
◆ 使污水处理厂能正常运行，确保污水处理效果。
◆ 使有毒有害物质得到妥善处置。
◆ 使易腐化发臭的有机物得到稳定处理。
◆ 使有用物质能得到综合利用，变害为利。

5.1.2 污泥处理与处置的一般原则与基本方法 一般知识点

污泥处理与处置的一般原则（图 5-2）

减量化	稳定化
从沉淀池来的污泥呈液态，体积很大，不利于贮存和运输。需进行浓缩将体积减少到原来的 1/3 左右，脱水可使污泥从液态转化为固态，干化则可以进一步降低其重量和体积。	污泥中有机物含量达 60%~70%，极易腐败并产生恶臭。因此为了便于污泥的存储和利用，避免恶臭的产生，需对污泥进行稳定化处理，减少有机组分含量或抑制细菌代谢。
无害化	**资源化**
污泥中含有大量细菌、寄生虫卵、病原微生物以及重金属离子和有毒有害的有机污染物，应避免其从污泥中渗滤出来或挥发，污染水体、土壤和空气，造成二次污染。	将污泥用于农业生产、建筑材料制作，作为燃料等，如污泥土地堆肥利用；作为原材料生产建材产品；利用污泥热能制沼气；加工制作成鱼及家禽饲料；作为生物农药等。

图 5-2 污泥处理与处置的一般原则

污泥处理与处置的基本方法

- **浓缩(thickening)**：利用重力或气浮方法尽可能多的分离出污泥中的水分

- **稳定(stabilization)**：
  - 利用消化，即生物处理方法将污泥中的有机固体物质转化为其他惰性物质，以免在用作土壤改良剂或其他用途时，产生臭味、危害健康；
  - 采用消毒方法，暂时抑制微生物代谢或产生臭味

- **调理(conditioning)**：利用加热或化学药剂处理污泥，使污泥中的水分容易分离

- **脱水(dewatering)**：
  - 用真空、加压或干燥的方式使污泥中的水分进一步分离，缩小污泥体积、降低运输成本；
  - 利用焚烧将污泥转化为更稳定的物质

5.1.3 污泥处理与处置的流程与现状 重要知识点

污泥处理与处置的基本流程如图 5-3 所示。

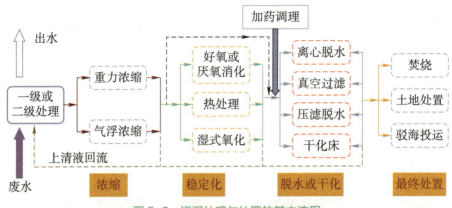

图 5-3 污泥处理与处置的基本流程

污泥处理与处置现状中的流程大致有以下几个：第一个方案以节省占地为目标，当污泥不适合消化等处理或受其他原因限制时可考虑采用；第三个方案以堆肥农用为目标；后三个方案以产生能源为目标，消化过程中产生的生物能可作能源利用（图 5-4）。

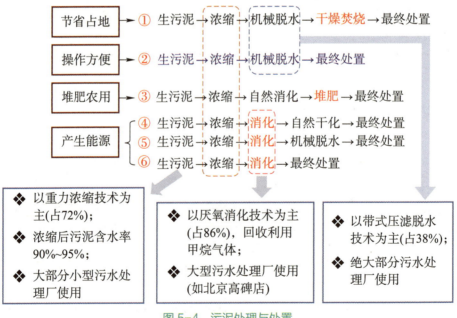

图 5-4 污泥处理与处置

污泥处理包含各种各样的流程和设备组合，其处理方案的选择，应根据污泥的性质与数量、投资情况与运行管理费用、环境保护要求及有关法律法规、城市农业发展情况及当地气候条件等因素综合考虑后决定。

5.2 污泥的分类与性质

5.2.1 污泥的组成与分类（图 5-5、表 5-1） 一般知识点

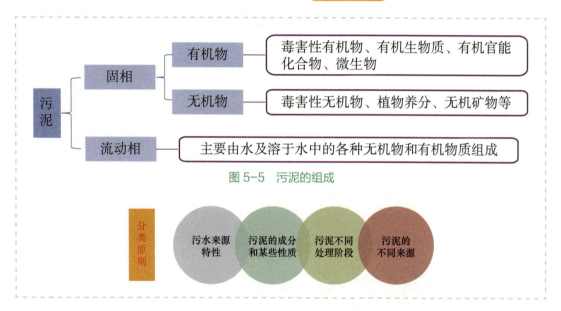

图 5-5 污泥的组成

污泥的分类   表 5-1

分类原则	具体分类	主要特性
按污水来源特性的不同	生活污水污泥	有机物浓度较高，重金属浓度相对较低
	工业废水污泥	受工业性质影响较大
按污泥成分和某些性质	有机污泥	颗粒小、密度小、持水能力强，压密脱水困难
	无机污泥	金属化合物多、密度大、易沉淀
	亲水性污泥	不易浓缩和脱水
	疏水性污泥	浓缩和脱水性能好
	生污泥或新鲜污泥	未经任何处理的污泥

分类原则	具体分类	具体涵义
按污泥不同的处理阶段	浓缩污泥、消化污泥、脱水污泥、干化污泥	经相应处理阶段后的污泥
按污泥不同来源	栅渣	用栅网或格栅截留的悬浮物质
	沉砂池沉渣、浮渣	经沉砂池分离产生的固体物质
	初沉污泥	经初次沉淀池沉淀分离后的固体物质
	剩余污泥	曝气池混合液在二沉池中泥水分离后排放的污泥
	腐殖污泥	生物膜法二沉池中的沉淀物质
	化学污泥	化学法处理后产生的沉淀物

5.2.2　污泥的理化性质指标　`一般知识点`

污泥的理化性质包括有机物和无机物的含量、可消化程度、肥分、有害物质（如重金属）含量、热值等。污水处理厂三种污泥理化性质比较见表5-2。

1. 挥发性固体（或称灼烧减重）和灰分（或称灼烧残渣）

挥发性固体：近似等于有机物含量；

灰分：表示无机物的含量。

2. 可消化程度

污泥中的有机物只有部分是可经生物消化降解的；

用可消化程度 R_d 表示污泥中可被消化降解的有机物数量。

3. 有害物质

病原微生物、病毒、寄生虫卵以及重金属等。

4. 热值

污泥有较高的热值，干燥后当褐煤，可直接当燃料，或者厌氧消化产沼气作燃料。

5. 污泥肥分（表 5-3）

不同污泥理化性质比较　　表 5-2

项目	初次沉淀污泥	剩余活性污泥	厌氧消化污泥
干固体总量（%）	3～8	0.5～1	5～10
挥发性固体总量（%）	60～90	60～80	30～60
固体颗粒密度（g/cm³）	1.3～1.5	1.2～1.4	1.3～1.6
相对密度	1.02～1.03	1.0～1.005	1.03～1.04
BOD_5/VS	0.5～1.1		
COD/VS	1.2～1.6	2.0～3.0	6.5～7.5
碱度（mg/L）	500～1500	200～500	2500～3500
pH	5.0～8.0	6.5～8.0	6.5～7.5

不同污泥的污泥肥分　　表 5-3

污泥类别	总氮（%）	磷（以 P_2O_5 计，%）	钾（以 K_2O 计，%）	有机物（%）
初沉污泥	2～3	1～3	0.1～0.5	50～60
剩余污泥	3.3～7.7	0.78～4.3	0.22～0.44	60～70
厌氧消化污泥	1.6～3.4	0.6～0.8		25～30

5.2.3 污泥的其他性质指标 　重要知识点

污泥的含水率和含固率

◆ **含水率**：污泥中所含水分的质量与污泥总质量之比，以百分数（p，%）表示，污泥的含水率一般都很高且不易脱水，相对密度接近于 1（1.006～1.02）。

◆ **含固率**：污泥中所含固体物质的质量与污泥总质量之比，以百分数（%）表示。

$$含水率 + 含固率 = 100\%$$

污泥的体积、质量与所含固体物质浓度之间的关系

$$\rho_1 V_1(1-p_1) = \rho_2 V_2(1-p_2)$$
$$\rho_1 = \rho_2$$

$$\Rightarrow \quad \frac{V_1}{V_2} = \frac{C_2}{C_1} \approx \frac{W_1}{W_2} = \frac{100 - p_2}{100 - p_1}$$

式中　V_1，W_1，C_1——污泥含水率为 p_1 时的污泥体积、质量与固体物浓度；

　　　V_2，W_2，C_2——污泥含水率变为 p_2 时的污泥体积、质量与固体物浓度。

上式适用于含水率大于 65% 的污泥。因含水率低于 65% 以后，体积内出现很多气泡，体积与质量不再符合上式关系。

湿污泥相对密度与干污泥相对密度

湿污泥重量 = 污泥中所含水分质量 + 干污泥质量；

湿污泥相对密度（γ）——湿污泥质量与同体积水的质量之比；

干污泥相对密度（γ_s）——污泥中干固体物质平均相对密度。

污泥的脱水性能

用过滤法分离污泥水分时，常用比阻（r）评价污泥脱水性能。

污泥流动的水力特性

污泥在含水率较高（>99%）的状态下，属于牛顿流体；随固体浓度的增加，污泥流动显出半塑性或塑性流体特性。

层流态下，污泥流速慢，流动阻力大。

紊流态下，污泥流速快，流动阻力小，宜用管道输送。

污泥输送管道常采用较大流速，临界流速为 1.1～1.4 m/s。

污泥压力管道的最小设计流速为 1.0～2.0 m/s。

5.2.4 污泥中的水分 重要知识点

在污水处理流程中产生的污泥主要来自格栅之后的初沉池以及生物处理后的二沉池,如图 5-6 所示,其中剩余污泥的含水率高达 99%。

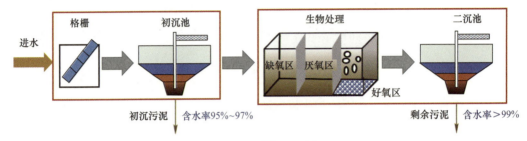

图 5-6 剩余污泥来源

污泥中所含水分的分类(图 5-7)

图 5-7 污泥中水分的分类

降低含水率的方法(表 5-4)

- ◆ **浓缩法**——用于降低污泥的空隙水,因空隙水所占比例最大。
- ◆ **自然干化法和机械脱水法**——主要**脱除毛细水**。
- ◆ **干燥与焚烧法**——主要**脱除吸附水与内部水**。

不同脱水方法及脱水效果　　　　　表 5-4

脱水方法		脱水装置	脱水后含水率(%)	脱水后状态
浓缩法		重力浓缩\气浮浓缩\离心浓缩	95~97	近似糊状
自然干化法		自然干化场\晒砂厂	70~80	泥饼状
机械脱水	真空吸滤法	真空转鼓\真空转盘等	60~80	泥饼状
	压滤法	板框压滤机	45~80	泥饼状
	滚压带法	带式压滤机	78~86	泥饼状
	离心分离法	离心机	80~85	泥饼状
干燥法		各种干燥设备	10~40	粉状\粒状
焚烧法		各种焚烧设备	0~10	灰状

5.3 污 泥 浓 缩

5.3.1 重力浓缩 一般知识点

初次沉淀池污泥含水率为 95%～97%，剩余污泥含水率达 99% 以上，因此污泥体积非常大，对于污泥后续处理造成困难。重力浓缩是污泥减容的方法之一。

【重力浓缩原理】

浓缩前污泥浓度很高，颗粒彼此接触支撑。浓缩开始后，在上层颗粒的重力作用下，下层颗粒间隙中的水被挤出界面，颗粒间相互拥挤变得更加紧密。通过这种拥挤和压缩过程污泥浓度进一步提高，从而实现污泥浓缩（图 5-8）。

图 5-8　重力浓缩池

- ◆ 重力浓缩的本质是一种沉淀工艺，属于压缩沉淀。
- ◆ 重力浓缩池按处理方式可分为连续式和间歇式。

连续式污泥重力浓缩池（图 5-9）

重力浓缩的基本工况为：

◆ 污泥由中心进泥管连续进泥，浓缩污泥通过刮泥机刮到污泥斗中，并从排泥管排出，上清液由溢流堰出水。

◆ 刮泥机上装有垂直搅拌栅随刮泥机转动，周边线速度为 1～2 m/min，搅拌栅可使浓缩效果提高约 20%。

◆ 浓缩池的池底坡度为 1%～5%，一般取 5%。

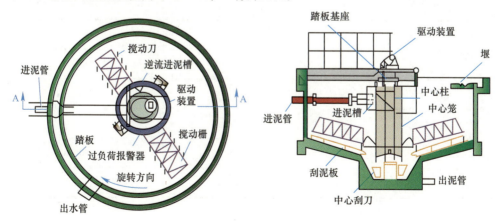

图 5-9　连续式污泥重力浓缩池基本构造图

间歇式污泥重力浓缩池（图 5-10）

◆ 运行时，应先排除浓缩池中的上清液，腾出池容，再投入待浓缩的污泥。为此，应在浓缩池深度方向的不同高度设上清液排除管。

◆ 浓缩时间一般不宜短于 12 h。

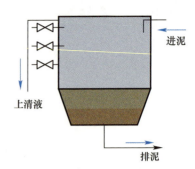

图 5-10　间歇式污泥重力浓缩池

小型污水处理厂采用方形或圆形间歇式浓缩池；大、中型污水处理厂采用辐流和竖流式连续浓缩池。

连续式浓缩池的主要设计参数

固体通量（G_L）
◇ 在浓缩池设计中，为求得极限固体通量，常采用带搅拌栅的污泥静态沉降浓缩试验装置；
◇ G_L 值亦可参考同类性质污水处理厂的浓缩池的运行参数；表 5-5 为污水处理厂重力浓缩池生产运行数据

水力负荷
◇ 按 G_L 计算出浓缩池面积后，应与按水力负荷核算的面积相比较，取其大值；
◇ 最大水力负荷可取：初沉污泥 $1.2\sim1.6\ m^3/(m^2\cdot h)$，剩余活性污泥 $0.2\sim0.4\ m^3/(m^2\cdot h)$

重力浓缩池生产运行数据（入流污泥浓度 $C_0=2\sim6\ g/L$）　　表 5-5

污泥种类	污泥固体通量 [kg/(m²·h)]	浓缩污泥浓度（g/L）
生活污水污泥	1～2	50～70
初沉污泥	4～6	80～100
活性污泥	0.5～1.0	20～30
腐殖污泥	1.6～2.0	70～90
初沉污泥与活性污泥混合	1.2～2.0	50～80
初沉污泥与腐殖污泥混合	2.0～2.4	70～90

5.3.2 气浮浓缩 一般知识点

污泥气浮浓缩的适用条件

活性污泥泥龄越长,其相对密度越接近于 1。对于相对密度过低的活性污泥一般不易实现重力浓缩,而较适合气浮浓缩(flotation thickening)。气浮浓缩对于浓缩密度接近于水的疏水的污泥尤其适用,目前最常用的方法是压力溶气气浮。

气浮的工艺流程可分为:无回流,对全部污泥加压气浮(工艺如图 5-11 所示);有回流水,用回流水加压气浮。

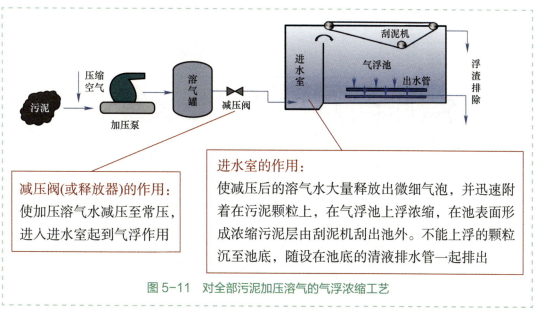

图 5-11 对全部污泥加压溶气的气浮浓缩工艺

气浮浓缩池入流不同污泥种类时的表面水力和固体负荷见表 5-6。

气浮浓缩池水力负荷、固体负荷表　　　　表 5-6

污泥种类	入流污泥固体浓度（%）	表面水力负荷 [m³/(m²·h)]	表面固体负荷 [kg/(m²·h)]	气浮污泥固体浓度（%）
活性污泥混合液	<0.5	1.0～3.6	1.04～3.12	3～6
剩余活性污泥	<0.5	1.0～3.6	2.08～4.17	3～6
纯氧曝气剩余活性污泥	<0.5	1.0～3.6	2.50～6.25	3～6
初沉与剩余污泥的混合污泥	1～3	1.0～3.6	4.17～8.34	3～6
初次沉淀池污泥	2～4	1.0～3.6	<10.8	3～6

气浮浓缩可以使污泥含水率从 99% 以上降低到 95%～97%,澄清液的悬浮物浓度不超过 0.1%,可回流至污水处理厂的流入泵房或调节池再处理。

5.3.3 离心浓缩 一般知识点

离心浓缩是利用污泥中固、液相对密度不同而具有不同的离心力，进行污泥机械浓缩处理的一种污泥脱水工艺（图 5-12、图 5-13）。

◆ 适用于不易重力浓缩的剩余污泥浓缩过程。

图 5-12 离心浓缩设备

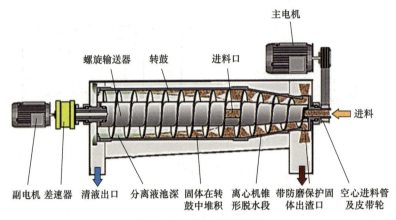

图 5-13 离心设备构造

（1）污泥由空心转轴送入转筒后，在高速旋转的离心力作用下被甩入转鼓腔内。

（2）污泥颗粒相对密度较大，产生的离心力也较大，被甩贴在转鼓内壁上，形成固体层；水密度小，离心力也小，在固体层内侧产生液体层。

（3）污泥在螺旋输送器的缓慢推动下，被输送到转鼓的锥端，经转鼓周围的出口连续排出，液体由堰板溢流排至转鼓外，汇集后排出脱水机。

离心浓缩的优缺点（图 5-14）

采用离心浓缩污泥含水率可由 99.2%~99.5% 浓缩至 91%~95%

图 5-14 离心浓缩的优缺点

5.4 污泥的厌氧消化

5.4.1 厌氧消化概述 一般知识点

目的	污泥中挥发性固体量降低40%左右
过程	水解、酸化、产乙酸、产甲烷
优点	产生能量、减少污泥固体总量、作土壤调节剂、杀死致病菌
缺点	投资大、运行易受环境影响、消化反应时间长、消化污泥不易沉淀

污泥厌氧消化的分类如表5-7所示。

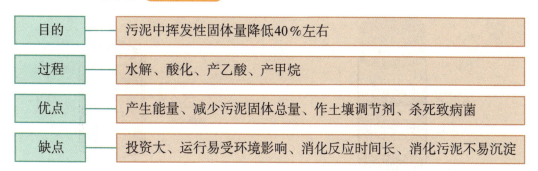

污泥厌氧消化的分类 表5-7

操作温度	中温消化：利用中温产甲烷菌进行消化处理（适应温度区为30～36℃）	负荷率	低负荷率：不设加热、搅拌设备的密闭池子，池液分层（图5-15a）。停留时间30～60d
			高负荷率：连续进料出料，设有加热和搅拌设备（图5-15b）。停留时间10～15d
	高温消化：利用高温产甲烷菌进行消化处理（适应温度区为50～53℃）		◆ 容积负荷：污泥投配率是每日投加新鲜污泥体积占消化池有效容积的百分数；
			◆ 有机物负荷率：指消化池单位容积在单位时间内能够接受的新鲜污泥中挥发性干污泥量 [$kg/(cm^3 \cdot d)$]

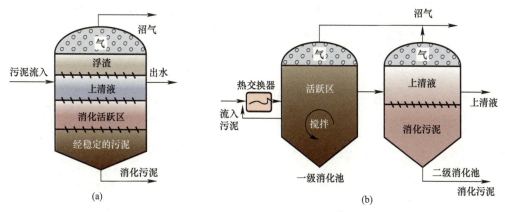

图 5-15 厌氧消化池
（a）低负荷厌氧消化池；（b）高负荷两级厌氧消化系统

◆ **适用范围**：氧化沟一般后接脱水，不设消化；若采用污泥焚烧工艺，一般不设消化；规模小于10万 m^3/d 的污水处理厂一般不设消化；规模大于20万 m^3/d 的污水处理厂多设有消化。

5.4.1.1 厌氧消化的常用工艺 一般知识点

在实际工程中常用的厌氧消化工艺有以下四种：

1. 常规中温厌氧消化（图5-16）

图5-16 常规中温厌氧消化

2. 单级高效中温厌氧消化（图5-17）

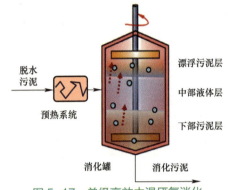

图5-17 单级高效中温厌氧消化

- ❖ 污泥不经预热直接进入间歇式的消化罐内。
- ❖ 不设搅拌装置，利用产生的沼气上升起到一定的混合作用。
- ❖ 仅适用小型的污水处理厂。

- ❖ 设计污泥预热系统，通常预热温度为30~38℃。
- ❖ 加设机械搅拌装置提高污泥混合程度。

3. 两级厌氧消化（图5-15（b））

- ❖ 在一级厌氧消化的基础上引入第二个消化罐，对厌氧消化过的污泥进行重力浓缩。
- ❖ 第二个消化罐使总的出泥体积减小，有效控制了污泥消化过程中的短流现象。
- ❖ 污泥的贮存和操作弹性加大，提高了处理系统的稳定性和处理效果。

4. 中温/高温两相厌氧消化（图5-18）

在污泥中温厌氧消化前设置高温厌氧消化阶段。两相厌氧消化的工艺参数见表5-8。

两相厌氧消化的工艺参数　　表5-8

进泥的预热温度：50~60℃	
前置高温段污泥回流时间：1~3d	总停留时间 15d左右
中温厌氧消化时间 12d 左右	

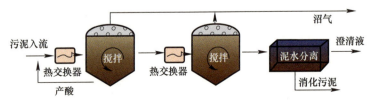

图5-18 两相厌氧消化

5.4.1.2 厌氧消化的影响因素 　一般知识点

影响污泥厌氧消化的因素较多，包括 pH、碱度、温度、营养与 C/N 比、毒性物质等等，这里仅介绍主要的影响参数（图 5-19）。

图 5-19　厌氧消化的影响因素

1. pH 与碱度

◆ 保证厌氧消化的稳定运行，提高系统缓冲能力和 pH 的稳定性，要求消化液的碱度保持在 2000 mg/L（以 $CaCO_3$ 计），使其有足够的缓冲能力。

◆ 消化池的运行经验表明，最佳的 pH 为 7.0~7.3。

2. 温度与消化时间

◆ 温度是影响厌氧消化的主要因素。

◆ 30~36℃ 的中温消化条件下，产气量为 1~1.3 $m^3/(m^3·d)$。

◆ 50~55℃ 的高温消化条件下，产气量为 3~4 $m^3/(m^3·d)$。

◆ 消化时间是指产气量达到总量所需要的时间，消化温度与时间的关系如图 5-20 所示。由图可见，温度的高低不但影响产气量，还决定消化过程的快慢。

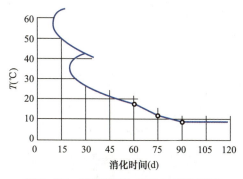

图 5-20　消化温度与消化时间的关系

3. 负荷率

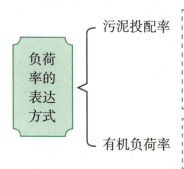

- **投配率过高**，消化池内脂肪酸可能积累，pH 下降，污泥消化不完全，产气率降低
- **投配率过低**，污泥消化较完全，产气率较高，但消化池容积较大，基建费用增加

- **中温**消化采用 0.6~1.5 kgVSS/$(m^3·d)$
- **高温**消化采用 2.0~2.8 kgVSS/$(m^3·d)$

◆ 根据我国污水处理厂的运行经验，城市污水处理厂污泥中温消化的投配率以 5%~8% 为宜。

◆ 厌氧消化池的容积决定厌氧消化的负荷率。

5.4.2 厌氧消化池

5.4.2.1 厌氧消化池的构造　一般知识点

消化池池型（图 5-21），有圆柱形和蛋形两种。

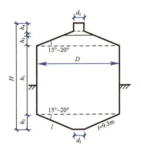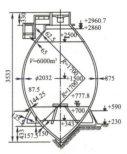

图 5-21　消化池池型

消化池构造（图 5-22）

厌氧消化池的设备主要包括消化池体和加料、排料的附属设备，其中消化池可分为浮动式盖消化池和固定式盖消化池。消化池的附属设备主要包括污泥的投配、排泥及溢流系统，沼气排出、收集与贮气设备，搅拌及加热设备。

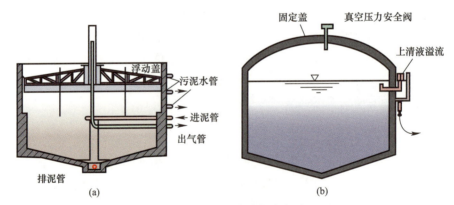

图 5-22　不同的消化池类型

（a）浮动式盖消化池；（b）固定式盖消化池

污泥的投配、排泥及溢流系统

◆ **污泥投配**：生活污泥需先进入消化池的污泥投配池，然后用污泥泵提升至消化池。

◆ **排泥**：消化池的排泥管设在池底，依靠池内的净水压力将熟污泥排至污泥的后续处理装置。

◆ **溢流装置**：必须设置溢流装置，及时溢流以保持沼气室压力恒定。管径一般不小于 200 mm。常用形式有倒虹管式、大气压式及水封式 3 种。

沼气收集与贮存设备

◆ 圆柱形的消化池，可采用与消化池一体的集气罩来收集沼气。通常使用的集气罩有 3 种：浮动式、固定式、膜式（图 5-23）。

◆ 蛋形的消化池需安装外部气体贮存设备。

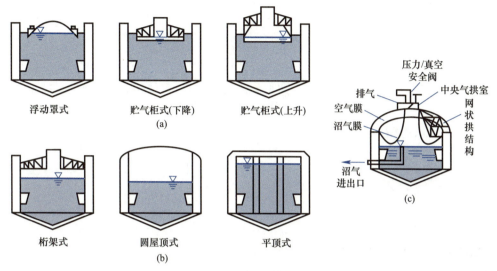

图 5-23　圆柱形消化池集气罩类型
（a）浮动式；（b）固定式；（c）膜式

搅拌设备

◆ 厌氧消化的搅拌方法主要有：泵加水射器搅拌法、消化气搅拌法和机械混合搅拌法等（图 5-24）。

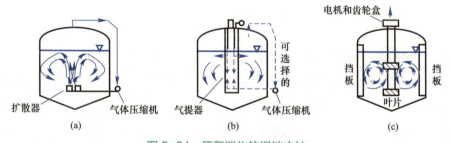

图 5-24　厌氧消化的搅拌方法
（a）消化气搅拌法（底部扩散器）；（b）消化气搅拌法（气提型）；（c）机械混合搅拌法（低速涡轮型）

加热设备

消化池加热方法分为池内加热和池外加热两种。

◆ 池内加热法将低压蒸汽直接投到池底或与生污泥一起进入消化池。

◆ 池外加热将消化池内污泥抽出，通过安装在池外的热交换器加热，再循环回池内。

5.4.2.2 厌氧消化池的运行管理 一般知识点

消化污泥的培养与驯化

新建消化池需要培养消化污泥，培养方法有两种：逐步培养法和一次培养法，培养流程如图 5-25 所示。

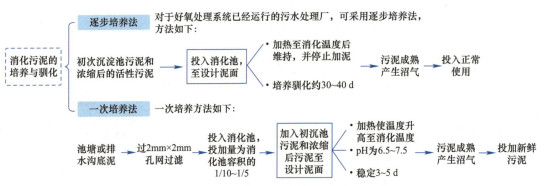

图 5-25 消化污泥的培养与驯化流程图

消化池发生异常现象的管理

◆ 产气量下降

产气量下降的原因与主要解决办法见表 5-9。

产气量下降的原因及解决办法   表 5-9

原因	解决办法
① 投加污泥浓度过低	提高投配污泥浓度
② 有机酸积累	减少投配量，如不能改善则投加碱度
③ 消化池容积减少	检查池内搅拌效果及沉砂池的沉砂效果
④ 消化池温度低	检查加热设备
⑤ 消化污泥排量过大	减少排泥量

◆ 上清液水质恶化

表现在 BOD_5 和 SS 浓度增加。原因可能是排泥量不够、负荷过大、消化程度不够和搅拌过度等。

◆ 沼气气泡异常：沼气的气泡异常有三种表现形式，如表 5-10 所示。

沼气的气泡异常   表 5-10

表现形式	原因	解决方法
连续喷出像啤酒开盖后出现的气泡	排泥量过大；有机负荷过高；搅拌不充分	减少或停止排泥、加强搅拌、减少污泥投配
大量气泡剧烈喷出，但产气量正常	由于浮渣层过厚，沼气在下层积聚，一旦沼气穿行则喷出大量气泡	充分搅拌破碎浮渣层
不产气泡	可暂时减少或终止投配污泥，并按产气量下降寻找原因和解决方法	

5.5 污泥的其他稳定措施

5.5.1 污泥热水解（Thermal Hydrolysis Process，THP） 一般知识点

通过高温高压使污泥中大分子絮体受热解体、胞外聚合物破损，大量结合水释放，同时细胞壁、细胞膜破碎溶解成小分子物质的过程（图 5-26、图 5-27）。

◆ **THP 工艺流程**包括混匀预热、污泥水解和泄压闪蒸三个阶段。

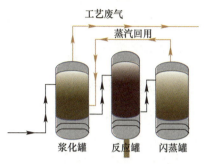

图 5-26 热水解工艺流程图

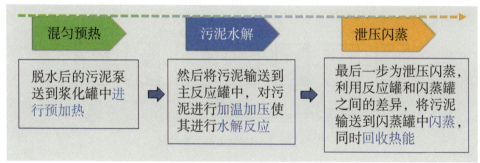

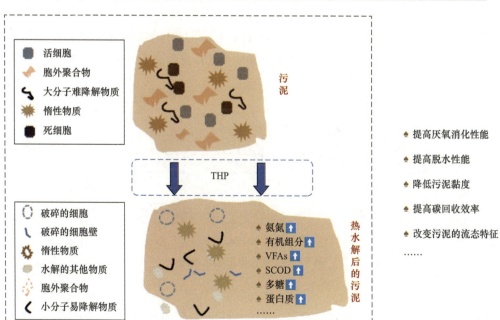

图 5-27 污泥热水解原理

5.5.2 污泥堆肥 一般知识点

污泥堆肥是利用嗜热微生物分解污泥中的有机物，可以达到脱水、破坏污泥中恶臭成分、杀死病原体的作用。

❖ 堆肥方法有污泥单独堆肥，污泥与城市垃圾或粉煤灰混合堆肥两种。

❖ 根据处理过程中微生物对氧气的要求不同，污泥堆肥可分为厌氧堆肥和好氧堆肥。

◆ **堆肥工艺流程**

① **污泥单独堆肥**　对于干化或脱水后的污泥，含水率约 70%～80%，加入膨胀剂，调节含水率至 40%～60%，C/N 为（20～35）:1，颗粒粒度约 2～60 mm，然后进行污泥堆肥，工艺流程如图 5-28 所示。

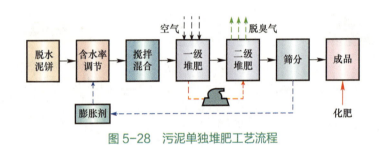

图 5-28　污泥单独堆肥工艺流程

② **污泥与城市生活垃圾混合堆肥**　我国城市生活垃圾中有机成分约占 40%～60%，因此污泥可与城市生活垃圾混合堆肥，实现污泥和生活垃圾资源化（图 5-29）。

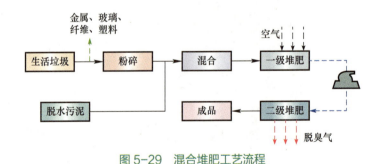

图 5-29　混合堆肥工艺流程

城市垃圾先经分拣去除塑料、金属、玻璃与纤维等不可堆肥成分，经粉碎后与脱水污泥混合进行堆肥，城市垃圾起到膨胀剂的作用。

◆ **堆肥的基本原理**

（1）污泥好氧堆肥可分为两个阶段：一级堆肥阶段（图 5-30）和二级堆肥阶段，堆肥过程如图 5-31 所示。

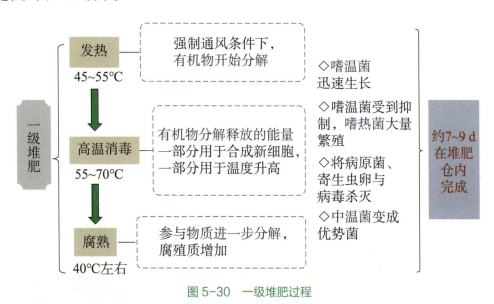

图 5-30 一级堆肥过程

二级堆肥：一级堆肥完成后，停止强制通风，采用自然堆肥方式，使进一步熟化、干燥、成粒。

堆肥成熟的标志是物料呈黑褐色，无臭味，手感松软，颗粒均匀，蚊蝇不繁殖，病原菌、寄生虫卵、病毒以及植物种子均被杀灭，氮磷钾等肥效增加且易被植物吸收，符合《粪便无害化卫生要求》GB 7959—2012（表 5-11）。

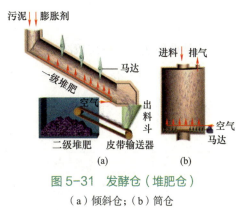

图 5-31 发酵仓（堆肥仓）
（a）倾斜仓；（b）筒仓

粪便无害化卫生要求　　　　　　　　　表 5-11

项目	卫生评价标准
堆肥温度（℃）	最高达 50~55℃，持续 5~7d
粪大肠菌群菌值（g堆肥/个粪大肠菌）	大于 10（44.5℃，24h 培养）
蛔虫卵死亡率（%）	观察大于 150 个蛔虫卵，死卵所占的比例
苍蝇	肥堆周围没有活的蛆或新羽化的苍蝇

（2）污泥厌氧堆肥可分为酸性发酵和碱性发酵

5.6 污泥调理 一般知识点

一般认为，污泥的比阻值为 $(0.1 \sim 0.4) \times 10^9 S^2/g$ 时，直接进行机械脱水较为经济与适宜。但污水处理厂初沉污泥、剩余活性污泥、腐殖污泥及消化污泥均由亲水性带负电的胶体颗粒组成，挥发性固体物质含量高、比阻大（表5-12），脱水困难，故机械脱水前需进行污泥调理。

污泥 = 挥发性物质含量高 + 比阻大

各种污泥的大致比阻值　　　　　　表5-12

污泥种类	比阻值	
	S^2/g	m/kg
初沉污泥	$(4.7 \sim 6.2) \times 10^9$	$(46.1 \sim 60.8) \times 10^{12}$
消化污泥	$(12.6 \sim 14.2) \times 10^9$	$(123.6 \sim 139.3) \times 10^{12}$
剩余活性污泥	$(16.8 \sim 22.8) \times 10^9$	$(164.8 \sim 282.5) \times 10^{12}$
腐殖污泥	$(6.1 \sim 8.3) \times 10^9$	$(59.8 \sim 81.4) \times 10^{12}$

注：1 m/kg = $9.8 \times 10^3 S^2/g$。

污泥调理——破坏污泥的胶态结构，减少泥水间的亲和力，改善污泥的脱水性能

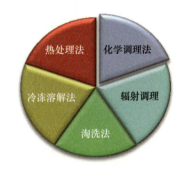

化学调理法——应用较广泛

在污泥中加入混凝剂、助凝剂等化学药剂（表5-13），使污泥颗粒絮凝，比阻降低，改善脱水性能。

部分常用的混凝剂和助凝剂　　　　　　表5-13

混凝剂	起混凝作用	无机混凝剂	铝盐、铁盐或铝盐、铁盐的高分子聚合物
		有机高分子混凝剂	聚丙烯酰胺系列絮凝产品
助凝剂	调节污泥pH、提高混凝效果、增强絮体强度		硅藻土、酸性白土、锯屑、污泥焚化灰等

热处理法
- 既可起调理作用，又可起稳定作用。
- 脱水性能大大改善。
- 能耗较高，故很少应用。

淘洗法
- 适用于污泥消化的预处理。
- 洗掉碱度。

冷冻溶解法
- 冷冻—溶解过程。
- 温度大幅变化，胶体颗粒脱稳凝聚。

辐射调理
- 采用辐射来改善脱水性质，但实际尚需降低成本。

5.7 污泥干化与脱水 一般知识点

> 污泥经浓缩、消化后，尚有95%~97%的含水率，体积仍很大。为了综合利用和最终处置，需对污泥做干化（drying）或脱水（dewatering）处理。污泥脱水的作用是去除污泥中的毛细水和表面吸附水，减小其体积，经过脱水处理污泥含水率能降低到60%~80%，其体积为原体积的1/10~1/5，有利于后续的运输和处理。

◆ 脱水的基本原理

除蒸发脱水外，无论是自然干化还是机械脱水，污泥脱水主要是利用**过滤介质两面的压力差作为推动力**，使污泥水分被强制通过过滤介质，形成滤液。

固体颗粒被截留在介质上，形成滤饼，从而达到脱水目的（图5-32）。

污泥的脱水是**将流态的原生、浓缩或消化污泥脱除水分，转化为半固态或固态泥块的一种污泥处理方法**。脱水的方法，主要有自然干化脱水法、机械脱水法和热干化脱水法。

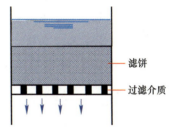

图5-32 过滤基本过程

◆ 污泥的自然干化

污泥的自然干化是一种简便经济的脱水方法，曾广泛采用。

污泥干化场（sludge drying bed）的分类：

① 自然滤层干化场

适用于自然土质渗透性能好，地下水位低的地区。

② 人工滤层干化场（图5-33）

滤层是人工铺设的，又分为敞开式干化场与有盖式干化场两种。

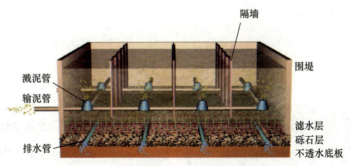

图5-33 人工滤层干化场

污泥干化场是一片平坦的场地，污泥在干化场上由于水分的自然蒸发和渗透逐渐变干，体积逐渐减少，流动性逐渐消失，污泥含水率可降低至60%~70%。尽管这种方法需要大量劳动力和场地，但仍有少量中小规模的污水处理厂采用。

◆ 机械脱水

原理：通过过滤介质两面的<u>压力差</u>使污泥水分被强制<u>通过</u>过滤介质，形成滤液；而固体颗粒被<u>截留</u>在介质上，形成滤饼，达到脱水。

分类：真空吸滤法、压滤法和离心分离法。

机械：板框压滤机、带式压滤机、转筒离心机、真空吸滤机。

应用：带式压滤机、转筒离心机优点显著，真空吸滤机已逐渐被淘汰。

板框压滤机	**原理**：利用过滤介质（常用为涤纶布）二面压力差为推动力，水被强制通过介质，污泥截留在介质表面。装置见图5-34。

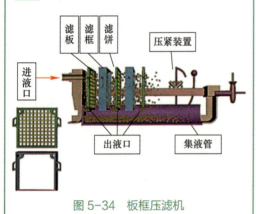

图 5-34　板框压滤机

带式压滤机	**特点**：把压力施加在滤布上，用滤布的压力和张力使污泥脱水，而不需要真空或加压设备，动力消耗少，可以连续生产。装置见图 5-35，目前应用广泛。

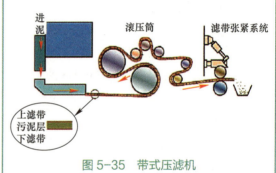

图 5-35　带式压滤机

转筒离心机（图5-36）

原理：污泥离心脱水的原理与离心分离、离心浓缩相同，即利用转动使污泥中的固体和液体分离。

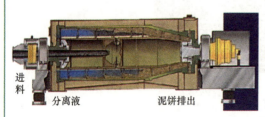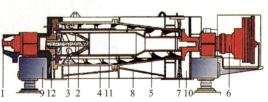

图 5-36　转筒式离心机构造图

1-进料管；2-入口容器；3-输料孔；4-转筒；5-螺旋卸料器；6-变速箱；7-固体物料排放口；8-机器；9-机架；10-斜槽；11-回流管；12-堰板

5.8 污泥干燥与焚化 一般知识点

污泥脱水、干化后,含水率还很高,体积很大,为便于进一步利用与处置,可干燥或焚烧。

污泥干燥

◆ **污泥干燥**是将脱水污泥通过处理,**去除**污泥中绝大部分**毛细管水、吸附水**和**颗粒内部水**的方法。

◆ 干燥处理后,污泥**含水率从 60%~80% 可降低至 10%~30%**,体积可大大减小,便于运输、利用或最终处理。

干燥器根据形状可分为转筒式干燥器(图 5-37)、急骤干燥器、流化床干燥器等。

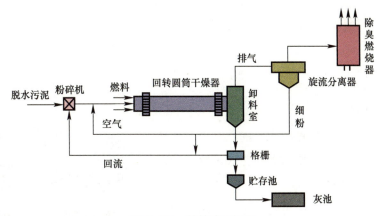

图 5-37 转筒式干燥器

污泥焚化

◆ **特点**:污泥经焚化后,含水率可降为 **0**,使运输与最后处置大为简化。

◆ 焚化前应有效脱水干燥。焚化所需热量**依靠**污泥**自身所含有机物**的燃烧热值或辅助燃料。

◆ 前处理**不必**用消化或其他**稳定处理**,以免由于有机物质减少而**降低燃烧热值**。

◆ **分类**:完全焚化;湿式燃烧(即不完全焚化)。

◆ **设备**:回转焚化炉、立式多段炉、流化床焚化炉。

下列情况可以考虑采用污泥焚烧工艺。

◆ 当污泥不符合卫生要求,有毒物质含量高,不能为农副业利用。

◆ **卫生要求高,用地紧张的大、中城市**。

◆ 污泥自身的燃烧热值高,可以自燃并利用燃烧热量发电。

◆ 与城市垃圾混合焚烧并利用燃烧热量发电。

5.9 污泥的最终处置 一般知识点

污泥最终处置即污泥的最终出路。目前比较符合我国国情、常用的污泥处置方法主要有农田绿地利用、建筑材料利用和填埋、排海等。根据污泥处理处置后性质的变化，具体处置方法如图5-38所示。

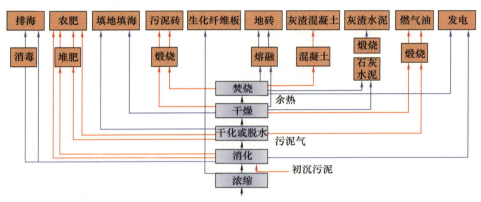

图5-38 污泥的具体处置方法

农田绿地利用

污泥中含有丰富的植物所需要的肥分以及改善土壤所需的有机腐殖质，故污泥作为农田绿地利用是最佳的最终处置方式。

污水污泥一般是堆肥后再进行土地使用，但堆肥中存在很多问题（图5-39）。

近年来，随着污泥农用标准的日趋严格，污泥的大量农用被限制。

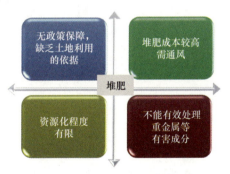

图5-39 污泥堆肥中存在的问题

建筑材料利用

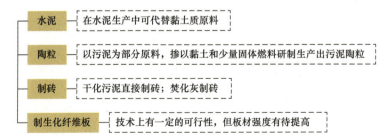

填埋、排海

污泥填埋可单独填埋或与其他废弃物（如垃圾）一起填埋，在填埋之前需进行稳定化处理。

参 考 文 献

[1] 张自杰. 排水工程[M]. 5版. 北京：中国建筑工业出版社，2014.

[2] 李圭白，张杰. 水质工程学[M]. 3版. 北京：中国建筑工业出版社，2021.

[3] Guanghao Chen, Mark C. M. van Loosdrecht, George A. Ekama 等，吕慧等译. 污水生物处理：原理、设计与模拟(原著第二版)[M]. 北京：中国建筑工业出版社，2022.

[4] 高廷耀，顾国维，周琪. 水污染控制工程[M]. 4版. 北京：高等教育出版社，2015.